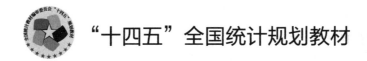"十四五"全国统计规划教材

非参数统计

（第六版）

吴喜之　赵博娟◎编著

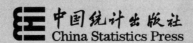中国统计出版社
China Statistics Press

图书在版编目(CIP)数据

非参数统计 / 吴喜之,赵博娟编著. —— 6 版. —— 北京 : 中国统计出版社,2024.3

"十四五"全国统计规划教材

ISBN 978-7-5230-0396-1

Ⅰ. ①非… Ⅱ. ①吴… ②赵… Ⅲ. ①非参数统计－高等学校－教材 Ⅳ. ①O212.7

中国国家版本馆 CIP 数据核字(2024)第 053946 号

非参数统计

作　　者/吴喜之　赵博娟
责任编辑/熊丹书
封面设计/黄　晨
出版发行/中国统计出版社有限公司
通信地址/北京市丰台区西三环南路甲 6 号　邮政编码/100073
发行电话/邮购(010)63376909　书店(010)68783171
网　　址/http://www.zgtjcbs.com
印　　刷/河北鑫兆源印刷有限公司
经　　销/新华书店
开　　本/787×1092mm　1/16
字　　数/281 千字
印　　张/12.5
版　　别/2024 年 3 月第 6 版
版　　次/2024 年 3 月第 1 次印刷
定　　价/38.00 元

国家统计局
全国统计教材编审委员会第七届委员会

出版说明

教材之于教育,如行水之舟楫。统计教材建设是统计教育事业的重要基础工程,是统计教育的重要载体,起着传授统计知识、培育统计理念、涵养统计思维、指导统计实践的重要作用。

全国统计教材编审委员会(以下简称编委会)成立于1988年,是国家统计局领导下的全国统计教材建设工作的最高指导机构和咨询机构,承担着为建设中国统计教育大厦打桩架梁、布设龙骨的光荣而神圣的职责与使命。自编委会成立以来,共组织编写和出版了"七五"至"十三五"七轮全国统计规划教材,这些规划教材被全国各院校师生广泛使用,对中国统计教育事业作出了积极贡献。

党的十九届五中全会审议通过的《中共中央关于制定国民经济和社会发展第十四个五年规划和二〇三五年远景目标的建议》,为推进统计现代化改革指明了方向,提供了重要遵循。实现统计现代化,首先要提升统计专业素养,包括统计知识、统计观念和统计技能等方面要适应统计现代化建设需要,从而提出了统计教育和统计教材建设现代化的新任务新课题。编委会深入学习贯彻党的十九届五中全会精神,准确理解其精神内涵,围绕国家重大现实问题、基础问题和长远问题,加强顶层设计,扎实推进"十四五"全国统计规划教材建设。本轮规划教材组织编写和出版中重点把握以下方向:

1.面向高等教育、职业教育、继续教育分层次着力打造全系列、成体系的统计教材优秀品牌。

2.围绕统计教育事业新特点,组织编写适应新时代特色的高质量高水平的优秀统计规划教材。

3.积极利用数据科学和互联网发展成果,推进统计教育教材融媒体发展,实现统计规划教材的立体化建设。

4.组织优秀统计教材的版权引进和输出工作,推动编委会工作迈上新台阶。

5.积极组织规划教材的编写、审查、修订、宣传评介和推广使用。

"十四五"期间,本着植根统计、服务统计的理念,编委会将不忘初心,牢记使命,充分利用优质资源,继续集中优势资源,大力支持统计教材发展,进一步推动统计教育、统计教学、统计教材建设,进一步加强理论联系实际,有序有效形成合力,继续创新性开展统计教材特别是规划教材的编写研究,为培养新一代统计人才献智献策、尽心尽力。

同时,编委会也诚邀广大统计专家学者和读者参与本轮规划教材的编写和评审,认真听取统计专家学者和读者的建议,组织编写出版好规划教材,使规划教材能够在以往的基础上,百尺竿头,更进一步,为我国统计教育事业作出更大贡献。

国家统计局
全国统计教材编审委员会
2021 年 9 月

第六版前言

在前面几版的基础上，本书做了一些修改．其中比较显著的为：增加了 Python 程序代码、增加了再抽样方法一章、删除了所有国外商业软件的代码和说明、删除了所有书后占有 17 页的各种表格、精简了一些内容．此外，本书在第五版的基础上，修改了一些文字和代码错误，调整了章节次序，也调整了例子、图型和有关练习．

在任何教学中，不是讲授的内容越多越好，而是学生对于内容的理解．在使用本教材的教学中，我们觉得，最好根据社会需求、学生的具体情况和教学进度来选择教学内容．标以星号（＊）的章节或者和应用关系不大，或者不属于非参数统计的内容．

在提供 R 代码的基础上，增加 Python 代码的说明

Python 是目前人工智能，机器学习（包括有监督学习、无监督学习、深度学习、强化学习）以及各种数据分析领域最常用的、功能强大的开源编程语言．熟悉包括 R 和 Python 在内的各种语言对于读者的未来发展非常重要．有人说，不会编程语言在现代社会就如同文盲一般．R 语言主要是用于数据分析的，而 Python 语言可以应用于各个领域．因此，虽然对于本书内容来说 R 软件似乎可以胜任，但为了扩展到更广泛的领域，熟悉 Python 语言则会如虎添翼，在现代科技环境中来去自由．

本书的 Python 代码并不完全是 R 代码的平行重复，由于软件的结构和编程方式的不同，两种代码不可能完全一致，根据实际情况和需要，有些章节（特别是可以略去的章节）没有加入 Python 代码．而且具体计算的数值结果也不可能和 R 代码相同．

删除所有国外商业软件代码的说明

目前在国内统计教学中常用的国外商业软件包括：SAS，Stata，SPSS，EViews，Gauss，Minitab，MATLAB，Gauss 等等．本书前几版包含了其中的 SPSS 和 SAS．这些商业软件都是"黑匣子"，无法验证，也无法修改，这些软件编制代码的所有原理和机制都是"商业秘密"，无从得知. 而诸如 R 和 Python 那样的开源软件的所有代码全部可以被使用者看到. 作为研究者必须知道代码的全部含义, 绝对不能把命运交给别人.

此外, 诸如 SPSS 等大部分商业软件都是使用者点击鼠标即可实现的"傻瓜式"操作软件, 看似方便, 实际上每个软件都有自己的"点鼠标"选项套路, 互不兼容, 而且还随着软件的更新而改变. 使用这些软件依靠的是死记硬背, 除了套路之外, 没有多少知识含量.

此外一些人用盗版的国外商业软件上瘾, 那些公司希望你上瘾而离不开他们, 但这却堵住了国产软件发展的路子. 永远也不能低估沉溺于这些盗版软件对安全的威胁和损害.

删除书后各种表格的说明

本版删除了书后占有 17 页的各种表格. 这些表格是一百多年来统计发展的产物, 随着计算机的普及, 我们没有任何借口来保留这些只有历史意义的表格. 使用表格远远不如使用计算机那么高效率, 也没有那么准确.

增加再抽样方法一章的说明

再抽样具有划时代的意义, 虽然这里介绍的是再抽样对统计经典目标的应用. 但理解再抽样对于熟悉更广泛的机器学习内容有着很重要的意义.

本书的排版为作者完成的, 由此产生的错误由作者负责.

最后, 我们衷心感谢广大师生使用本教材, 也非常感谢中国统计出版社对于本书再版的大力支持.

吴喜之　赵博娟

2023 年 8 月

第五版前言

　　本书在第四版的基础上，对书中有些内容和结构做了调整，并对书中有些难于理解的内容做了文字修改，增加一些精确分布的分布图，纠正了书中存在的错误和不当之处．针对历往学生学习中容易忽视或难以掌握的统计方法，书中做了更细致的阐述．为了强调非参数统计的基本思想，在习题中还添加了练习题．

　　借此书再版之际，我们感谢广大师生使用本教材，同时非常感谢中国统计出版社对于本书再版的持续支持．

吴喜之　赵博娟

2019 年 6 月

第四版前言

此书出版至今得到了广大师生的大力支持，在许多学校被选为"非参数统计"课程的教科书或参考书. 通过使用，不少师生对本书提出了宝贵的意见和建议. 针对书中错误和不妥之处，本书第二版对许多内容进行了调整和重写，还对例题和习题都做了一些修订和增减. 第三版增加了作者，完善了书中的 R 程序和书后附录表，纠正了在第二版中发现的错误和不妥之处. 第三版还去掉了第二版中与非参数统计关系不大的第二章，以减少教学负担.

为了更加系统地介绍非参数统计方法，本书第四版对第三版中的内容进行了补充. 在第四版的第三章添加了 McNemar 和 Cohen's Kappa 检验，第四章添加了 Cochran 精确检验的 R 程序，第六章添加了 Kendall's τ_b，Kendall's τ_c（也称 Stuart's τ_c），Goodman-Kruskal's γ，Somers'd（$C \mid R$），Somers'd（$R \mid C$）和 Somers'd 等度量两个有序变量相关性或关联性（association）的方法. 我们还更新了第四章的一些程序和有关精确检验附录表，在第八章介绍了胜算比（Odds ratio），相对风险（Relative Risk）和 Cochran-Mantel-Haenszel 估计等在生物统计中比较常用的列联表分析方法.

延续前几版的做法，第四版增添的各节内容都从分析相关例子入手，根据具体的数据结构，引进将要介绍的检验方法，给出分析结论. 在每节末都有软件使用注解，给出了如何分别用 R、SPSS 和 SAS 等软件对例子数据进行分析的具体步骤. 每章末都有相关的练习题，以便读者练习使用有关检验方法. 对于第三版中存在的错误和不妥之处，也进行了修正.

第四版保留了对第三版某些章节所加的星号（∗），包括：§1.6、§1.7、§2.3、§3.3、§4.2、第五章、第九章及第十章. 教师可以根据实际教学需要，介绍性地或选择性地讲，也可以完全不讲.

最后，借此书再版之际，我们再次对使用本教材的广大师生表示感谢. 感谢他们提出的宝贵意见和建议，他们的建议和要求是推动本书再版的主要动力. 同时，我们非常感谢中国统计出版社对于本书再版的大力支持.

希望读者继续对本书予以宝贵的支持和批评指正.

吴喜之 赵博娟

2013 年 8 月

第三版前言

　　根据作者和许多非参数统计课教师的实践，我们觉得有必要出本书的第三版. 第三版首先纠正了在第二版中发现的错误和不妥之处，并且对内容作了部分的修订. 这一版还去掉了第二版中与非参数统计关系不大的第二章，以减少教学的负担.

　　这里仍然强调，对于初学的或实际应用部门的读者，可以略去打星号（＊）的章节，这些章节至少包括：§1.6、§1.7、§2.3、§3.3、§4.2、第五章、第九章及第十章. 第一章主要是用于介绍、回顾或参考的，可以由教师有选择地根据情况选择地讲，也可以完全不讲. 实际上，对于任何课程，应该完全由任课教师来决定讲哪些内容以及如何讲，教学大纲都应该服务于实际教学的需要，而不应成对教师的束缚. 教科书应该留给教师以较大的余地和自由.

　　这里必须对所有使用本教材的广大师生表示感谢，他们提出了不少宝贵的建议和意见，是推动并鼓励本书再版的主要动力，同时也要对中国统计出版社对于本书第三版的支持表示感谢.

　　希望各方面的读者继续对本书予以宝贵的支持，并提出批评和建议.

作者

2008 年 10 月

第二版前言

　　本书的第一版发行以来，在许多学校被选为"非参数统计"课程的教科书或参考书．各个学校的师生对本书提出许多宝贵的意见，并且指出了很多错误和不妥之处．没有他们的支持和鼓励，本书的第二版不可能面世．

　　和第一版相比较，第二版对许多内容完全重新写过，还进行了一些调整，同时加强了对概念和方法的解释，使得该书更加容易理解．第二版还对例题和习题都做了一些修订和增减，并且都在光盘中给出了数据．此外，还增加了一些内容，特别是关于如何通过编程来理解方法，以及用软件来实现数值计算的内容．本书在课文中关于计算方法的叙述中主要使用了免费的、功能强大的、需要自己动手写程序的 R 软件；力图清楚地用 R 语句来描述计算的细节．这也是一些"黑匣子"式的傻瓜软件所无法比拟的．R 软件是使用 S 语言来编程的（和 S-plus 的编程语言一样）；在其问世的不到十年的时间，已经成为国外统计研究生的首选软件．它有强大的网上支持系统．多数最新的统计计算方法，在进入商业软件之前，就已经以 R 语言的形式在 R 网站上免费提供了．使用本书的师生最好也使用 R 语言．掌握 R 软件对其他统计方向的学习和研究都会有很大的帮助，甚至会有一种到了自由天地的感觉．

　　为了适应分析实际数据的各种需要，本书还在每一节（除了少数介绍性章节之外）的最后加入了使用 R、SPSS 或 SAS 等统计软件分析有关数据的程序语句和各种选项的说明．这里要指出的是，编者尽量使本书提供的 R 程序是直接根据公式或定义写成的；这里的 R 程序没有按照专业化编写软件所通常遵循的高效率和漂亮输出的原则；这是因为那将使得显示基本公式和概念的语句淹没在为了形式和效率而加入的大量其他语句之中，而使得有关程序难以读懂．希望本书在编程上起着一个抛砖引玉的作用，鼓励读者编出更加高效、更加漂亮的程序．

　　本书选择的与内容有关的 SPSS 软件选项和 SAS 软件语句（或选项）

的原则是容易理解和掌握；当然，由于编者知识有限，对于有些方法，没有找到（因此也无法提供）合适及方便的 SPSS 或 SAS 方法；希望读者提出建议，使得再版时予以弥补.

由于使用软件比查表更加方便和可靠，有人说，你自己都不查表，为什么要教学生去查表呢？的确，编者除了在最初等的统计课教学过程中曾经涉及少数统计表之外，从来都是使用软件."己所不欲，勿施于人"，本书原本不想再提供任何统计分布表，但为了部分没有计算条件的读者易于理解，还是提供了少数最常用的表格，以备不时之需.希望有条件的读者尽量使用计算机，而不去查表.实际上，如果没有计算机的支持，很难对有一定规模的数据在任何统计方向进行较深入的分析.

一些读者提出，本书内容对于每周两学时的课程似乎太多.我觉得，对于初学者或者实际应用部门的人来说，可以略去不讲的章节（打 * 号的）至少包括：§1.6、§1.7（正态记分部分）、§3.3、§4.3、§5.2、第六章、第十章及第十一章①.总的来说，第一章主要是用于介绍、回顾或参考的，可以有选择地在需要时讲、也可以完全不讲，这应该根据学生的需要由老师自己安排.实际上，对于任何课程，应该由任课教师来决定讲哪些内容以及如何讲，因为他们最了解他们所面对的学生.教科书编者的思维方式不见得和老师的一致，而老师最好按照自己的理解来讲述.一个好的教科书，应该给教师以较大的余地和自由.

希望读者继续对本书予以宝贵的支持和批评指正.

吴喜之
2006 年 4 月

---

① 注意:第二版和第三版章节不尽相同.

第一版前言

　　本书的目的是用简明的语言,不多的数学工具并通过大量例子来尽可能直观地介绍非参数统计的基本方法.它可以作为统计学专业本科一学期(2 学时)的应用非参数统计课程的教材,也可以作为实际工作者自学或查阅的参考书.所需要的预备知识为统计学教程中的最基本的内容.读者只要知道总体和样本,随机变量及分布、统计量、检验和估计的基本概念等即可以看懂本书.虽然计算机并不是学会本书内容所必需的,但是不能想象,一个不会用计算机的统计工作者如何在实践中生存.

　　本书在引进每一个方法时,都通过数据例子来说明该方法的意义和使用过程.所有例题的计算和绘图都是由笔者完成的.笔者还核算了每一章后面的所有习题.由于这些习题都只涉及基本概念和方法.相信读者完全可以独立完成.由于本书的基本原理和方法广泛适用于许多不同的领域,这里的例子和习题尽量取自不同的领域和学科,以扩展读者的思路.

　　本书的第一章引言部分包含以下几类内容:(1)对统计和非参数统计以及计算机软件应用的一般论述;(2)对一些初等统计内容,特别是对本书常遇见的问题作了回顾;这些问题有一般的检验与置信区间问题,特别的 χ^2 检验问题,探索性数据分析问题等;(3)初等统计不一定有的问题,比如渐进相对效率(ARE)和局部最优势(LMP)检验,顺序统计量,秩,线性秩统计量和线性记分问题.这里的(1)和(2)可以根据使用者的情况酌情处理,最好先浏览一下,而在需要时再读.第(3)部分内容在书中多次涉及;但由于仅与理论推导和对方法的评价有关,可作为有兴趣的人的参考.

　　从第二章到第七章依次序为关于位置的单样本,两样本和多样本模型,尺度问题,相关与回归问题以及分布及一些 χ^2 检验问题.这些一般都可以讲;但是如果时间安排不开,可以对正态记分部分仅作举一反三式的介绍.这并不是它不常用,而是因为其思想仅仅是别的统计量的推广. 最后两章为非参数密度估计和回归与稳健统计简介. 这两部分中每一部分都可以构成数倍于本书厚度的专著. 它们在统计中占有重要的地位, 这里的内容仅打算让读者作一初步了解.

本书在编写过程中始终得到国家统计局教育中心的关心和帮助. 苏州大学的汪仁官教授极其认真地审阅了全书, 并提出了宝贵的意见; 自然, 所有的意见都是非常合理的而且均被采纳了; 这使我回忆起 36 年前敬爱的汪老师为我们仔细批改数学分析作业的感人情景. 本书的大部分内容和例子曾在人民大学讲过, 在此也对积极参与课堂教学的统计 96 级同学一并表示感谢.

编者水平有限; 欢迎各方面能对本书的错误和不当之处予以批评指正.

吴喜之

1999 年 11 月 20 日

目　录

第 1 章 引言

1.1 统计的实践

按照不列颠百科全书 (Encyclopædia Britannica), 统计学 (statistics) 被定义为: "收集、分析、展示和解释数据的科学"[1]. 因此统计学应该是数据科学 (data science). 然而, 统计和数据科学的关系在不同的统计学家心中并不一样. 这并不奇怪, 有争议是发展的必要条件. 有不同观点是科学能够发展的最基本的条件, 只有一个声音的世界是一潭死水的代名词.

哲学家 Bertrand Russell 在其《西方哲学史》开篇处说道: "这个世界的全部问题在于. 傻瓜和狂热者总是对自己如此肯定, 而聪明人总是充满怀疑."[2] 统计学也是在不断的质疑和否定中发展的. 统计是为各个领域的应用服务的, Box (1990) 说 "如果没有应用, 统计没有存在的必要."

数据驱动就是以来自真实世界的数据作为研究依据的思维方式, 而模型驱动就是 (为数学推导方便而) 主观选择的数学模型为基础的思维方式. 统计学发展的初期是基于数据驱动的, 后来又被模型驱动的思维主宰. Donoho (2017) 指出:

> 统计专业在未来的研究中面临着两种选择, 一种是继续专注传统主题——主要基于数理统计支持的数据分析. 另一种是更广泛的视野——基于从数据中学习的包容性概念. 后一条路带来了严峻的挑战, 但同时也有令人兴奋的机遇. 前者的风险是统计学变得越来越边缘化......

在统计发展过程中出现的非参数统计就是数据驱动思维对模型驱动思维进行挑战的一个实践. 这种基于数据的思维正在成为当今数据科学的主流思想.

本书所介绍的内容主要是两个方面, 它们都是对经典数理统计的假设检验等统计推断方法做出不依赖主观分布的修正.

1. 基于秩的非参数统计 (nonparametric statistics) 是指不假设数据来自由少量参数确定的主观假定模型的统计方法, 它依赖于数据的排名或排序, 即秩 (rank). 注意, 统计本书最后一章介绍的非参数回归和非参数密度估计也称为 "非参数统计" (参见 Wasserman, 2006), 但不是本书的主要内容.

2. 基于再抽样方法的自助法及置换检验, 它们和基于秩的非参数统计的目的相同. 我们仅以一章对其予以介绍.

---

[1] 原文为: statistics, the science of collecting, analyzing, presenting, and interpreting data. 网页: https://www.britannica.com/search?query=statistics.

[2] 原文为 "The whole problem with the world is that fools and fanatics are always so certain of themselves, and wiser people so full of doubts." 可参见 https://www.columbia.edu/~ey2172/russell.html.

1.2 假设检验及置信区间的回顾 *

虽然读者可能学过数理统计, 这里还是对其以假设检验为主的核心内容做一回顾. 读者可以根据情况忽略本节. 人们把随机变量的观察值习惯用大写字母 $\boldsymbol{X} = (X_1, X_2, \ldots, X_n)$ 来表示, 对于这些观测值在现实中的实现, 也就是数据中的数值, 通常用相应的小写字母 $\boldsymbol{x} = (x_1, x_2, \ldots, x_n)$ 来表示 (它们不是随机的, 没有概率意义)[3].

经典统计对随机变量假定了参数固定的总体分布

经典统计对于数据通常假定有一个总体分布, 而且是诸如正态分布等用数学公式可以描述的分布, 而且每个分布有若干固定不变的参数. 虽然这些假定是主观臆想的, 但在数据量少及没有计算机的时代方便了一些分析过程.

对数据的主观假定和现实数据的差距造成了很多无法解释的结论 (甚至悖论). 多数数据都不会有已知的总体, 或者不属于一个总体, 各种参数不仅可能并非固定不变, 甚至可能根本不存在. 这时的任何根据主观数学假定所进行的详尽分析都是毫无意义的.

关于参数的假设检验

我们假定关心的参数是均值或某位置参数 (记为 μ), 比如当人们觉得该数据可能成为 μ 大于 (小于时也类似) 某值 μ_0 的证据时, 就可以进行假设检验了. 在这种情况下, 零假设是希望被拒绝的 $H_0 : \mu = \mu_0$, 而备选 (择) 假设是用数据支持的 $H_1 : \mu > \mu_0$. 这是个单边检验问题, 类似地, 还有另外一个方向的单边检验问题 $(H_1 : \mu < \mu_0)$ 和双边检验问题 $(H_1 : \mu \neq \mu_0)$.

p 值的定义和确定

有了零假设和备选假设之后, 就要寻求和检验目的有关的作为观测值函数的检验统计量, 可记为 $T = T(\boldsymbol{X}) = T(X_1, X_2, \ldots, X_n)$. 由于潜在的观测值本身是随机变量, 因而, 作为观测值函数的检验统计量也是随机变量. 但是, 当已经获得观测值的具体数值 $\boldsymbol{x} = (x_1, x_2, \ldots, x_n)$ 之后, 就可以得到 T 的一个数值实现 $t = T(\boldsymbol{x}) = T(x_1, x_2, \ldots, x_n)$.

但是要想从 t 得到更多结果, 人们必需能够知道 $T(\boldsymbol{X})$ 的分布. 为此通常假定观测值是独立同正态分布 (或渐近正态)

$$X_1, X_2, \ldots, X_n \overset{\text{i.i.d}}{\sim} N(\mu, \sigma^2). \tag{1.2.1}$$

基于式 (1.2.1) 的假定, 加上零假设, 就可以计算作为随机变量的 T 落入和该值有关的某区间[4]的精确概率或近似概率. 显然, 检验方法是由检验统计量 T 决定的. 在正态连续变量均值的 t 检验中, 如果备选假设为 $H_1 : \mu > \mu_0$, 那么检验统计量 $T = \sqrt{n}(\bar{x} - \mu_0)/s$ 的实现值大, 就说明实际的均值 μ 较大. 但到底多大才能够导出矛盾呢? 这就要计算在零假设下的概率 $P(T > t)$, 它称为 **p 值** (参见图 1.2.1). 如果 p 值很小, 说明这里的观测值的实现在假定 (1.2.1) 及零假设下属于小概率事件范畴. 这时就要怀疑假定 (1.2.1) 及零假设了. <u>值得注意的是, 在数理统计中, 只允许怀疑零假设, 而不允许怀疑假定 (1.2.1), 这是个逻辑错误, 在纯粹数学上, 所有假定都是所有后续推理的不容置疑的出发点, 但在应用中, 如果假定数据满足</u>

---

[3]注意, 当不会发生误解时, 为了叙述方便, 我们并不一定总是强调观测值及其实现的区别.

[4]在单边检验问题中, 这通常是背离零假设方向的以该实现值 (t) 为一个端点的向更极端方向伸展的区间. 比如, 在正态连续变量均值的 t 检验中, 如果数据倾向于支持 $H_1 : \mu > \mu_0$, 则该区间则为 (t, ∞).

诸如式 (1.2.1) 那样的条件, 那么假定 (1.2.1) 就应该和零假设一样被怀疑.

在经典统计中, 如果拒绝零假设的话, 犯第一类错误 (H_0 正确时拒绝它) 的概率也很小 (等于 p 值). 这时的 p 值可以作为 (观测的) 显著性水平. 如果问题涉及检验, 统计软件的输出往往就给出有关检验的 p 值.

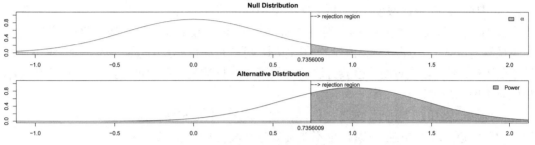

图 1.2.1 关于均值的 t 检验中的 p 值和势示意图

反之, 如果 p 值很大, 则拒绝零假设可能犯错误的概率也大, 因此不能拒绝. 但是, 不能拒绝也可能犯第二类错误 (H_1 正确时不拒绝 H_0). 第二类错误无法用零假设下的概率来解释, 一定要考查 H_1 下的概率. 在 H_1 正确时拒绝 H_0 的概率称为检验的**势** (power), 势的概念在图 1.2.1 中做了解释, 图中的 $T(\boldsymbol{x}) = 0.7356$ 为检验统计量的实现值, 其上图右边阴影面积等于观测的显著性水平 α (即 p 值), 而下图右边阴影面积等于势. 强势的检验比弱势的检验更容易拒绝零假设. 势和检验统计量的选择很有关系. 势依赖于许多因素, 其中包括显著性水平、参数的真值、样本大小及检验统计量的选择. 一般来说, 利用信息越多的检验统计量, 势越大. 在其他条件一样的情况下, 势越大, 则该检验越有效. 例如, 对于同样大的对称样本, 本书将要介绍的符号检验就不如 Wilcoxon 符号秩检验势大, 因为后者利用了更多的信息. 但如果符号检验运用比其他检验更大的样本, 则它也有可能比其他检验有更强的势.

主观确定的显著性水平 α

许多传统的问题事先给定一个显著性水平 α, 这时, 就要拿它和 p 值比较. 如果 p 值小于 α, 就可以拒绝零假设了, 否则不能拒绝. 统计软件一般都不给出 α, 仅仅给出 p 值. 由用户自己决定显著性水平[5]. 因此, p 值也称为观测的显著性水平. 对于不同的问题, α 的选择也不应该相同, 设立普遍适用的显著性水平是不科学的.

问题与思考

显著性水平 α 代表了_小概率_, 如果小概率事件发生 (即 p 值小于 α) 则引出矛盾, 这在传统统计中称为_统计显著_ (statistical significance). 然而这必然导出逻辑上和科学上的问题:

1. 传统统计在许多无法核对的数学假定之下 (其中包括了 "零假设") 导出了检验统计量的分布 p 值, 但为什么在引出矛盾之后只怀疑零假设而不怀疑其他数学假定? 这是传统统计的痼疾. 它把主观假定的数学模型 (如正态分布等) 与代表客观世界的数据混杂起来, 得到无法解释的结论. 人们不禁要问: 统计推断的结论中有多少来自主观的模型? 又有多少来自现实世界?
2. 在确定小概率的标准, 即显著性水平 α 的大小时, 往往不论应用背景, 选择类似的阈值, 最典型的阈值是 $\alpha = 0.05$. 请问, 一个年级 100 个同学上街有 5 个出车祸, 是小概率事件吗? 有 100 个亲子鉴定, 有 5 个鉴定错了, 是小概率事件吗?

---

[5]有些软件标出小于某些诸如 0.01, 0.05 等显著性水平的 p 值, 试图给出普遍适用的 "是否显著" 的标准, 这是不科学的.

错误的 "接受零假设" 说法

在零假设和备择假设状态相反时, 比如 $H_0: \mu \leqslant \mu_0 \Leftrightarrow H_1: \mu > \mu_0$, 拒绝零假设, 就是接受备择假设. 在不能拒绝零假设时, 要避免 "在水平 α 时, 接受零假设" 之类的说法, 见习题 2 (2). 在拒绝零假设时, 要认识到可能犯第一类错误的概率 α. 而在提及 "接受零假设" 时, 一定要涉及 (在备选假设正确时) 犯第二类错误的概率. 然而, 在实践中, 犯第二类错误的概率多不易得到. 在无法得到第二类错误的概率时, 说 "接受零假设" 是不负责任的, 容易产生误导. 实际上, 不能拒绝零假设的原因很多, 可能是证据不足 (比如样本太少), 也可能是检验效率低, 更可能是对使用检验方法所必须满足的数学假定不满足, 当然也可能零假设本身就有道理的.

在计算一类和二类错误, 或考虑似然比检验时, 零假设和备择假设是两个值, 不是前面说的相反状态. 此时, 拒绝零假设, 也不能接受备择假设 (见习题 2 (1)).

在哲学上, 可以说 "接受" 和 "拒绝" 这两个概念是对称的. 但是在统计的实践中, 零假设和备选假设一般是不对称的. 因此一般对零假设用 "拒绝" 或 "不能拒绝" 零假设; 而对于备择假设用 "接受" 或 "不能接受" 备择假设.

注意, 零假设 $H_0: \mu \leqslant \mu_0$, 在本书中写成 $H_0: \mu = \mu_0$. 这是因为, 对于 $H_1: \mu > \mu_0$, 如果在 $\mu = \mu_0$ 时都能拒绝零假设, 那在 $\mu < \mu_0$ 时更可以拒绝. 因为在 $\mu = \mu_0$ 的分布下计算的 p 值, 大于在 $\mu < \mu_0$ 的分布下计算的 p 值 (参见图 1.2.1). 而且要计算 p 值, 必须固定某个 μ, 即在 $\mu = \mu_0$ 时计算. 因此, 零假设都包括等号, 比如 $\mu = \mu_0, \mu \leqslant \mu_0, \mu \geqslant \mu_0$, 他们的备择假设不包括等号, 分别为 $\mu \neq \mu_0, \mu > \mu_0, \mu < \mu_0$.

置信区间是假设检验的等价形式

就单变量位置参数来说, 置信区间一般来说是和双边检验有联系的. 比如我们有均值 μ 的估计量 $\hat{\mu}$, 并用它来构造检验统计量去检验 $H_0: \mu = \mu_0 \Leftrightarrow H_1: \mu \neq \mu_0$. 这时, 如果显著性水平为 α, 则存在所谓 "临界值" C_α 使得在零假设下不拒绝的概率为 $P(|\hat{\mu} - \mu_0| < C_\alpha) = 1 - \alpha$. 由不等式 $|\hat{\mu} - \mu_0| < C_\alpha$ (或 $\hat{\mu} - C_\alpha < \mu_0 < \hat{\mu} + C_\alpha$) 导出了 μ 的 $100(1-\alpha)\%$ 置信区间的公式 $(\hat{\mu} - C_\alpha, \hat{\mu} + C_\alpha)$. 虽然这里没有检验问题 (没有给出具体的某个 μ 的值), 但是可以认为, 如果此区间包含 μ_0, 则对于水平 α 不能拒绝零假设 $\mu = \mu_0$ (在双边检验的意义上). 仅仅在置信区间的两个端点是随机的 (是样本的函数) 意义上, 人们才能够说 (必须在零假设正确的条件下) "该随机区间包括 μ 的概率是 $1 - \alpha$." 而当置信区间的端点由实际样本数据计算出来之后, 它就成为一个固定的区间, 比如区间 (23.5, 27.4), 它或者包含 μ, 或者不包含 μ, 没有任何概率可言. 因此, 诸如 "置信度为 95% 的置信区间 (23.5, 27.4) 以 0.95 的概率覆盖均值 μ" 的说法是不妥的. 严格说来. "置信度 $100(1-\alpha)\%$" 意味着, 在大量类似的重复抽样中, 用这种统计量根据这些样本计算出来的大量置信区间中有大约 $100(1-\alpha)\%$ 的区间覆盖均值 μ, 但具体哪个覆盖, 哪个不覆盖, 可能永远也不知道.

此外, 作为传统 (频率派) 统计的对照, 在贝叶斯统计中, 总是作为随机变量的参数以及可信区间 (credible interval) 的概念是和这里的置信区间完全不同的. 在贝叶斯统计中的可信区间是未观察到的参数值以特定概率落入其中的区间. 它是后验概率分布或预测分布域中的区间. 多变量问题的推广就是 "可信区域" (credible region).

> **问题与思考**
>
> 　　经典统计的假设检验和置信区间是最被滥用的统计概念. 2019 年 3 月 20 日在《Nature》杂志[a]
> 以 "科学家们起来反对统计显著性, Amrhein, Greenland, McShane 以及 800 多名签署者呼吁终止骗人
> 的结论并消除可能的至关重要的影响" 为头条的文章指出, 在按照统计显著性来下结论的 791 篇文章
> 中, 有 51% 是错误的. 这说明, 使用传统的统计显著性下结论还不如用抛硬币来决策.
>
> 　　此外, 在《Nature》杂志发表上述文章的同一天, 在《The American Statistician》[b] 也发表了题为 "
> 抛弃统计显著性 " 的文章.
>
> ―――――――――――――
>
> [a]https://www.nature.com/articles/d41586-019-00857-9.
> [b]https://www.tandfonline.com/doi/full/10.1080/00031305.2018.1527253.

关于连续性修正的注

　　应用中对于离散分布, 常用连续性修正 (continuity corrections). 以相邻点间距离为 1 的
离散变量为例, 想象每一个点与相邻的点以它们的中点为界, 这样每个点 x 就用区间 $(x-\frac{1}{2}, x+\frac{1}{2})$ 来代替 (每个点都变成了一个区间, 和邻近点的区间接壤). 这样, 就可以对一个离散
分布的点的概率 $P(X=x)$ 用连续 (如正态) 分布的相应的区间的概率 $P(x-\frac{1}{2} \leqslant X \leqslant x+\frac{1}{2})$
来近似. 相应的离散点的概率就变换成连续分布密度函数曲线下面在一个单位区间上的面
积. 而离散分布的概率 $P(X \leqslant x)$ 则用连续分布的概率 $P(X \leqslant x+\frac{1}{2})$ 来近似. 这种对 x 加
或减部分邻域范围的调整就称为连续性修正. 比如对于二项分布 $Bin(n,p)$ 随机变量 X, 概
率 $P(X \leqslant x)$ 由

$$\Phi\left\{ \frac{x+\dfrac{1}{2}-np}{\sqrt{np(1-p)}} \right\}$$

来近似.

　　如果离散变量相邻点之间的距离不是 1 (甚至不是等间隔的), 也可适当合理划分两个点
之间的区间, 使每个点为一个区间所代表. 连续修正的方法并不唯一. 实践中各种统计软件
在连续性修正上也有自己的选择.

1.3　关于非参数统计

　　在初等统计学中, 最基本的概念是总体、样本、随机变量、分布、估计和假设检验等.
其很大一部分内容是和正态理论相关的. 在那里, 总体的分布形式或分布族往往是主观假定
了的. 所不知道的仅仅是一些参数的值或他们的范围. 于是, 人们的任务就是对这些假定数
学模型的一些参数, 比如均值和方差 (或标准差), 进行点估计或区间估计. 或者对一些参数
进行各种检验, 比如检验正态分布的均值是否相等或等于某特定值等等, 也有对于拟合好坏
进行的各种检验. 最常见的检验为对正态总体的 t 检验、F 检验、χ^2 和最大似然比检验等.

　　然而, 在实际生活中, 那种对总体的分布的假定并不是能随便作出的. 实际上, 数据往往
并不是来自所假定分布的总体, 或者数据根本不是来自一个总体, 此外, 数据也可能因为种
种原因被严重污染. 这样, 经典统计中在假定总体分布的情况下进行推断的做法就可能产生
不适当的, 或者错误的、甚至灾难性的结论. 于是, 人们希望在不假定总体分布的情况下, 尽
量从数据本身来获得所需的信息. 这就是非参数统计的宗旨. 因为非参数统计方法不利用

关于总体分布 (通常是主观假定的) 知识, 所以, 即使在缺乏数据背后的总体信息的情况下, 它也能很容易而又较可靠地获得结论. 这时, 非参数方法往往优于参数方法. 当然, 在罕见的总体的分布族已知的情况下, 不利用任何先验知识就成为它的缺点.

在不知总体分布的情况下如何利用数据所包含的信息呢? 一组数据的最基本的信息就是数据的大小次序. 如果可以把数据点按大小次序排队, 每一个具体数目都有它的在整个数据中 (一般从最小的数起, 或按升序排列) 的位置或次序, 称为该数目在数据中的秩 (rank). 数据有多少个观察值, 就有多少个秩. 在一定的假定下, 这些秩和它们的统计量的分布是求得出来的, 而且和原来的总体分布无关. 这样就可以进行所需要的统计推断了. 这是本书所涉及的非参数统计的一个基本思想. 当然, 本书中还有一些方法没有 (或者没有明显地) 利用秩的性质. 广义地说, 只要和总体分布无关的方法, 都可以称为非参数统计方法.

注意, 非参数统计的名字中的 "非参数" (nonparametric) 意味着其方法不涉及描述总体分布的有关参数. 实际上, 如果没有一个数学上主观定义的总体, 也就不存在总体参数. 因此, 非参数统计也被称为 "与分布无关" (distribution-free). 因为其推断方法多数是基于有关秩或秩的统计量的精确分布或渐近分布而作出的, 与数据所源于的总体分布无关. 在现实世界中, 谁也不知道一个数据是否来自一个总体, 更不要说某个确定数学形式的总体. 对于非参数密度估计和非参数回归等内容, 本书仅仅做简单的介绍, 它们应该属于现代非参数回归 (Wasserman, 2006).

1.4   精确检验、统计模拟和标准渐近分布

本书中介绍的许多检验统计量都可用精确检验方法 (exact test method) 给出统计量的精确分布或所得观测数据的精确 p 值. 当样本量较大且用精确检验方法计算时间过长时, 可用 Monte Carlo 模拟方法 (Monte Carlo method) 或标准渐近方法 (standard asymptotic method) 给出统计量的近似分布或所得观测数据的近似 p 值.

精确检验通常在样本量比较小、数据稀疏或几个子样本量相差很大等不适合用标准渐近分布方法的情况下使用. 本书介绍的非参数统计方法利用数据的秩构造统计量, 在零假设下给出所有排列组合的秩顺序所对应的统计量取值, 并将这些数值从小到大排序, 按取值的频率给出零假设下的分布, 进而给出所得观测数据对应的 p 值. 在某些情况下, 在零假设下所有排列组合的数量会很大, 计算零假设下的分布会用很长时间, 此时也可以考虑用统计模拟. 也就是, 通过随机抽样生成一定数量的样本, 先计算这些样本所对应的统计量并按从小到大顺序排序, 再计算观测数据所对应的统计量在这个排序中的位置偏小或偏大程度, 即 p 值, 此值为精确 p 值的无偏估计.

常用的标准渐近分布有正态分布、χ^2 分布和 F 分布等, 比如后面章节介绍的 Kruskal-Wallis 检验、Friedman 检验、Pearson 拟合优度检验、似然比检验、Cochran 检验和在流行病学中常用的 Mantel-Haenszel 检验等在大样本情况都用 χ^2 分布近似. 其中, Pearson 拟合优度统计量的表达式为

$$Q = \sum_{i=1}^{r} \frac{(O_i - E_i)^2}{E_i},$$

它度量了在 r 个不可兼的类中所观察到的频数 $O_1, O_2, \ldots, O_r$ 和在零假设下各类的期望频

数 $E_1, E_2, \ldots, E_r$ 的差距. 在零假设下, Q 近似地服从有 $(r-1)$ 个自由度的 χ^2 分布, 但是如果这些期望是基于对 p 个未知参数的渐近有效估计而得到的, Q 服从 $(r-p-1)$ 个自由度的 χ^2 分布.

与很多其他统计量一样, Pearson 拟合优度检验统计量的大样本近似分布的推导基于多元正态中心极限定理. 事实上, 对于非正态总体, 在样本量足够大的情况下, 在零假设正确的假设下通过多元正态中心极限定理来保证相应的检验统计量有渐近的 χ^2 分布. 尽管有各种不同的情况, 实践中所用的检验统计量大都等价于一个形为

$$Q = Q(\boldsymbol{x}) = \boldsymbol{x}'V^{-1}\boldsymbol{x}$$

的二次型, 这里 $\boldsymbol{x}$ 为一个 k 维 (相当于 $k \times 1$ 矩阵) 的随机向量, 它有近似的多元正态分布 $N(\boldsymbol{0}, V)$, 这里 V 是一个 $k \times k$ 维的正定协方差矩阵. 如果 Q 可以表示成 k 个独立的 $N(0,1)$ 正态随机变量之平方和, 则它服从有 k 个自由度的 χ^2 分布.

> **问题与思考**
>
> 使用渐近分布总是有风险的, 因为永远也不知道样本量在多大时, 渐近分布才可以有效地使用. 包括那些证明渐近分布的学者, 没有一个人能够回答 "多大才能算是大样本" 这样的问题.
>
> 很多人在小样本时也使用正态分布, 这必然导致附加的困扰, 加上各种方法对数据的假定及显著性水平 α 的主观性, 使得结论很不可靠.
>
> 诸如拟合优度检验那样的渐近检验的势很小, 基本上很难有显著性出现. 因此, 很多人非常荒谬地使用这种检验很难拒绝零假设来 "验证" 模型的 "合理性" (也就是接受零假设). 因此, 最多只能够用拟合优度检验来拒绝某个模型 (一般还很难, 由于势很低, 往往失败).

1.5　顺序统计量、分位数和秩

因为非参数统计方法并不假定总体分布. 因此, 观测值的顺序及其性质则作为研究的对象. 对于样本 $X_1, X_2, \ldots, X_n$, 如果按照升序排列, 并重新标记, 得到

$$X_{(1)} \leqslant X_{(2)} \leqslant \cdots \leqslant X_{(n)},$$

这就是顺序统计量 (order statistics). 其中 $X_{(i)}$ 为第 i 个顺序统计量. 对它的性质的研究构成非参数统计的理论基础之一. 本书并不试图在理论证明上作深入的推导. 但是了解顺序统计量的基本性质对了解非参数方法的思维方式是有益处的.

例 1.1　5 个企业的纳税额数据. 如果随机抽取的 5 个企业的纳税额 (单位: 万元) (向量) 为 (3.73, 5.24, 7.11, 2.30, 6.81), 则表 1.5.1 显示了相应的顺序统计量和秩的概念 (注意秩等于顺序统计量的下标, 而秩的下标和原观测值下标相同).

表 1.5.1　例 1.1 数据的顺序统计量和秩

原数据代码	x_1	x_2	x_3	x_4	x_5
原数据	3.73	5.24	7.11	2.30	6.81
顺序统计量代码	$x_{(2)}$	$x_{(3)}$	$x_{(5)}$	$x_{(1)}$	$x_{(4)}$
秩	$R_1 = 2$	$R_2 = 3$	$R_3 = 5$	$R_4 = 1$	$R_5 = 4$

许多初等的统计概念是基于顺序统计量的, 比如分位数 (percentiles)、四分位点 (quartiles) 和中位数 (median) 等关于位置的度量. $\pi(0 \leqslant \pi \leqslant 1)$ 分位数是数据中有 $\pi \times 100\%$ 小于或等于此数, $(1-\pi) \times 100\%$ 大于或等于此数的数值. π 分位数 Q_π 是 n 个样本中的第 $[n\pi]$

位或第 $[n\pi]+1$ 位数值, 即当 $n\pi$ 为整数时, 取 $n\pi$; 当 $n\pi$ 不是整数时, 取大于 $n\pi$ 的最小的整数. 四分位点有三个, 25%分位数 (下四分位点), 50%分位数 (中位数) 和 75%分位数 (上四分位点). 特别地, 中位数定义为

$$M = \begin{cases} X_{(\frac{n+1}{2})} & n\text{为奇数}; \\ \frac{1}{2}(X_{(\frac{n}{2})} + X_{(\frac{n}{2}+1)}) & n\text{为偶数}. \end{cases}$$

而极差 (range) 定义为 $W = X_{(n)} - X_{(1)}$, 是关于尺度的度量. 容易得到例 1.1 数据的中位数为 5.24, 上下四分位点分别为 3.73 和 6.81, 极差为 4.81.

定理 1.1 如果总体分布函数为 $F(x)$, 则顺序统计量 $X_{(r)}$ 的分布函数为

$$\begin{aligned} F_r(x) &= P(X_{(r)} \leqslant x) = P(\text{至少 } r \text{ 个 } X_i \text{ 小于或等于 } x) \\ &= \sum_{i=r}^{n} \binom{n}{i} F^i(x)[1-F(x)]^{n-i}. \end{aligned}$$

如果总体分布密度 $f(x)$ 存在, 则顺序统计量 $X_{(r)}$ 的密度函数为

$$f_r(x) = \frac{n!}{(r-1)!(n-r)!} F^{r-1}(x)f(x)[1-F(x)]^{n-r}.$$

顺序统计量 $X_{(r)}$ 和 $X_{(s)}$ 的联合密度函数为

$$f_{r,s}(x,y) = C(n,r,s)F^{r-1}(x)f(x)[F(y)-F(x)]^{s-r-1}f(y)[1-F(y)]^{n-s},$$

其中

$$C(n,r,s) = \frac{n!}{(r-1)!(s-r-1)!(n-s)!}.$$

由定理 1.1, 联合密度函数可以导出许多常用的顺序统计量的函数的分布. 比如极差 $W = X_{(n)} - X_{(1)}$ 的分布函数为

$$F_W(w) = n\int_{-\infty}^{\infty} f(x)[F(x+w)-F(x)]^{n-1}dx.$$

因为本书所采用的方法主要是以秩为基础的. 自然要介绍讨论秩的有关分布. 如果用 R_i 来代表独立同分布样本 $X_1, X_2, \ldots, X_n$ 中 X_i 的秩, 它为小于或等于 X_i 的样本点个数, 即 $R_i = \sum_{j=1}^{n} I(X_j \leq X_i)$.

例 1.2 (例 1.1 续) 如表 1.5.1 所示, 对于例 1.1 中数据 (3.73, 5.24, 7.11, 2.30, 6.81) 的秩为

$$R_1 = 2, R_2 = 3, R_3 = 5, R_4 = 1, R_5 = 4.$$

定理 1.2 对于独立同分布样本 $X_1, X_2, \ldots, X_n$ 中 X_i 的秩 R_i, 记 $R = (R_1, R_2, \ldots, R_n)$, 可以证明: 对于 $(1, 2, \ldots, n)$ 的任意一个排列 $(i_1, i_2, \ldots, i_n)$, $R_1, R_2, \ldots, R_n$ 的联合分布为

$$P(R = (i_1, i_2, \ldots, i_n)) = \frac{1}{n!}.$$

还有, 对于任意固定的 $i, j(j \neq i)$

$$P(R_i = r) = \frac{1}{n}, \quad (r = 1, 2, \ldots, n);$$

$$P(R_i = r, R_j = s) = \frac{1}{n(n-1)}, \quad (r \neq s, r = 1, 2, \ldots, n, s = 1, 2, \ldots, n).$$

由定理 1.1 的最后两个式子可以推出 (作为练习, 请读者自己验证)

$$\mathrm{E}(R_i) = \frac{n+1}{2}, \quad \mathrm{Var}(R_i) = \frac{(n+1)(n-1)}{12}, \quad \mathrm{Cov}(R_i, R_j) = -\frac{n+1}{12}. \qquad (1.5.1)$$

类似地, 可以得到 $R_1, R_2, \ldots, R_n$ 的各种可能的联合分布及有关的矩. 对于独立同分布样本来说, 秩的分布和总体分布无关.

1.6 渐近相对效率 (ARE)*

如何来比较两种统计检验方法的优劣呢? 下面简单地介绍一下 Pitman 效率 (Pitman efficiency), 又称为渐近相对效率 (asymptotic relative efficiency), 简称 ARE (Pitman, 1948).

假定 α 表示犯第一类错误的概率, 而 β 表示犯第二类错误的概率 (势为 $1 - \beta$). 对于任意的检验 T, 理论上总可以找到样本量 n 使该检验满足固定的 α 和 β. 显然, 为达到这种条件, 需要样本量大的检验就不如需要样本量小的检验效率高. 如果为达到同样的 α 和 β, 检验 T_1 需要 n_1 个观测值, 而 T_2 需要 n_2 个观测值, 则可用 n_1/n_2 来定义 T_2 对 T_1 的相对效率 (relative efficiency). 当然, 相对效率高的检验是较好的. 如果固定 α 而让 $n_1 \to \infty$(这时势 $1 - \beta$ 不断增加), 则相应检验的样本量 n_2 也一定要增加 (趋向于 ∞) 以保持两个检验的势一样. 在一定的条件下, 相对效率 n_1/n_2 存在极限. 这个极限就作为 T_2 对 T_1 的渐近相对效率 (ARE) 的度量.

在实践中, 小样本占很大的比例. 人们必然会考虑用 ARE 是否合适. 实际上, 虽然 ARE 是在大样本时导出的, 但是在比较不同检验时, 小样本的相对效率一般都接近 ARE. 在比较非参数检验方法和传统方法时, 往往小样本的相对效率要高于 ARE, 因此, 如果非参数方法的 ARE 较高, 则自然不应忽略它.

前面说过, 传统的统计检验方法主要是以正态分布理论为基础的检验, 其中 t 检验是有代表性的. 当总体的确是正态分布时, t 检验的效率自然要比非参数检验方法要高. 但是, 如果总体分布不是正态, 或总体分布有污染, 结果又怎样呢? 表 1.6.1 列出了四种不同的总体分布以及在这些分布下, 属于非参数检验范畴的符号检验 (用 S 代表) 和 Wilcoxon 符号秩检验 (用 W^+ 代表)(这两个检验将在后面有关章节介绍) 相对于传统的基于正态总体假定的 t 检验 (用 t 代表) 的渐近相对效率, 分别用 $\mathrm{ARE}(S, t)$ 和 $\mathrm{ARE}(W^+, t)$ 来表示. 从这两个 ARE 很容易算出 Wilcoxon 对符号检验的渐近相对效率 $\mathrm{ARE}(W^+, S)$.

表 1.6.1 几种分布的 ARE 对照

总体分布和 密度函数	$U(-1,1)$ $\frac{1}{2}I(-1,1)$	$N(0,1)$ $\frac{1}{\sqrt{2\pi}}e^{-x^2/2}$	logistic $e^{-x}(1+e^{-x})^{-2}$	重指数 $\frac{1}{2}e^{-|x|}$
$\mathrm{ARE}(W^+, t)$	1	$3/\pi(\approx 0.955)$	$\pi^2/9(\approx 1.097)$	$3/2$
$\mathrm{ARE}(S, t)$	$1/3$	$2/\pi(\approx 0.637)$	$\pi^2/12(\approx 0.822)$	2
$\mathrm{ARE}(W^+, S)$	3	$3/2$	$4/3$	$3/4$

可以看出, 当总体是正态分布时, t 检验最好, 但相对于 Wilcoxon 检验的优势也不大 ($\pi/3 \approx 1.047$). 但当总体不是正态分布时, Wilcoxon 检验就优于或等于 t 检验了. 在重指数分布时, 符号检验也优于 t 检验.

下面再看标准正态总体 $\Phi(x)$ 有部分污染的情况. 这里假定它被尺度不同的正态分布 $\Phi(x/3)$ 作了部分 (比例为 ϵ) 的污染. 污染后的总体分布函数为 $F_\epsilon(x) = (1 - \epsilon)\Phi(x) + \epsilon\Phi(x/3)$. 这时, 对于不同的 ϵ, Wilcoxon 对 t 检验的 ARE 为 (表 1.6.2)

表 1.6.2　对不同 ϵ, Wilcoxon 对 t 检验的 ARE

ϵ	0	0.01	0.03	0.05	0.08	0.10	0.15
ARE(W^+, t)	0.955	1.009	1.108	1.196	1.301	1.373	1.497

这只是特别情况下的 ARE 的值, 对于一般的情况是否有个范围呢? 表 1.6.3 列出了 Wilcoxon 检验, 符号检验和 t 检验之间的 ARE 的范围.

表 1.6.3　Wilcoxon 检验, 符号检验和 t 检验之间的 ARE 的范围

ARE(W^+, t)	ARE(S, t)	ARE(W^+, S)
$(\frac{108}{125}, \infty) \approx (0.864, \infty)$	$[\frac{1}{3}, \infty)$; 非单峰时为 $(0, \infty)$	$(0, 3]$; 非单峰时为 $(0, \infty)$

从上面的关于 ARE 的讨论可以看出, 在不知道总体分布的情况下, 非参数统计检验方法有不小的优势. Pitman 效率不仅可以应用到假设检验, 而且可以用于参数估计. 具体的过程这里就不介绍了.

1.7　线性符号秩统计量和正态记分检验 *

为了对本书的一些问题加深理解, 下面介绍线性符号秩统计量, 线性秩统计量及它们的一些性质, 读者可参见 Hájek and Zbyněk (1967). 这些内容可以留到以后遇到问题时再看.

首先, 引进一般的线性符号秩统计量, 并不加证明地给出它们在零假设下的期望和方差. 有了这些, 就可以进行大样本近似. 假定 R_i^+ 为 $|X_i|$ 在 $|X_1|, |X_2|, \cdots, |X_n|$ 中的秩. 如果 $a_n^+(\cdot)$ 为定义在整数 $1, 2, \ldots, n$ 上的非降函数且满足 $0 \leqslant a_n^+(1) \leqslant \cdots \leqslant a_n^+(n)$, $a_n^+(n) > 0$, 线性符号秩统计量为

$$S_n^+ = \sum_{i=1}^n a_n^+(R_i^+) I(X_i > 0).$$

如果, $X_1, X_2, \ldots, X_n$ 为独立同分布的连续随机变量并有关于 0 的对称分布, 则

$$\mathrm{E}(S_n^+) = \frac{1}{2} \sum_{i=1}^n a_n^+(i); \quad \mathrm{Var}(S_n^+) = \frac{1}{4} \sum_{i=1}^n \{a_n^+(i)\}^2.$$

第三章的 Wilcoxon 符号秩统计量 W^+ 和符号统计量 S^+ 都是线性符号秩统计量的特例. 比如, 在 $a_n^+(i) = i$ 时, S_n^+ 为 Wilcoxon 符号秩统计量 W^+, 而在 $a_n^+(i) \equiv 1$ 时, S_n^+ 为符号统计量 S^+.

更一般的为线性秩统计量. 它有形状

$$S_n = \sum_{i=1}^n c_n(i) a_n(R_i),$$

这里 R_i 为观测值 X_i 的秩 $(i = 1, 2, \ldots, n)$, $a_n(\cdot)$ 为一元函数, 不一定非负, 它和前面的 $a_n^+(\cdot)$ 都称为记分函数 (score function) 或记分 (score), 而 $c_n(\cdot)$ 称为回归常数 (regression constant). 如果 $X_1, X_2, \ldots, X_n$ 为独立同分布的连续随机变量, 即 $R_1, R_2, \ldots, R_n$ 在 $1, \ldots, n$ 上有均匀分布, 有

$$\mathrm{E}(S_n) = n\bar{c}\bar{a}; \quad \mathrm{Var}(S_n) = \frac{1}{n-1} \sum_{i=1}^n (c_n(i) - \bar{c})^2 (a_n(i) - \bar{a})^2,$$

这里 $\bar{a} = \frac{1}{n} \sum_{i=1}^n a_n(i)$, $\bar{c} = \frac{1}{n} \sum_{i=1}^n c_n(i)$. 当 $N = m + n$, $a_N(i) = i$, $c_N(i) = I(i > m)$, 则 S_n 为两样本 Wilcoxon 秩和统计量. 另外, 如果把线性秩统计量中的记分 $a_n(i)$ 换为正态分

位点 $\Phi^{-1}(i/(n+1))$, 称为正态记分 (normal score). 而形为

$$S_n = \sum_{i=1}^{n} \Phi^{-1}\left(\frac{R_i}{n+1}\right)$$

的线性秩统计量称为 Van Der Waerden (Van Der Waerden, 1957) 正态记分. 和这些基于正态记分关联的检验称为正态记分检验.

上面一般线性统计量的一个特例为

$$S_n = \sum_{i=1}^{n} a_n^+(R_i^+)\mathrm{sign}(X_i), \quad \text{这里符号函数 } \mathrm{sign}(x) = \left\{ \begin{array}{ll} 1 & \text{当 } x > 0; \\ 0 & \text{当 } x = 0; \\ -1 & \text{当 } x < 0. \end{array} \right.$$

可以证明 (Hajek & Sidak, 1967), 在 $X_1, X_2, \ldots, X_n$ 为独立同分布的对称连续随机变量时,

$$\mathrm{E}(S_n) = 0; \quad \mathrm{Var}(S_n) = \sum_{i=1}^{n} \{a_n^+(i)\}^2.$$

这也是一种线性符号秩统计量, 和前面的不同之处在于, 它的每一项会带有 X_i 的符号 $\mathrm{sign}(X_i)$.

1.8　用 R 和 Python 熟悉和分析手中的数据

本书在介绍非参数统计理论的同时, 力求通过实践理解数据科学领域最常用的计算机软件 R 和 Python, 实现对数据的分析. R 和 Python 都是免费和开源的, 它们的底层代码都是公开的.

1.8.1 R 语言

R 是一种开源编程语言, 针对统计分析和数据可视化进行了优化. R 于 1992 年开发, 拥有丰富的生态系统, 包含复杂的数据模型和优雅的数据报告工具. 按照 2023 年 8 月 28 日统计, 人们已经贡献了超过 19810 个 R 软件包, 而且该数目每天以十几或二十多 (新加入或更新的包) 的速率增长, 这是任何商业软件望尘莫及的. 由于 R 软件增加的新方法很快, 给数据分析研究人员以最方便而又最前沿参考. R 软件为以下方面提供了各种各样的库和工具:

1. 清理和准备数据.
2. 创建可视化.
3. 训练和评估机器学习和深度学习算法.
4. R 通常在 RStudio 中使用, RStudio[6] 是一种用于简化统计分析、可视化和报告的集成开发环境 (IDE). R 应用程序可以通过 Shiny 在网络上直接交互使用. 注意: 在安装 Rstudio 之前, 必须安装 R.

1.8.2 Python 语言

Python 是一种通用的、面向对象的编程语言, 通过大量使用缩进来强调代码的可读性. Python 于 1989 年发布, 易于学习, 深受程序员和开发人员的喜爱. 事实上, Python 是世界上最流行的编程语言之一, 仅次于 Java 和 C. 在数据科学上, 它已经超过 R, 名列首位. 多个 Python 库支持数据科学任务, 它们包括:

1. Numpy 用于处理大维数组.

---

[6]可以从下面网站下载: https://posit.co/products/open-source/rstudio/.

2. Numpy 用于数据操作和分析的 Pandas.

3. Numpy Matplotlib 用于构建数据可视化.

此外, Python 特别适合大规模机器学习. 其专业深度学习和机器学习库套件包括 scikit-learn、Keras 和 TensorFlow 等工具, 使数据科学家能够开发直接插入生产系统的复杂数据模型. 而 Anaconda[7]是一个非常用的多语言平台, 它包含的 Jupyter Notebooks 是一个开源 Web 应用程序, 可用于轻松共享包含实时 Python 代码、函数、可视化和数据科学解释的文档. 下载 Anaconda 时就自动下载了 Python 和其最重要的一些程序包. 本书在所有 Python 代码运行前都假定已经运行了下面的安装程序包代码:

```
import numpy as np
import pandas as pd
import matplotlib.pyplot as plt
import seaborn as sns
import os
```

实际上, 如果在终端下载 pyforest (比如, 使用代码 pip install pyforest, 或者代码 pip install --upgrade pyforest). 在此之后重新启动 Jupyter 界面, 此时不用上面列举的一系列 "import" 语句也能执行缩写模块命令.

1.8.3 R 和 Python 的主要区别

这两种语言由于它们的数据科学方法目标不尽相同而有区别. 这两种开源编程语言都受到大型社区的支持, 不断扩展它们的库和工具. 但是, 虽然 R 主要用于统计分析, 但 Python 提供了一种更通用的数据整理方法.

Python 是一种多用途语言, 很像 C++ 和 Java, 具有易于学习的可读语法. 程序员使用 Python 深入研究数据分析或在可扩展的生产环境中使用机器学习. 例如, 您可以使用 Python 将人脸识别构建到移动 API 中或开发机器学习应用程序.

另一方面, R 是由统计学家构建的, 并且依赖于统计模型和专业分析. 数据科学家使用 R 进行深入的统计分析, 只需几行代码和漂亮的数据可视化即可支持. 例如, 您可以使用 R 进行客户行为分析或基因组学研究. 对于非参数统计这样比较简单的统计目标, R 和 Python 之间的区别并不大, 但 R 可能方便一些. 但是为了和更广泛的数据科学领域结合, 学会 Python 则不无裨益.

下面在几个方面对两种软件进行比较:

1. **数据收集**: Python 支持各种数据格式, 从逗号分隔值 (CSV) 文件到来自网络的 JSON. 您还可以将 SQL 表直接导入到 Python 代码中. 对于网络开发, Python requests 库可让您轻松从 Web 获取数据以构建数据集. 相比之下, R 是专为数据分析师从 Excel、CSV 和文本文件导入数据而设计的. 以其他软件格式构建的文件均可以转换为 R 数据帧. 虽然 Python 在从网络上提取数据方面更加通用, 但 R 也有像 Rvest 这样的为基本的网络抓取而设计的现代包.

2. **数据探索**: 在 Python 中, 可以使用 Python 的数据分析库 Pandas 来通过数据框探索数

---

[7]可以从其官网下载: https://www.anaconda.com/.

据. 可以很容易过滤、排序和显示数据. 另一方面, R 也有类似的数据框, 针对大型数据集的统计分析进行了优化, 并且它提供了许多不同的选项来探索数据. 借助 R, 可以构建概率分布、应用不同的统计检验以及使用标准机器学习和数据挖掘技术.

3. **数据建模**: Python 拥有用于数据建模的标准库, 包括用于数值建模分析的 Numpy、用于科学计算和计算的 SciPy 以及用于机器学习算法的 scikit-learn. 对于 R 中的特定建模分析, 有时必须依赖 R 核心功能之外的包. 但称为 Tidyverse 的特定软件包集可以轻松导入、操作、可视化和报告数据.

4. **数据可视化**: 虽然可视化不是 Python 的强项, 但您可以使用 Matplotlib 库来生成基本图形和图表. 另外, Seaborn 库允许您在 Python 中绘制更具吸引力和信息丰富的统计图形. 然而, R 的构建是为了演示统计分析的结果, 其基本图形模块允许您轻松创建基本图表和绘图. 您还可以使用 ggplot2 绘制更高级的图, 例如带有回归线的复杂散点图.

1.8.4 学哪一种语言: 最好两种语言都学

由于其易于阅读的语法, Python 的学习曲线是线性且平滑的. 对于初学者来说, 它被认为是一种很好的语言. Python 是一种可用于生产的语言, 广泛应用于工业、研究和工程工作流程. 使用 R, 新手可以在几分钟内运行数据分析任务. 但 R 是一种统计工具, 可供没有任何编程技能的学者、工程师和科学家使用. 但也正因为它是以统计分析为目标, R 中高级功能的复杂性使得没有统计背景的人觉得有些困难.

R 编程更适合统计学习, 具有无与伦比的数据探索和实验库. 对于机器学习和大规模应用程序, 尤其是网络应用程序中的数据分析, Python 是更好的选择. R 应用程序非常适合以漂亮的图形可视化数据. 相比之下, Python 应用程序更容易集成到工程环境中.

由于许多平台都支持 R 和 Python. 大多数组织都使用这两种语言的组合, 而 R 与 Python 的争论毫无意义. 事实上, 人们可能会在 R 中进行早期数据分析和探索, 然后在发布一些数据产品时切换到 Python. 经验表明, 两种语言的转换对于诸如统计分析这样的初等应用来说没有任何困难.

本章练习中给出了用 R 和 Python 软件画图 1.8.1 的语句. 包括直方图、盒形图 (又称箱线图)、茎叶图和 Q-Q 图等, 看该分布是否呈现出对称性, 是否有很长的尾部, 是否有远离数据主体的点等等.

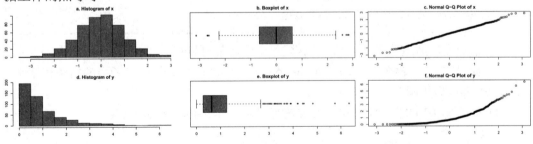

图 **1.8.1**　变量 x 和 y 的直方图、盒形图及其相对于正态分布的 Q-Q 图

所谓的 Q-Q 图 (quantile-quantile plots), 是用按升序重新排列的原始数据的样本点和标准正态分布的分位点 (通常用 $\Phi^{-1}[(i-3/8)/(n+1/4)]$) 来作散点图. 如果原来的样本是正态的, 该图应该大致成一条直线, 反之, 它将在一端或两端有摆动, 说明其总体分布与正态分

布有差别. 此外, Q-Q 图还可以用来比较不同样本的分布是否一样. 图 1.1 有 6 个小图, 第一行和第二行分别表示对样本 x 和样本 y 所画的直方图、盒形图及相对于正态分布的 Q-Q 图. 其中 x 来自标准正态分布, 而 y 来自参数为 1 的指数分布. 显然, 由于 x 来自正态分布, 它的关于正态分布的 Q-Q 图近乎于一条直线, 而 y 的 Q-Q 图则有较大的弯曲. 如果画 y 相对于 x 的 Q-Q 图, 则它应该和最后一个图 (f) 一样.

1.9 习题

1. 用 R 做下面的实践:
   (1) 例 1.1 的 3 个统计量的实现值可以用下面 R 代码计算, 其中第 1 行输入数据, 第 2 行计算上下四分位点, 第 3 行计算极差, 第 4 行计算极大值, 上下四分位点 (之间是第 2 四分位点, 即中位数), 第 5 行计算例 1.2 的秩, 即例 1.1 中顺序统计量 $\{x_k\}$ 中的下标.

```
x=c(3.73, 5.24, 7.11, 2.30, 6.81)
quantile(x,c(1/4,3/4))
diff(range(x))
quantile(x)
rank(x)
```

   敲入每行语句, 查看输出结果并与前面例子中结果进行比较. 注意, R 中变量大小写敏感.
   (2) 图 1.8.1 绘图程序为:

```
x=rnorm(500)
y=rexp(500,1)
par(mfrow=c(2,3))
hist(x,main="a. Histogram of x",col=4)
boxplot(x,main="b. Boxplot of x",col=4,horizontal = TRUE)
qqnorm(x,main="c. Normal Q-Q Plot of x")
hist(y,main="d. Histogram of y",col=4)
boxplot(y,main="e. Boxplot of y",col=4,horizontal = TRUE)
qqnorm(y,main="f. Normal Q-Q Plot of y")
```

   请自己琢磨这些命令的意义. 这里每个函数都可以在手册中或者 R 软件中找到解释. 比如使用命令 ?rnorm 或 help(rnorm) 可知 rnorm() 函数的用法和意义.
2. 用 Python 做和问题 1 同样的实践:
   (1) 前面例 1.1 的 3 个统计量的实现值可以用下面 Python 代码计算:

```
from scipy.stats import rankdata
x=np.array([3.73, 5.24, 7.11, 2.30, 6.81])
print(f'1st and 3rd quantile: {np.quantile(x,[1/4,3/4])},\n',
      'range: {np.diff(np.quantile(x,[0,1]))},\n',
      '5 quantiles: {np.quantile(x,[0,.25,.5,.75,1])},\n',
```

```
        'rank(x): {rankdata(x)}')
```

可以把打印中的每一句分开执行. 从这个程序可以学会如何在打印中利用 Python 较新的 `print(f'文字 {代码}')` 的形式把说明文字和代码组合输出. 而换行使用 `\n` 符号. 这里也给出了如何在一个 `print` 命令下, 多行打印的方式, 供以后编程模仿.

(2) 模仿图 1.8.1 绘图的 Python 程序 (生成图 1.9.1).

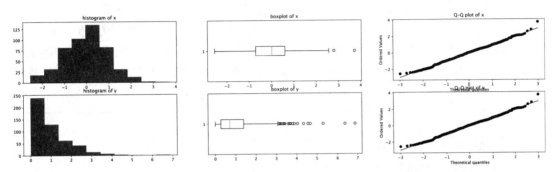

图 1.9.1　变量 x 和 y 的直方图、盒形图及其相对于正态分布的 Q-Q 图

```
x=np.random.normal(0,1,500)
y=np.random.exponential(1,500)
import scipy as sp
plt.figure(figsize=(24,6))
plt.subplot(231)
plt.hist(x);plt.title('histogram of x')
plt.subplot(232)
plt.boxplot(x,vert=False)
plt.title('boxplot of x')
plt.subplot(233)
sp.stats.probplot(x, dist="norm", plot=plt)
plt.title('Q-Q plot of x')
plt.subplot(234)
plt.hist(y);plt.title('histogram of y')
plt.subplot(235)
plt.boxplot(y,vert=False)
plt.title('boxplot of y')
plt.subplot(236)
sp.stats.probplot(x, dist="norm", plot=plt)
plt.title('Q-Q plot of y')
plt.savefig('tu11p.pdf',bbox_inches='tight',pad_inches=0)
```

这是一个多图的样本, 其中 `plt.subplot(236)` 是指 2×3 图阵中第 6 个图, 也可以写成 `plt.subplot(2,3,6)`. 生成的图在图 1.9.1 中.

3. 考虑下面检验问题:

  (1) 如果 X 有 $N(0,1)$ 分布. 作对均值 μ 的假设检验 $H_0 : \mu = 0 \Leftrightarrow H_1 : \mu = 1000$. 可以知道对于水平 $\alpha = 0.05$ 的似然比检验, 如果 $X > 1.645$, 则将会拒绝 H_0, 而且按照 Neyman-Pearson 引理, 该检验是最优的. 现在, 如果我们观察到 $X = 2.1$, 对于水平 $\alpha = 0.05$ 的最优检验告诉我们拒绝 $\mu = 0$ 的零假设. 我们能够接受 $\mu = 1000$ 的备选假设吗? 问题在哪里? **计算提示:** 在 R 中, 利用命令 pnorm(2.1,1000,1) 计算在 H_1 为真时, $X < 2.1$ 的概率, 并利用命令 pnorm(2.1,low=F) 计算在 H_0 为真时, $X > 2.1$ 的概率. 进行比较. 当然, 问题不在计算, 而在概念.)

  (2) 我们有两组学生的成绩. 第一组为 10 名, 成绩为 x : 100, 99, 99, 100, 100, 100, 100, 99, 100, 99, 第二组为两名, 成绩为 y : 50, 0, 我们对这两组数据作同样的水平 $\alpha = 0.05$ 的 t 检验 (假设总体均值为 μ): $H_0 : \mu = 100 \Leftrightarrow H_1 : \mu < 100$. (**计算提示:** 在 R 中, 为得到上面两个 t 检验的结果, 利用命令

```
x=c(rep(100,6), rep(99,4)); y=c(50,0)
t.test(x,mu=100,alt="less")
t.test(y,mu=100,alt="less")
```

有人给出了以下结论:

    (a) 对第一组数据的结果为: $df = 9$, t 值为 -2.4495, 单边的 p 值为 0.0184, 结论为 "拒绝 $H_0 : \mu = 100$" (注意: 该组均值为 99.6).

    (b) 对第二组数据的结果为: $df = 1$, t 值为 -3, 单边的 p 值为 0.1024, 结论为 "接受 $H_0 : \mu = 100$" (注意: 该组均值为 25).

    你认为该问题的这些结论合理吗? 进行讨论, 并说出理由.

  (3) 写出上面所用的 t 检验的检验统计量的公式及 p 值的定义. 解释水平 $\alpha = 0.05$ 的意义 (注意, 这里是一般情况, 不要联系 (b) 中的具体数据例子). 如果没有给定水平, 请用 p 值来说明如何作结论?

  (4) 如果 $X_1, X_2, \ldots, X_n$ 有正态分布 $N(\mu, \sigma^2)$, 这里 μ 未知. 在 σ 已知和未知的两种情况下, 写出关于均值 μ 的 $100(1-\alpha)\%$ 置信区间的公式. 在分布未知的情况下, 这些公式还有效吗?

  (5) 在正态假定下, 如果上面 (4) 中的置信区间不能大于某指定的宽度 B, 能否用选择 n 来达到目的, 用公式说明.

4. 利用统计软件随机产生 100 个 $N(0,1)$ 分布的观测值和 20 个 $N(3,3)$ 分布的观测值.

  (1) 画出这 120 个数目的直方图, 盒子图及 Q-Q 图并解释图上表现出的特征.

  (2) 利用这 120 个数据检验 $H_0 : \mu = 0 \Leftrightarrow H_1 : \mu > 0$. 你用的什么检验? 检验统计量的值是多少? p 值是多少? 你的结论是什么?

  (3) 只利用前 100 个观测值, 重复 (2).

5. 随机产生一个 100 个数的 $N(20,1)$ 观测值. 对它们作各种指数和对数变换 (如课文所作) 并画出相应的直方图. 解释你所观察到的结果.

6. 例 2.3 数据为随机抽取的 22 个企业的纳税额 (单位: 万元, 数据文件 tax.txt), 用软件读入 tax.txt 数据, R 中用 X=scan("tax.txt") , 并计算它们的顺序统计量、中位数、

上下四分位点、极差和秩.

7. 请给出 1.5 节公式 (1.5.1)

$$\mathrm{E}(R_i) = \frac{n+1}{2}, \quad \mathrm{Var}(R_i) = \frac{(n+1)(n-1)}{12}, \quad \mathrm{Cov}(R_i, R_j) = -\frac{n+1}{12}$$

的具体推导.

8. 判断下面的说法是否正确:

(a) 在假设检验的实践中, 一般对零假设用 " 拒绝 " 或 " 不能拒绝 " 零假设; 而对于备择假设用 " 接受 " 或 " 不能接受 " 备择假设.

(b) 给定来自正态分布 $N(\mu_0, \sigma^2)$ 的样本, 可以计算均值 μ_0 的置信度为 95% 的置信区间, 该区间能够以 0.95 的概率覆盖均值 μ_0.

(c) 非参数统计推断方法多数是基于有关秩或秩的统计量的精确分布或渐近分布而作出的, 与数据所源于的总体分布无关.

第 2 章 单样本位置检验

在经典统计中, 人们关心总体均值的大小, 根据数据进行各种估计和检验等推断方法, 试图了解均值的情况. 那里的均值就是一个位置变量, 描述总体的 "中心" 位置. 此外, 在经典统计中也有诸如方差、标准差和极差等关于数据散布的参数, 这些就是描述总体 "尺度" 的变量. 在非参数统计中, 我们当然也关心数据所包含的关于总体的位置和尺度的信息.

在有了一组样本 $X_1, X_2, \ldots, X_n$ 之后, 在非参数统计中可用中位数、上下四分位点和分位点 (数) 等描述总体的位置信息. 例如, 在对人们的收入进行了抽样之后, 就自然要涉及因为收入的重尾分布特性, 不宜用 "人均收入" 度量位置参数, 否则会出现 "我的工资被增长的问题", 需要考虑对总体的分位点做统计推断. 比如有人声称自己是 "中等收入" "中上等收入" "中下等收入" 或 "最富的百分之五" 等, 那么, 在知道此人收入和代表总体收入的一组样本后, 如何对此人的收入分位数声明做出合理的推断? 除了位置之外, 对于一串数目, 我们希望知道总体的趋势或走向, 或者想看一下这些数目是否完全是随机的. 这些都是本章要介绍的内容.

2.1 广义符号检验和分位数的置信区间

符号检验是最简单的非参数检验, 虽然因其利用数据的信息量少而效率较低, 但它体现了非参数统计的一些基本思路, 所以首先作为非参数统计的一个引子来介绍. 鉴于其应用价值有限, 读者可以仅仅聚焦于中位数的符号检验而忽略本节的其他部分.

例 2.1 大城市花费指数数据. (ExpensCities.txt, ExpensCities.csv). 下面是世界上 71 个大城市的花费指数 (包括租金) 按递增次序排列如下 (这里上海是 44 位, 其指数为 63.5):

> 27.8 27.8 29.1 32.2 32.7 32.7 36.4 36.5 37.5 37.7 38.8 41.9 45.2 45.8 46.0 47.6 48.2 49.9 51.8 52.7
>
> 54.9 55.0 55.3 55.5 58.2 60.8 62.7 63.5 64.6 65.3 65.3 65.3 65.4 66.2 66.7 67.7 71.2 71.7 73.9 74.3
>
> 74.5 76.2 76.6 76.8 77.7 77.9 79.1 80.9 81.0 82.6 85.7 86.2 86.4 89.4 89.5 90.3 90.8 91.8 92.8 95.2
>
> 97.5 98.2 99.1 99.3 100.0 100.6 104.1 104.6 105.0 109.4 122.4

可以假定这个样本是从世界许多大城市中随机抽样而得的. 所有大城市的指数组成了总体. 有人说 64 (近似上海指数) 应该是这种大城市花费指数的中位数水平, 而另外有人说, 64 是下四分位数水平, 即在指数总体中有四分之一的指数小于它. 这两种说法合理吗?

在例 2.1 中, 由于样本中位数为 67.7 (大于 64), 而样本下四分位点为 50.85 (小于 64), 这里就出现了对分位点进行假设检验或求分位点的 $100(1 - \alpha)\%$ 置信区间问题. 在总体分布为正态的假定下, 关于总体均值的假设检验和区间估计是用与 t 检验有关的方法进行的. 然而, 在例 2.1 中, 总体分布是未知的. 图 2.1.1 为该数据的直方图. 从图中很难说这是什么分布. 图 2.1.1 可以用下面代码生成:

```
x=scan('ExpensCities.txt')
hist(x,col=4);rug(x)
```

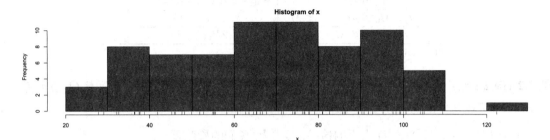

图 2.1.1 世界上 71 个大城市的生活指数的直方图

根据 π 分位点的定义, 记 Q_π 是总体的 π 分位点, 那么就意味着总体中约有比例 π 那么多的个体小于 Q_π. 显然, 关于 π 分位点的推断等价于关于比例 π 的推断. 因此, 这里看上去有下面两个关于位置参数的不同检验问题:

1. 中位数 $Q_{0.5}$ 是否大于 64. 等价地说, 是否指数小于 64 的城市的比例少于 1/2.

2. 下四分位点 $Q_{0.25}$ 是否小于 64. 等价地说, 是否指数小于 64 的城市的比例大于 0.25.

下面通过与分位点相关的 Bernoulli 试验及二项分布的性质得到关于 π 分位点 Q_π 的假设检验并给出分位点 Q_π 的 $100(1-\alpha)\%$ 置信区间.

2.1.1 对分位点进行的广义符号检验

这里所谓的广义符号检验是对连续变量 π 分位点 Q_π 进行的检验, 而狭义的符号检验则是仅针对中位数 (或 0.5 分位点) $M = Q_{0.5}$ 进行的检验. 假定检验的零假设是

$$H_0: Q_\pi = q_0 \Leftrightarrow H_1: Q_\pi > q_0 \text{ (备选假设或为反方向 } H_1: Q_\pi < q_0 \text{ 或双边 } H_1: Q_\pi \neq q_0).$$

我们记样本中小于 q_0 的点数为 S^-, 而大于 q_0 的点数为 S^+, 并且用小写的 s^- 和 s^+ 分别代表 S^- 和 S^+ 的实现值. 记 $n = s^+ + s^-$. 按照零假设, s^- 应该在 $n\pi$ 附近 (等价于 s^+ 在 $n(1-\pi)$ 附近). 如果 s^- 与 $n\pi$ 相差得很远, 那么零假设就可能有问题, 因为在零假设 $H_0: Q_\pi = q_0$ 下, S^- 应该服从二项分布 $Bin(n, \pi)$. 表 2.1.1 是计算 p 值的一个表.

表 2.1.1 对 $H_0: Q_\pi = q_0$ 的检验 *

备选假设	p 值	使检验有意义的条件 **
$H_1: Q_\pi > q_0$	$P_{H_0}(K \leqslant s^-)$	$\hat{Q}_\pi > q_0$
$H_1: Q_\pi < q_0$	$1 - P_{H_0}(K \leqslant s^- - 1)$	$\hat{Q}_\pi < q_0$
$H_1: Q_\pi \neq q_0$	$2\min\{P_{H_0}(K \leqslant s^-), 1 - P_{H_0}(K \leqslant s^- - 1)\}$	

* 上面变量 K 的分布为 $Bin(n, \pi)$, $\hat{Q}_\pi$ 为样本 π 分位点

** 如果条件不满足, 不用计算也知道检验结果不会显著

对于 $\pi = 0.5$, $Q_\pi = Q_{0.5}$ 为中位数 (通常记为 M) 的特殊情况, 通常记为 M, 则表 2.1.1 有表 2.1.2 的形式. 这类检验之所以叫做 "符号检验", 是因为所有样本点减去 q_0 之后, 差为正的个数是 S^+, 差为负的个数是 S^-. 由于 $n = s^- + s^+$. 在所有样本点都不等于 q_0 时, n 就等于样本量, 而如果有些样本点等于 q_0, 那么这些样本点就不能参加推断 (因为它们对判断分位点在哪里不起作用), 应该把它们从样本中除去, 这时, n 就小于样本量了. 不过对于连续

变量, 样本点等于 q_0 的可能很小 (注意, 由于四舍五入, 连续变量的样本实际上还是取离散的值).

表 2.1.2   对 $H_0 : M(= Q_{0.5}) = M_0$ 的检验 *

备选假设	p 值 (这里 $k = \min(s^+, s^-)$)
$H_1 : M > M_0$ 或 $H_1 : M < M_0$	$P(K \leqslant k)$
$H_1 : M \neq M_0$	$2P(K \leqslant k)$

* $K = \min(S^+, S^-)$ 的分布为 $Bin(n, 0.5)$

例 2.2 (例 2.1 续) 对于例 2.1 中, 接近上海花费指数的 64, 是样本的中等 (中位数 $Q_{0.5}$) 水平或中下等 (下四分位点 $Q_{0.25}$) 水平的检验.

关于中下等 (下四分位点) 水平的检验, 形式上, 我们的检验是

$$H_0 : Q_{0.25} = 64 \ \Leftrightarrow \ H_1 : Q_{0.25} < 64,$$

这里的 64 就是 q_0. 按照零假设, 小于 64 的样本点个数 S^- 的实现值 s^- 应该大约占样本的 1/4, 且 S^- 服从 $Bin(n, 0.25)$ 分布. 容易算出 $s^- = 28$, $s^+ = 43$ 和 $n = s^- + s^+ = 71$. 根据上面的说明, 对于这个例子,

$$p \text{ 值} = 1 - P_{H_0}(K \leqslant s^- - 1) = 1 - \sum_{i=0}^{27} \binom{71}{i} 0.25^i 0.75^{71-i} \approx 0.00515.$$

因此, 如果显著性水平 $\alpha > 0.00515$, 则拒绝零假设, 即下四分位点 $Q_{0.25}$ 应该小于 64.

再看关于 64 是否为中位数的检验,

$$H_0 : M(= Q_{0.5}) = M_0 \ \Leftrightarrow \ H_1 : M > 64$$

同样, $s^- = 28$, $s^+ = 43$ 和 $n = s^- + s^+ = 71$. 但是这里涉及的零假设下的分布为 $Bin(71, 0.5)$, 而不是刚才的 $Bin(71, 0.25)$. 取 $k = \min(s^-, s^+) = 28$,

$$p \text{ 值} = P_{H_0}(K \leqslant k) = P_{H_0}(K \leqslant 28) = \sum_{i=0}^{28} \binom{71}{i} 0.5^i 0.5^{71-i} \approx 0.04796.$$

因此, 如果显著性水平 $\alpha > 0.048$, 可拒绝零假设, 即认为中位数 $M(Q_{0.5})$ 应该大于 64.

对于例 2.1 中的数据, 利用后面本节软件的注中程序 (将 `sign.test` 拷贝到 R 中执行), 有如下结果:

```
> x=scan('ExpensCities.txt')
Read 71 items
> sign.test(x,0.25,64)
$Sign.test1
[1] "One tail test: H1: Q<q0"

$p.values.of.one.tail.test
[1] 0.005151879

$p.value.of.two.tail.test
[1] 0.01030376
```

```
> sign.test(x,0.5,64)
$Sign.test1
[1] "One tail test: H1: Q>q0"

$p.values.of.one.tail.test
[1] 0.04796182

$p.value.of.two.tail.test
[1] 0.09592363
```

与前面分析结果一致.

大样本正态近似. 在 n 比较小时, 可以用二项分布的公式来计算精确 p 值. 但是当 n 较大时, 也可以用正态分布来近似. 如果在零假设 $H_0 : Q_\pi = q_0$ 下, K 服从二项分布 $Bin(n,\pi)$, 那么当 n 较大时, 则可认为 $Z = (K - n\pi)/\sqrt{n\pi(1-\pi)}$ 近似服从正态 $N(0,1)$ 分布. 因为正态分布是连续分布, 所以在对离散的二项分布的近似中, 可以用连续性修正量 (continuity correction).

2.1.2 基于广义符号检验的中位数和分位点置信区间 *

有时不仅需要给出样本的中位数或分位点的估计, 还需要给出它们的 $100(1-\alpha)\%$ 置信区间. 这里所说的置信区间的两个端点是用样本中的观测点来表示的.

中位数 $M(= Q_{0.5})$ 的对称置信区间. 首先我们考虑关于中位数 $M(= Q_{0.5})$ 的基于符号检验的 $100(1-\alpha)\%$ 置信区间. 它定义为: 对于显著性水平为 α 的中位数的双边符号检验 $H_0 : M = M_0 \Leftrightarrow H_1 : M \neq M_0$, 不会使 H_0 被拒绝的那些零假设点 M_0 的集合.

假定样本按照升序排列, 即样本为顺序统计量 $X_{(1)}, X_{(2)}, \ldots, X_{(n)}$. 假定 S^- (或者等价地 S^+) 在等于 0 或 n 的时候被拒绝, 那么这等价于作为零假设的 M_0 至少在开区间 $(X_{(1)}, X_{(n)})$ 之外的位置时被拒绝. 类似地, 如果 S^- 在等于 1(或者等价地 S^+ 在等于 n-1) 的时候被拒绝, 这等价于作为零假设的 M_0 至少在开区间 $(X_{(2)}, X_{(n-1)})$ 之外会被拒绝. 注意, 在检验中的零假设被拒绝时的 S^- 的数目 (比方说等于 $k-1$) 和相应的被拒绝的作为在 M_0 附近的 $X_{(k)}$ 的下标差 1.

总而言之, 不失一般性, 假定 $S^- < S^+$. 如果在 $S^- = k-1$ 时可以拒绝零假设, 而在 $S^- > k-1$ 时不能拒绝零假设, 或者说 $S^- = k-1$ 是最大的能够拒绝零假设的 S^- 的数目 (或等价地, $S^+ = n-k+1$ 为最小的能够拒绝零假设的 S^+ 的数目), 那么, 零假设 M_0 在开区间 $(X_{(k)}, X_{(n-k+1)})$ 之外时会被拒绝, 而 M_0 在该开区间内则不会被拒绝. 因此, 开区间 $(X_{(k)}, X_{(n-k+1)})$ 则为所求的置信区间. 如果把置信区间端点限于样本点, 那么这个区间也可以写为闭区间 $[X_{(k+1)}, X_{(n-k)}]$.

分位点 Q_π 的置信区间. 前面谈了中位数的基于符号检验的置信区间. 而分位点的置信区间也可以完全类似地得到. 不同的是, 在求中位数的置信区间时, 相关的符号检验是对称的, 只要考虑双边检验的情况即可, 那时候 S^+ 和 S^- 的地位相同. 而在求分位数的置信区间时, 必须考虑两个单边检验. 也就是说, 既要考虑备选假设为 $Q_\pi < q_0$ 时的 S^+ 情况, 也要考虑备选假设为 $Q_\pi > q_0$ 时的 S^- 的情况. 这比对称的中位数情况要麻烦. 但由于这里的区间不必对称, 因此可以得到令人满意的结果.

下面用数据例子说明如何求中位数和分位点的置信区间.

例 2.3 22 个企业的纳税额数据. (tax.txt, tax.csv) 数据为随机抽取的 22 个企业的纳税额 (单位: 万元). 按升序排列如下:

$$1.00\ 1.35\ 1.99\ 2.05\ 2.06\ 2.10\ 2.30\ 2.61\ 2.86\ 2.95\ 2.98$$
$$3.23\ 3.73\ 4.03\ 4.82\ 5.24\ 6.10\ 6.64\ 6.81\ 6.86\ 7.11\ 9.00$$

我们希望得到中位数和下四分位点的 95% 置信区间.

先考虑中位数的对称置信区间. 由于概率为 0.5 的密度分布函数具有对称性, 即

$$\sum_{i=0}^{r}\binom{22}{i}0.5^i0.5^{22-i}=\sum_{i=22-r}^{22}\binom{22}{i}0.5^i0.5^{22-i},\ \ r=0,1,\cdots,22.$$

我们计算出下面表 2.1.3 的结果:

表 2.1.3　基于符号检验计算的例 2.3 中位数的置信区间

$1-2\times\sum_{i=0}^{0}\binom{22}{i}0.5^i0.5^{22-i}=0.9999995$	$(1,9)$
$1-2\times\sum_{i=0}^{1}\binom{22}{i}0.5^i0.5^{22-i}=0.9999890$	$(1.35,7.11)$
$1-2\times\sum_{i=0}^{2}\binom{22}{i}0.5^i0.5^{22-i}=0.9998789$	$(1.99,6.86)$
$1-2\times\sum_{i=0}^{3}\binom{22}{i}0.5^i0.5^{22-i}=0.9991446$	$(2.05,6.81)$
$1-2\times\sum_{i=0}^{4}\binom{22}{i}0.5^i0.5^{22-i}=0.9956565$	$(2.06,6.64)$
$1-2\times\sum_{i=0}^{5}\binom{22}{i}0.5^i0.5^{22-i}=0.9830995$	$(2.10,6.10)$
$1-2\times\sum_{i=0}^{6}\binom{22}{i}0.5^i0.5^{22-i}=0.9475212$	$(2.30,5.24)$

中位数的 95% 置信区间为 $(2.10,6.10)$, 实际上 $(2.10,6.10)$ 的置信度高于 98.3%, 但再窄一点的区间 $(2.30,5.24)$ 的置信度仅为 94.75%, 差一点达到 95%. 如果不要求对称性, 置信区间 $(2.30,6.10)$ 和 $(2.10,5.24)$ 的置信度均为 $1-\sum_{i=0}^{6}\binom{22}{i}0.5^i0.5^{22-i}-\sum_{i=0}^{5}\binom{22}{i}0.5^i0.5^{22-i}=0.9653103$, 约为 96.53%, 更接近 95%, 置信区间的宽度更窄些.

由于下四分位点的分布不是对称的, 考虑二项分布 $Bin(22,025)$ 的如下累计概率

$$\sum_{i=0}^{1}\binom{22}{i}0.25^i0.75^{22-i}=0.014865;\quad\sum_{i=0}^{2}\binom{22}{i}0.25^i0.75^{22-i}=0.060649;$$

$$\sum_{i=11}^{22}\binom{22}{i}0.5^i0.5^{22-i}=0.0099744;\quad\sum_{i=10}^{22}\binom{22}{i}0.5^i0.5^{22-i}=0.0295089$$

我们计算出下面表 2.1.4 的结果:

表 2.1.4　基于符号检验计算的例 2.3 下四分位点的置信区间

实际置信度	置信区间
$1-\sum_{i=0}^{0}\binom{22}{i}0.25^i0.75^{22-i}-\sum_{i=22}^{22}\binom{22}{i}0.25^i0.75^{22-i}=0.9982162$	$(1,9)$
...	...
$1-\sum_{i=0}^{0}\binom{22}{i}0.25^i0.75^{22-i}-\sum_{i=10}^{22}\binom{22}{i}0.25^i0.75^{22-i}=0.9687073$	$(1,2.95)$
$1-\sum_{i=0}^{0}\binom{22}{i}0.25^i0.75^{22-i}-\sum_{i=9}^{22}\binom{22}{i}0.25^i0.75^{22-i}=0.9236277$	$(1,2.86)$
$1-\sum_{i=0}^{1}\binom{22}{i}0.25^i0.75^{22-i}-\sum_{i=22}^{22}\binom{22}{i}0.25^i0.75^{22-i}=0.9851349$	$(1.35,9)$
...	...
$1-\sum_{i=0}^{1}\binom{22}{i}0.25^i0.75^{22-i}-\sum_{i=10}^{22}\binom{22}{i}0.25^i0.75^{22-i}=0.955626$	$(1.35,2.95)$

可见下四分位点的 95% 置信区间为 $(x_{(2)},x_{(10)})=(1.35,2.95)$, 其实际置信度为 95.56%.

对于例 2.3 中的数据, 利用后面本节软件的注中, `mci()`, `mci2()` 和 `qci()` 三个程序, 有如下输出结果.

```
> x=scan("tax.txt")
Read 22 items
> mci(x,0.05)
$Confidence.level
[1] 0.9830995

$CI
[1] 2.1 6.1

> mci2(x,0.05)
[1] 0.01690054 0.98309946 2.10000000 6.10000000
> qci(x,alpha=0.05,q=.5)  #中位数的95%置信区间
[[1]]
lower limit upper limit     1-alpha    true conf
  2.1000000   5.2400000   0.9500000   0.9653103

> qci(x,alpha=0.05,q=.25) #下四分位点的95%置信区间
[[1]]
lower limit upper limit     1-alpha    true conf
  1.350000    2.950000    0.950000    0.955626
```

与前面分析结果一致.

区间估计的大样本近似. 上面所说的基于符号检验的区间估计完全是基于二项分布的. 根据上一章对二项分布的大样本正态近似的叙述, 读者完全可以自己推出相应的结论.

本节软件的注

利用软件直接通过公式得到符号检验结果

假定要检验 $H_0: Q_\pi = q_0 \Leftrightarrow H_1: Q_\pi > q_0$ (或 $H_1: Q_\pi < q_0$ 或者 $H_1: Q_\pi \neq q_0$). 对于样本量 $n = s^+ + s^-$, 我们用下面的程序计算 p 值. 在下面程序中 k 代表 s^-, n 代表 n, pi 代表 π (例如 k=3, n=10, pi=0.5)

表 2.1.5　利用二项分布求 p 值的函数, $H_0: Q_\pi = q_0$

H_1	R	Python from scipy.stats import binom
$Q_\pi > q_0$	`pbinom(k,n,pi)`	`binom.cdf(k,n,pi)`
$Q_\pi < q_0$	`1-pbinom(k-1,n,pi)`	`1-binom.cdf(k-1,n,pi)`
$Q_\pi \neq q_0$	`2*min((pbinom(k,n,pi)`	`2*min(binom.cdf(k,n,pi)`
	`1-pbinom(k-1,n,pi))`	`1-binom.cdf(k-1,n,pi))`

用 R 软件直接从数据得到符号检验结果

一个根据数据自动识别有意义的单边备选假设, 并计算出单边和双边 p 值的 R 函数为

```
sign.test=function(x,p,q0){
  s1=sum(x<q0);s2=sum(x>q0);n=s1+s2
  p1=pbinom(s1,n,p);p2=1-pbinom(s1-1,n,p)
  if (p1>p2) m1="One tail test: H1: Q<q0"
  else m1="One tail test: H1: Q>q0"
  p.value=min(p1,p2);m2="Two tails test"
  p.value2=2*p.value
  if (q0==median(x)){
    p.value=0.5;p.value2=1}
  list(Sign.test=m1, p.values.of.one.tail.test=p.value,
  p.value.of.two.tail.test=p.value2)
}
```

这里变元 $(x,p,q0)$ 分别代表数据向量、何种分位点 (即比例 π) 和零假设的分位点 q_0. 对例 2.1 的两个检验, 在用 x=scan('ExpensCities.txt') 输入数据后, 为使用上述函数, 只要 (对 $H_1 : Q_{0.25} < 64$) 敲入 sign.test(x,0.25,64), 或者 (对 $H_1 : Q_{0.5} > 64$) 敲入 sign.test(x,0.5,64) 即可. 相信读者可以写出更漂亮的程序.

用 Python 软件直接从数据得到符号检验结果

这个 Python 函数是完全从 R 函数 ''翻译'' 过来的. 注意在 Python 中不可以在对象名字中用点 (.), 如 R 中的名字 p.value 在 Python 中就不合法, 但可以用下划线代替点.

```
from scipy.stats import binom
def sign_test(x,p,q0):
    s1=sum(x<q0)
    s2=sum(x>q0)
    n=s1+s2
    p1=binom.cdf(s1,n,p);p2=1-binom.cdf(s1-1,n,p)
    if p1>p2:
        m1="One tail test: H1: Q<q0"
    else:
        m1="One tail test: H1: Q>q0"
    p_value=min(p1,p2)
    m2="Two tails test"
    p_value2=2*p_value
    if q0==np.median(x):
        p.value=0.5
        p.value2=1
    res= {'Sign test': m1, 'p values of one tail test': p_value,
          'p value of two tail test':p_value2}
    return res
```

这里变元 $(x,p,q0)$ 分别代表数据向量、何种分位点 (即比例 π) 和零假设的分位点 q_0. 对例 2.1 的两个检验, 只要敲入

```
x=pd.read_csv('ExpensCities.txt',header=None)
x=x.values.flatten()
sign_test(x,0.25,64),sign_test(x,0.5,64)
```

就可得到下面两个检验的输出:

```
({'Sign test': 'One tail test: H1: Q<q0',
  'p values of one tail test': 0.0051518794920015765,
  'p value of two tail test': 0.010303758984003153},
 {'Sign test': 'One tail test: H1: Q>q0',
  'p values of one tail test': 0.04796181570541188,
  'p value of two tail test': 0.09592363141082376})
```

基于符号检验的中位数 $M(=Q_{0.5})$ 置信区间的 R 程序

关于中位数 $M(=Q_{0.5})$ 的对称置信区间, 这里有两个 R 程序, 第一个为:

```
mci=function(x,alpha=0.05){
  x=sort(x)
  n=length(x);b=0;i=0
  while(b<=alpha/2&i<=floor(n/2)){
    b=pbinom(i,n,.5);k1=i;k2=n-i+1;a=2*pbinom(k1-1,n,.5);i=i+1}
  z=c(k1,k2,a,1-a);z2="Entire range!"
  if (k1>=1) out=list(Confidence.level=1-a,CI=c(x[k1],x[k2]))
  else out=list(Confidence.level=1-2*pbinom(0,n,.5),CI=z2)
  return(out)
}
```

要想得到数据 x 中位数的 $100(1-\alpha)\%$ 置信区间, 只要在函数mci(x,alpha)变元中输入变量名字 (函数中为 x) 和 α(函数中为 alpha) 即可得到结果.

还可用如下程序:

```
mci2=function(x=x1,alpha=0){
  n=length(x);q=.5
  m=floor(n*q);s1=pbinom(0:m,n,q);s2=pbinom(m:(n-1),n,q,low=F);
  ss=c(s1,s2);nn=length(ss);a=NULL
  for(i in 0:m){
    b1=ss[i+1];b2=ss[nn-i];b=b1+b2;d=1-b
    if((b)>1) break
    a=rbind(a,c(b,d,x[i+1],x[n-i]))}
  if (a[1,1]>alpha) out="alpha is too small, CI=All range"
  else
    for (i in 1:nrow(a))
      if (a[i,1]>alpha){out=a[i-1,];break}
  return(out)}
```

对这个函数, 如果不给出第二个变元 (α), 它就输出各种可能置信度的置信区间, 每一行是一组, 次序是: 双边尾概率 (α)、置信度、置信区间的两个端点. 而如果输入 (α) 的值, 比如 $\alpha = 0.05$, 则只输出置信度刚好大于 (等于)$1 - \alpha$ 的置信区间的那一行. 这个程序除了结果之外和上面的 mci 完全不同, 各有利弊. 相信读者能够写出更好的程序.

基于符号检验的分位点 Q_π 置信区间的 R 程序

可以把上面第二个程序改成求分位点 Q_π 置信区间的程序. 要注意, 得到的区间即使在 $\pi = 0.5$ 时也可能不对称, 但只可能更好 (宽度更窄) 些. 下面就是这个程序:

```
qci=function(x,alpha=0.05,q=.25){
  x<-sort(x);n=length(x);a=alpha/2;r=qbinom(a,n,q);
  s=qbinom(1-a,n,q);CL=pbinom(s-1,n,q)-pbinom(r-1,n,q)
  if (r==0) lo<-NA else lo<-x[r]
  if (s==n) up<-NA else up<-x[s]
  return(list(c("lower limit"=lo,"upper limit"=up,
      "1-alpha"=1-alpha,"true conf"=CL)))  }
```

这个求分位点 Q_π 的 $100(1 - \alpha)\%$ 置信区间的程序需要输入的变元依次序是数据名、α 和 π、输出为置信下限、上限、$1 - \alpha$ 和实际置信度 (它不小于 $1 - \alpha$).

基于符号检验的中位数 $M(= Q_{0.5})$ 置信区间的 Python 程序

```
def mci(x,alpha=0.05):
    x=np.sort(x)
    n=len(x);b=0;i=0
    while b<=alpha/2 and i<=np.floor(n/2):
        b=binom.cdf(i,n,.5)
        k1=i;k2=n-i+1;a=2*binom.cdf(k1-1,n,.5)
        i=i+1
    z=[k1,k2,a,1-a];z2="Entire range!"
    if k1>=1:
        out={'Confidence level': 1-a,'CI':[x[k1-1],x[k2-1]]}
    else:
        out={'Confidence level': 1-2*binom.cdf(0,n,.5),'CI':z2}
    return out
```

执行时输入:

```
from scipy.stats import binom
x=pd.read_csv('tax.txt',header=None)
x=x.values.flatten()
mci(x)
```

输出为

```
{'Confidence level': 0.9830994606018066, 'CI': [2.1, 6.1]}
```

2.2　中位数的 Wilcoxon 符号秩检验、点估计和区间估计

2.2.1　中位数的 Wilcoxon 符号秩检验

符号检验利用了观测值和零假设的中心位置之差的符号来进行检验, 但是它并没有利用这些差的大小 (体现于差的绝对值的大小) 所包含的信息. 因此, 在符号检验中, 每个观测值点相应的正号或负号仅仅代表了该点在中心位置的哪一边, 而并没有表明该点距离中心的远近. 如果再把各观测值距离中心远近的信息考虑进去, 自然比仅仅利用符号要更有效. 这也是下面要引进的 Wilcoxon 符号秩检验 (Wilcoxon signed-rank test) 的宗旨 (Wilcoxon, 1945). 它把观测值和零假设的中心位置之差的绝对值的秩分别按照不同的符号相加作为其检验统计量.

注意, 该检验仅适用于对中位数进行检验, 而且要假定观测值和零假设的中心位置之差来自连续对称总体分布, 即样本点 $X_1, X_2, \ldots, X_n$ 来自连续对称总体分布, 符号检验不需要这个假设. 在这个假定下总体中位数等于均值. 它的检验目的和符号检验是一样的, 即要检验 $H_0 : M = M_0$(相对于各种单双边的备选假设). 下面我们用一个例子来说明 Wilcoxon 符号秩检验步骤.

例 2.4　欧洲酒类消费数据. (EuroAlc10.txt, EuroAlc10.csv) 下面是 10 个欧洲城镇每人每年平均消费的酒类相当于纯酒精数 (单位: 升). 数据已经按照升序排列.

$$4.12\ 5.81\ 7.63\ 9.74\ 10.39\ 11.92\ 12.32\ 12.89\ 13.54\ 14.45$$

人们普遍认为欧洲各国人均年消费酒量的中位数相当于纯酒精 8 升. 我们希望用上述数据来检验这种看法. 也就是设 $M_0 = 8$, 即零假设为 $H_0 : M = 8$. 对上述数据的计算得到中位数为 11.160. 因此, 我们的备选假设为 $H_1 : M > 8$.

Wilcoxon 符号秩检验步骤如下:

1. 对 $i = 1, 2, \ldots, n$, 计算 $|X_i - M_0|$, 它们代表这些样本点到 M_0 的距离. 对于例 2.4 数据, 计算 $|X_i - 8|$, $i = 1, 2, \ldots, 10$, 得到

$$3.88\ 2.19\ 0.37\ 1.74\ 2.39\ 3.92\ 4.32\ 4.89\ 5.54\ 6.45$$

2. 把上面的 n 个绝对值排序, 并找出它们的 n 个秩. 对于例 2.4 数据, 这些秩为

$$5\ 3\ 1\ 2\ 4\ 6\ 7\ 8\ 9\ 10$$

3. 令 W^+ 为 $X_i - M_0 > 0$ 的 $|X_i - M_0|$ 的秩的和. 而 W^- 为 $X_i - M_0 < 0$ 的 $|X_i - M_0|$ 的秩的和, $W^+ + W^- = n(n+1)/2$. 对于例 2.4 数据, 加上符号的秩为

$$-5\ -3\ -1\ 2\ 4\ 6\ 7\ 8\ 9\ 10$$

因此, $W^+ = 2 + 4 + 6 + 7 + 8 + 9 + 10 = 46$; $W^- = 5 + 3 + 1 = 9$.

4. 在零假设下, W^+ 和 W^- 应差不多. 因而, 当其中之一很小时, 应怀疑零假设. 在此, 对于双边备择 $H_1 : M \neq M_0$, 取检验统计量 $W = \min(W^+, W^-)$. 类似地, 对于单边备择假设 $H_1 : M > M_0$, 取 $W = W^-$; 对单边备择假设 $H_1 : M < M_0$, 取 $W = W^+$. 对于例 2.4 的问题, 取 $W = W^- = 9$.

5. 根据得到的 W 值, 利用统计软件或查 Wilcoxon 符号秩检验的分布表, 得到在零假设下的 p 值. 对于例 2.4 的问题, 用 R 软件中的 `psignrank(W,10)` 得到 p 值为 0.032. 如果 n 很大要用统计模拟或正态近似, 得到相应的 p 值.

6. 如果 p 值较小 (比如小于或等于给定的显著性水平, 譬如 0.05) 则可以拒绝零假设. 如果 p 值较大则没有充分证据来拒绝零假设, 但不意味着接受零假设. 对于例 2.4 的问题, 对给定的 $\alpha = 0.05$, 由于 p 值 (=0.032) 小于 α, 我们可以拒绝零假设, 认为欧洲人均酒精年消费多于 8 升.

当然, 在学习了第 3 章内容后, 上面例子的检验在 R 软件中用一个语句就可以得出结果 (假定数据向量为 y): wilcox.test(y-8,alt="greater").

前面提到的 Wilcoxon 符号秩检验的精确分布表是如何得到的呢? 我们先考虑样本量 $n = 3$ 时的情况, 对于中位数为 8, 这三个观测的位置可以都小于 8, 也可以有一个、二个或三个大于 8. 比如有一个大于 8, 它与 8 的绝对距离可以最短、排第二或最长. 此时绝对值的秩只有 1, 2 和 3, 下表列出了这些可能的情况以及在每种情况下 W^+ 的值, 在零假设下, 每种组合都是等概率的. 可以看出, $W^+ = 3$ 出现了两次, 其余 W^+ 为 0, 1, 2, 4, 5 和 6 等 6 个数中之一的概率为 1/8.

秩	符号的 8 种组合							
1	-	+	-	-	+	+	-	+
2	-	-	+	-	+	-	+	+
3	-	-	-	+	-	+	+	+
W^+	0	1	2	3	3	4	5	6
概率	$\frac{1}{8}$	$\frac{1}{8}$	$\frac{1}{8}$	$\frac{1}{8}$	$\frac{1}{8}$	$\frac{1}{8}$	$\frac{1}{8}$	$\frac{1}{8}$

注意这里 W^+ 的取值为整数, 最小值为 0, 最大值为 $n(n + 1)/2$, 且密度分布是对称的. 此密度分布是当样本量 $n = 3$ 时, W^+ 在零假设下的精确密度分布. 作为练习, 读者可以给出样本量 $n = 4$ 时, W^+ 在零假设下的精确密度分布 (参见图 2.2.1).

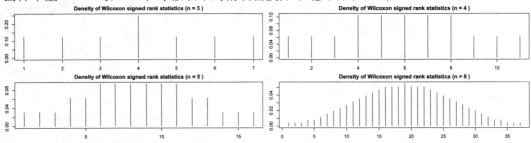

图 2.2.1　Wilcoxon 符号秩检验统计量的密度分布

为了展现 W^+ 的精确密度分布随样本量的变化情况, 我们画出了 $n = 3, 4, 5, 10$ 四种情况的密度分布图 (见图 2.2.1). 从这四个图可以看出 Wilcoxon 符号秩检验统计量的精确密度分布具有对称性且当样本量比较大时比较像正态密度分布. 从右下角 $n = 10$ 时 Wilcoxon 符号秩检验统计量的精确密度分布的数值上看 $W^+ = 46$ 算是比较极端大的情况, 与前面得到的 p 值 0.032 相符合.

当然, 前面介绍的算法细节在样本大时不方便实现. 因此在样本量大时, 可以考虑 W^+ 的母函数, 其形式为

$$M(t) = \frac{1}{2^n} \prod_{j=1}^{n} (1 + e^{tj}).$$

把它展开, 可得到

$$M(t) = a_0 + a_1 e^t + a_2 e^{2t} + \cdots,$$

按照母函数的性质, 有 $P_{H_0}(W^+ = j) = a_j$. 利用指数相乘的性质, 可以编一个小程序来计算 W^+ 的分布表 (有兴趣的读者不妨可以试一试). 注意 W^+ 和 W^- 的 Wilcoxon 分布有关系

$$P(W^+ \leqslant k) + P(W^- \leqslant n(n+1)/2 - k - 1) = 1.$$

为了说明 Wilcoxon 符号秩检验和符号检验的不同, 下面比较两个检验问题 $H_0 : M = 8 \Leftrightarrow H_1 : M > 8$ 和 $H_0 : M = 12.5 \Leftrightarrow H_1 : M < 12.5$. 之所以如此比较, 是因为 8 在该数据按升序排列的第三和第四个观测值之间, 而 12.5 在该数据按照降幂排列的第三和第四个观测之间. 因此这两个检验对于符号检验是对称的. 我们比较 Wilcoxon 符号秩检验 (表 2.2.1) 及符号检验 (表 2.2.2) 的步骤和结果.

表 2.2.1　例 2.4 的两个不同方向的 Wilcoxon 符号秩检验

X_i	$\|X_i - M_0\|$	秩	符号	X_i	$\|X_i - M_0\|$	秩	符号
4.12	3.88	5	-	4.12	8.38	10	-
5.81	2.19	3	-	5.81	6.69	9	-
7.63	0.37	1	-	7.63	4.87	8	-
9.74	1.74	2	+	9.74	2.76	7	-
10.39	2.39	4	+	10.39	2.11	6	-
11.92	3.92	6	+	11.92	0.58	3	-
12.32	4.32	7	+	12.32	0.18	1	-
12.89	4.89	8	+	12.89	0.39	2	+
13.54	5.54	9	+	13.54	1.04	4	+
14.45	6.45	10	+	14.45	1.95	5	+

其中第一组表头为 $H_0 : M = 8; H_1 : M > 8$, 第二组表头为 $H_0 : M = 12.5; H_1 : M < 12.5$.

$H_0 : M = 8; H_1 : M > 8$	$H_0 : M = 12.5; H_1 : M < 12.5$
$W^- = 9, W^+ = 46$	$W^- = 44, W^+ = 11$
检验统计量 $W = W^- = 9$	检验统计量 $W = W^+ = 11$
psignrank(9,10)=0.03223	psignrank(11,10)=0.05273
p 值 =0.0322	p 值 =0.0527

表 2.2.2　例 2.4 的两个不同方向的符号检验 (作为对照)

$H_0 : M = 8; H_1 : M > 8$	$H_0 : M = 12.5; H_1 : M < 12.5$
$S^- = 3, S^+ = 7$	$S^- = 7, S^+ = 3$
检验统计量 $K = S^- = 3$	检验统计量 $K = S^+ = 3$
pbinom(3,10,0.5)=0.171875	pbinom(3,10,0.5)=0.171875
p 值 = 0.1719	p 值 = 0.1719

表 2.2.1 显示, 这两个 Wilcoxon 符号秩检验的结果并不对称, p 值不相等; 而表 2.2.2 的两个符号检验的结果完全对称, p 值完全相等. 可以看出, Wilcoxon 符号秩检验不但利用了符号, 还利用了数值本身大小所包含的信息. 8 和 12.5 虽然都是与其最近端点间隔 3 个数 (这也是符号检验结果相同的原因), 但 8 到它这边的 3 个数的秩之和 (为 $W = 9$) 小于 12.5 到它那边的 3 个数的秩之和 (为 $W = 11$). 这些区别也使得结果有所区别. 当然, Wilcoxon 符号秩检验需要关于总体分布的对称性和连续性的假定, 因此只适用于对中位数做假设检验. 在这样的假定之下, Wilcoxon 符号秩检验比符号检验更加有效.

对例 2.4 数据的 Wilcoxon 符号秩检验 R 代码和输出为 (这里是精确检验):

```
> x=scan('EuroAlc10.txt')
Read 10 items
> wilcox.test(x-8) # 双尾检验
```

```
Wilcoxon signed rank exact test

data:  x - 8
V = 46, p-value = 0.06445
alternative hypothesis: true location is not equal to 0

> wilcox.test(x-8,alt='greater')  #单尾检验

Wilcoxon signed rank exact test

data:  x - 8
V = 46, p-value = 0.03223
alternative hypothesis: true location is greater than 0

> wilcox.test(x-12.5,alt='less')  #单尾检验

Wilcoxon signed rank exact test

data:  x - 12.5
V = 11, p-value = 0.05273
alternative hypothesis: true location is less than 0
```

在大样本的情况, 可利用正态近似.

定理 2.1 假设总体分布是连续的且关于中位数对称, Wilcoxon 符号秩检验统计量的期望和方差分别为

$$E(W) = \frac{n(n+1)}{4}; \quad \text{Var}(W) = \frac{n(n+1)(2n+1)}{24}.$$

由此可以用于构造大样本渐近正态统计量, 其公式为 (在零假设下):

$$Z = \frac{W - n(n+1)/4}{\sqrt{n(n+1)(2n+1)/24}} \to N(0,1).$$

计算出 Z 值后, 可由正态分布表查出 p 值. 如果我们总选 $W = \min(W^+, W^-)$, 则 Z 总是小于 0, 即 p 值对单边检验为 $\Phi(z)$ 对双边检验为 $2\Phi(z)$. 在使用相应的计算机统计软件时, 也有计算精确 p 值和用 Z 近似的问题, 只不过有的自动转换, 有的需要人工选项. 是否需要连续性修正, 在有些软件包中也是选项.

作为比较, 现在利用正态近似对例 2.4 再作一次单边和双边的 Wilcoxon 符号秩检验 (结果列在表 2.2.3)

表 2.2.3 例 2.4 的 Wilcoxon 符号秩检验 (单边和双边检验) 的正态近似结果

	$H_0 : M = 8; H_1 : M > 8$	$H_0 : M = 8; H_1 : M \neq 8$
检验统计量	$z = -1.8857$	$z = -1.8857$
p 值	$\Phi(z) = 0.0297$	$2\Phi(z) = 0.0593$
检验结果	对 $\alpha \geqslant 0.05$, 拒绝零假设	对 $\alpha < 0.05$, 不拒绝零假设

我们以表 2.2.4 来总结 Wilcoxon 符号秩检验:

表 **2.2.4**　总结 Wilcoxon 符号秩检验

零假设: H_0	备选假设: H_1	检验统计量 (W)	p 值
$H_0 : M = M_0$	$H_1 : M \neq M_0$	$W = \min(W^+, W^-)$	$2P(W \leqslant w)$
$H_0 : M \leqslant M_0$	$H_1 : M > M_0$	$W = W^-$	$P(W \leqslant w)$
$H_0 : M \geqslant M_0$	$H_1 : M < M_0$	$W = W^+$	$P(W \leqslant w)$
大样本时, 用近似正态统计量 (加连续性修正时) $Z = \dfrac{W + 0.5 - n(n+1)/4}{\sqrt{n(n+1)(2n+1)/24}}$			
对水平 α, 如果 p 值 $< \alpha$, 拒绝 H_0, 否则不能拒绝			

需要说明的是, 这里看上去是按照备选假设的方向选 W^+ 或 W^- 作为检验统计量. 但是实际上往往是按照实际观察的 W^+ 和 W^- 的大小来确定备选假设. 因为只有数据 (通过一些统计量) 显现出某些和原模型不相容的特征时, 人们才会怀疑零假设, 并考虑进行假设检验的. 对于不同的备选假设 $M > M_0$ (或 $M < M_0$), 我们在这里分别选 W^- (或 W^+) 作为检验统计量, 是因为它们是 W^- 及 W^+ 中较小的一个, 因而在计算时要方便些. 如果利用大样本正态近似, 则选哪一个都没有关系. 当然, 如果利用软件, 则根本不用考虑这个问题.

打结的情况. 在许多情况下, 数据中有相同的数字, 称为结 (tie). 结中数字的秩为它们按升序排列后位置的平均值. 比如 2.5, 3.1, 3.1, 6.3, 10.4 这五个数的秩为 1, 2.5, 2.5, 4, 5. 也就是说, 处于第二和第三位置的两个 3.1 得到秩 (2+3)/2=2.5. 这样的秩称为中间秩 (midrank). 如果结多了, 零分布的大样本公式就不准了. 因此, 在公式中往往要作修正. 先通过一个简单例子引进一些记号. 假定有 12 个数, 其观测值, 秩和结统计量 (用 τ_i 表示第 i 个结中的观测值数量) 为:

观测值	2	2	4	7	7	7	8	9	9	9	9	10
秩	1.5	1.5	3	5	5	5	7	9.5	9.5	9.5	9.5	12
结统计量 τ_i	2			3				4				

该数据一共有 $g = 3$ 个结: $\tau_1 = 2$ (两个 2), $\tau_2 = 3$ (三个 7), $\tau_3 = 4$ (四个 9). 当存在结的情况, 上面的正态近似公式应修正为

$$Z = \frac{W - n(n+1)/4}{\sqrt{n(n+1)(2n+1)/24 - [\sum_{i=1}^{g}(\tau_i^3 - \tau_i)]/48}} \sim N(0,1).$$

注意, 上面 12 个数也可以看成有 6 个结, 除了指出的 3 个之外, 还有 3 个平凡结, 其结统计量均为 1. 显然, 这两种结的概念对该公式的结果没有影响.

实际上, 连续分布变量的观测值在理论上不应该产生结, 但是由于四舍五入效应, 连续变量的观测值实际上都是离散的, 因此会产生打结的现象. 而在存在打结时, 无法进行精确的 Wilcoxon 检验的计算.

2.2.2 中位数的点估计和置信区间

假设有 n 个观测的样本来自连续对称分布, 即 $X_1, X_2, \ldots, X_n \sim F(x - \theta)$, 其中 θ 为中心位置参数, 既是均值又是中位数. 如果要对中心 θ 进行估计, 当然可以用该样本的中位数. 但是为了利用更多的信息, 可以先求每两个数的平均 $(X_i + X_j)/2$, $i \leqslant j$ (一共有 $n(n+1)/2$ 个) 来扩大样本数目, 这样的平均称为 **Walsh** 平均; 之后用 Walsh 平均的中位数来估计对称中心 θ, 即

$$\hat{\theta} = \text{median}\left\{\frac{X_i + X_j}{2}, \; i \leqslant j\right\}$$

此统计量被称为 Hodges-Lehmann 估计量 (Hodges and Lehmann, 1963).

要检验 $H_0 : \theta = \theta_0$, 其检验统计量可用如下表达式 W^+,

$$W^+ = \#\left\{\frac{X_i + X_j}{2} > \theta_0,\ i \leqslant j\right\}.$$

这里符号 #{ } 是满足括号 { } 内条件的表达式的个数 ("#" 相当于英文 "the number of", 后面也会出现这个符号, 意义是一样的). W^+ 的取值范围是 0 到 $n(n+1)/2$, 与样本量为 n 的 Wilcoxon 符号秩检验的分布取值范围相同, 当样本的统计量 W^+ 远离零假设下的对称中心 $n(n+1)/4$ 时, 拒绝零假设.

利用 Walsh 平均还可以得到 θ 的置信区间. 这里先按升序排列 Walsh 平均, 并且把它们记为 $W_{(1)}, W_{(2)}, \cdots, W_{(N)}$, $(N = n(n+1)/2)$. 则 θ 的 $(1-\alpha)$ 置信区间为

$$(W_{(k+1)},\ W_{(N-k)}),$$

这里整数 k 由 $P(W^+ \leqslant k) \leqslant \alpha/2$, $P(W^+ \leqslant k+1) > \alpha/2$ 来决定.

在大样本时, 用类似于 Wilcoxon 检验的近似得到

$$k \approx \frac{n(n+1)}{4} - Z_{\alpha/2}\sqrt{\frac{n(n+1)(2n+1)}{24}}.$$

注: 这里打结对结果没有多少影响, 因此可不用连续性修正.

例 2.5   例 2.4 续   例 2.4 欧洲酒精人均消费的例子中, Walsh 平均有 $n(n+1)/2 = 55$ 个值 (按升序排列):

4.120 4.965 5.810 5.875 6.720 6.930 7.255 7.630 7.775 8.020 8.100 8.220 8.505 8.685 8.830 8.865

9.010 9.065 9.285 9.350 9.675 9.740 9.775 9.975 10.065 10.130 10.260 10.390 10.585 10.830 11.030

11.040 11.155 11.315 11.355 11.640 11.640 11.920 11.965 12.095 12.120 12.320 12.405 12.420

12.605 12.730 12.890 12.930 13.185 13.215 13.385 13.540 13.670 13.995 14.450

它的中位数 10.390 是 θ 的 Hodges-Lehmann 估计.

下面给出基于 Wilcoxon 符号秩检验的中位数 θ 的 $100(1-\alpha)\%$ 置信区间的 **R** 函数:

```
Wci=function(y,alpha){
  n=length(y);walsh=NULL
  for(i in 1:n)
    for(j in i:n)
      walsh=c(walsh,(y[i]+y[j])/2)
  walsh=sort(walsh)
  HL=median(walsh)
  k=qsignrank(alpha/2,n)
  P=seq(k-2,k+2)
  K=psignrank(P,n)#;psignrank(k-1,n)
  for (i in (length(K)-1)) {
    if (K[i]<=alpha/2 & K[i+1]>=alpha/2)
      k=P[i]
  }
  cat('Hodges-Lehmann=', HL,'k =', k)
```

```
  cat('CI:',c(walsh[k],walsh[length(walsh)-k+1]))
}
```

对于例 2.4 在载入该函数后, 运行代码及输出过程为:

```
> y=scan('EuroAlc10.txt'); Wci(y,.05)
Hodges-Lehmann= 10.39 k = 9 CI: 7.775 12.89
```

这意味着 k=8. 中位数 θ 的 Hodges-Lehmann 估计 $\hat{\theta} = 10.39$, 中位数 θ 的 95% 置信区间为 $(W_{(k+1)}, W_{(N-k)}) = (7.775, 12.890)$, 实际覆盖概率为 95.2%.

本节软件的注

Wilcoxon 符号秩检验 4 种函数对例 2.4 的 R 软件演示

```
x=scan('EuroAlc10.txt'); n=8;N=n*(n+1)/2
z1=dsignrank(0:N,n);z2=psignrank(0:N,n)
par(mfrow(1,2));barplot(z1);plot(z2)
qsignrank(0.005*(1:10),n);rsignrank(5,n)
```

关于例 2.4 Wilcoxon 中位数符号秩检验的 Python 代码

```
from scipy.stats import wilcoxon
y=pd.read_csv('EuroAlc10.csv')
# 打印输出
print(wilcoxon(y-8))
print(wilcoxon(y-8,alternative='greater'))
print(wilcoxon(y-12.5,alternative='less'))
```

输出为

```
(WilcoxonResult(statistic=array([9.]), pvalue=array([0.06445312])),
 WilcoxonResult(statistic=array([46.]), pvalue=array([0.03222656])),
 WilcoxonResult(statistic=array([11.]), pvalue=array([0.05273438])))
```

2.3　正态记分检验 *

在 1.7 节引入了线性符号秩统计量, 前面所介绍的符号检验和 Wilcoxon 符号秩检验的统计量都是线性符号秩统计量的特例. 下面要介绍的正态记分 (normal score) 统计量也是线性符号秩统计量的一个特例. 正态记分可以用在许多检验问题中, 有多种不同的形式. 下面简单介绍一下其基本思路. 在各种秩检验中, 检验统计量为秩的函数. 而秩本身 (在没有结时) 是有穷个自然数的一个排列, 它在零假设下有在自然数中的一个均匀分布. 人们自然会想到用其他分布的样本体现来代替秩. 也就是说, 改变上述 "均匀分布" 为其他分布. 这没有什么不可以, 因为谁也说不清为什么我们所关心的空间一定是 "均匀" 的, 而不是什么别的 (也许也是 "均匀" 的) 空间的一种变换. 作为均匀分布的一种自然替代, 人们可能首先考虑到正态分布, 这也就是产生正态记分的动机.

正态记分检验的基本思想就是把升序排列的秩 R_i 用升序排列的正态分位点, 比如 $\Phi^{-1}(R_i/(n+1))$ 来代替. 这样形成的记分称为 <u>van der Waerden 型记分</u> (ven der Waerden, 1957). 在第 3 章关于两样本的位置检验所用的正态记分就是 van der Waerden 记分. 还有一种称为 <u>期望正态记分</u> (expected normal score), 是用正态分布第 i 个顺序统计量的期望值来代替正态记分. 在实践上它与 van der Waerden 记分得出差不多的结果.

对于本章的单样本检验问题, 考虑从不同出发点构造的两个等价的正态记分检验. 首先回顾 1.7 节所介绍的线性符号秩统计量

$$S_n^+ = \sum_{i=1}^{n} a_n^+(R_i^+)I(X_i > 0).$$

这里的函数 $a_n^+(\cdot)$ 称为记分. 而 $a_n^+(R_i^+)I(X_i > 0)$ 称为符号记分 (和符号有关的记分). 前面说过, 当 $a_n^+(i) = i$ 时, 该线性符号秩统计量为 Wilcoxon 符号秩统计量, 而当 $a_n^+(i) \equiv 1$ 时, 该线性符号秩统计量为符号统计量.

现在, 考虑 1.7 节所提出的另一个线性秩统计量

$$S_n = \sum_{i=1}^{n} a_n(R_i^+)\mathrm{sign}(X_i) \equiv \sum_{i=1}^{n} s_i.$$

要按照正态分布来定义记分函数. 为了使 $a_n^+(i) \geqslant 0$, 我们不用 $\Phi^{-1}(R_i^+/(n+1))$ 作为这里的记分, 而稍微改变一下记分函数使其为

$$a_n^+(i) = \Phi^{-1}\left(\frac{n+1+i}{2n+2}\right) = \Phi^{-1}\left[\frac{1}{2}\left(1 + \frac{i}{n+1}\right)\right], \ i = 1, 2, \ldots, n.$$

这就不会出现负值了. 在检验 $H_0: M = M_0$ (相对某种单边或双边备选假设) 时, 把上面线性秩统计量中的 X_i 替换成 $X_i - M_0$, 把 $|X_i|$ 的秩 R_i^+ 替换成 $|X_i - M_0|$ 的秩 r_i. 然后用相应的正态记分来代替这些秩 (称为符号记分). 相应的线性符号秩统计量的第 i 项 (符号正态记分) 为

$$s_i \equiv a_n^+(r_i)\mathrm{sign}(X_i - M_0) = \Phi^{-1}\left[\frac{1}{2}\left(1 + \frac{r_i}{n+1}\right)\right]\mathrm{sign}(X_i - M_0).$$

根据 1.7 节的叙述, 在 $X_i - M_0, (i = 1, 2, \ldots, n)$ 为独立并且对称分布的假设下, $\mathrm{E}(S_n) = 0$, $\mathrm{Var}(S_n) = \sum_{i=1}^{n} s_i^2$. 由此, 把 S_n 标准化, 就得到这里的对单样本位置的所谓正态记分检验统计量

$$T = \frac{S_n - \mathrm{E}(S_n)}{\sqrt{\mathrm{Var}(S_n)}} = \frac{S_n}{\sqrt{\sum_{i=1}^{n} s_i^2}}.$$

如果观测值的总体分布接近于正态, 或者在大样本情况, 可以认为 T 近似地有标准正态分布. 实际上, 这对于很小的样本 (无论是否打结) 也适用. 这样就可以很方便地算 p 值了. 实际上, 如果记 $\Phi_+(x) \equiv 2\Phi(x) - 1 = P(|X| \leqslant x)$, 则有

$$\Phi_+^{-1}\left(\frac{i}{n+1}\right) = \Phi^{-1}\left[\frac{1}{2}\left(1 + \frac{i}{n+1}\right)\right],$$

大约等于 $E|X|_{(i)}$. 也就是说, 它和正态记分的期望相近.

下面对例 2.4 进行正态记分检验, 中间结果在表 2.3.1 中.

表 **2.3.1**　例 2.4 的正态记分检验 (左边 $M_0 = 8$, 右边 $M_0 = 12.5$)

$H_0 : M = 8 \Leftrightarrow H_1 : M > 8$				$H_0 : M = 12.5 \Leftrightarrow H_1 : M < 12.5$			
X_i	$\lvert X_i - M_0\rvert$	r_i	s_i	X_i	$\lvert X_i - M_0\rvert$	r_i	s_i
4.12	3.88	5	-0.6045853	4.12	8.38	10	-1.6906216
5.81	2.19	3	-0.3487557	5.81	6.69	9	-1.3351777
7.63	0.37	1	-0.1141853	7.63	4.87	8	-1.0968036
9.74	1.74	2	0.2298841	9.74	2.76	7	-0.9084579
10.39	2.39	4	0.4727891	10.39	2.11	6	-0.7478586
11.92	3.92	6	0.7478586	11.92	0.58	3	-0.3487557
12.32	4.32	7	0.9084579	12.32	0.18	1	-0.1141853
12.89	4.89	8	1.0968036	12.89	0.39	2	0.2298841
13.54	5.54	9	1.3351777	13.54	1.04	4	0.4727891
14.45	6.45	10	1.6906216	14.45	1.95	5	0.6045853
$S_n = 5.414066,\ T = 1.913559$				$S_n = -4.934602\ T = -1.744096$			
p 值 $= 1 - \Phi(T) = 0.02783824,$				p 值 $= \Phi(T) = 0.04057115,$			

后面还要介绍对两样本及多样本的正态记分检验. 正态记分检验有较好的大样本性质. 对于正态总体它比许多基于秩的检验更好. 而对于一些非正态总体, 虽然不如一些基于秩的检验, 但它又比 t 检验要好. 表 2.3.2 列出了上述正态记分 (NS^+) 相对于 Wilcoxon 符号秩检验 (W^+) 对于不同总体分布的 ARE.

表 **2.3.2**　不同总体分布的 ARE

总体分布	均匀	正态	Logistic	重指数	Cauchy
$ARE(NS^+, W^+)$	$+\infty$	1.047	0.955	0.847	0.708

可以看出, 凡是用秩的函数作检验统计量的地方都可以把秩替换成正态记分而形成相应的正态记分统计量.

本节软件的注

关于单样本位置参数的正态记分检验 (大样本正态近似) 的 R 程序

函数 ns(x,m0) 的输出为双尾检验的 p 值 (单尾检验的 p 值则为其一半), T 和 s_i. 对于例 2.4, 如果数据变量为 x, 检验 $H_0 : M = 8 \Leftrightarrow H_1 : M > 8$, 只要写入 ns(x,8) 即可得到结果. 该函数及对例 2.4 数据实现的代码为:

```
ns=function(x,m0){
 x1=y-m0;r=rank(abs(x1))
 S=.5*(1+r/(n+1))
 z=S[S<1]
 s=qnorm(z)*sign(x1)[S<1]
 tt=sum(s)/sqrt(sum(s^2))
 res=list(pvalue.2sided=2*min(pnorm(tt),pnorm(tt,low=F)),T=tt,s=s)
 return(res)  }

x=scan('EuroAlc10.txt')
ns(x,8)
```

输出为:

```
> ns(x,8)
$pvalue.2sided
[1] 0.1820421

$T
[1] 1.334494

$s
[1] -0.7647097 -0.4307273 -0.1397103  0.2822161  0.5894558
[6]  0.9674216  1.2206403  1.5932188
```

2.4 Cox-Stuart 趋势检验

人们经常要看某项发展的趋势. 但是从图表上很难看出是递增, 递减, 还是大致持平. 请看下面例子.

例 2.6 天津机场旅客数据. (TJAir.txt, TjAir.csv) 天津机场从 1995 年 1 月到 2003 年 12 月的 108 个月旅客吞吐量 (人次) 数据. 图 2.4.1 为数据点的连线图. 从图可以看出, 总趋势似乎是增长, 但并不总是增长的, 能否说明总趋势是增长的呢? 我们希望能进行检验.

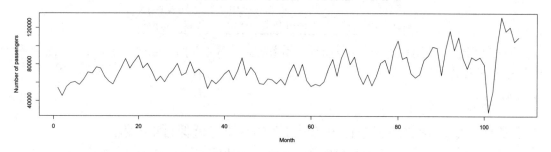

图 2.4.1 天津机场从 1995 年 1 月到 2003 年 12 月的 108 个月旅客吞吐量

类似于前面的检验, 这里有三种检验:

1. H_0 : 无增长趋势 ; H_1 : 有增长趋势
2. H_0 : 无减少趋势 ; H_1 : 有减少趋势
3. H_0 : 无趋势 ; H_1 : 有增长或减少趋势

形式上, 该检验问题可重新叙述, 如检验 1: 假定独立观测值 $X_1, X_2, \ldots, X_n \sim F(x - \theta_i)$,

$$H_0 : \theta_1 = \theta_2 = \cdots = \theta_n \ \Leftrightarrow \ H_1 : \theta_1 \leqslant \theta_2 \leqslant \cdots \leqslant \theta_n \ (\text{至少一个严格不等式}).$$

怎么进行这些检验呢? 可以把每一个观测值和相隔大约 $n/2$ 的另一个观测值配对比较, 因此大约有 $n/2$ 个对子. 然后看增长的对子和减少的对子各有多少来判断总的趋势. 具体做法为, 取 x_i 和 x_{i+c} 组成一对 (x_i, x_{i+c}). 这里

$$c = \begin{cases} n/2 & \text{如果 } n \text{ 是偶数;} \\ (n+1)/2 & \text{如果 } n \text{ 是奇数.} \end{cases}$$

当 n 是偶数时, 共有 $n' = c$ 对, 而 n 是奇数时, 共有 $n' = c - 1$ 对. 比如, 当样本量 $n = 6$ 时,

$n' = c = 6/2 = 3$. 这 3 个对子为

$$(x_1, x_4), (x_2, x_5), (x_3, x_6).$$

而当样本量 $n = 7$ 时, $n' = c - 1 = (7+1)/2 - 1 = 3$. 这 3 个对子为

$$(x_1, x_5), (x_2, x_6), (x_3, x_7).$$

在 R 中, c 等于 ceiling(n/2), n' 等于 ceiling((n-1)/2), 这里的函数 ceiling(x) 定义为 x 的小数点后非零部分近似为 1, 即大于 x 的最小整数, 数学符号为 $\lceil x \rceil$.

用每一对的两元素差 $D_i = x_i - x_{i+c}$ 的符号来衡量增减. 令 S^+ 为正的 D_i 的数目, 而令 S^- 为负的 D_i 的数目. 显然当正号太多时, 即 S^+ 很大时 (或 S^- 很小时), 有下降趋势, 反之, 则有增长趋势. 在没有趋势的零假设下它们应服从二项分布 $\text{Bin}(n', 0.5)$, 该检验在某种意义上是符号检验的一个特例.

类似于符号检验, 对于上面 1, 2 和 3 三种检验, 分别取检验统计量 $K = S^+, S^-$ 和 $\min(S^+, S^-)$. 这里, $P(K \leqslant k)$ 及 p 值的计算和符号检验中的完全一样, 不再赘述. 在例 2.6 中, $n = 108$, $n' = c = 54$; 这 108 个数据对的符号为 16 正 38 负, 即 $S^+ = 16$ 和 $S^- = 38$. 由于负号很多, 表明可能有增长的趋势. 因此需要检验

$$H_0 : 没有增长趋势 \iff H_1 : 有增长趋势,$$

取 $k = S^+$, p 值为

$$P(K \leqslant k) = \sum_{i=0}^{k} \binom{n'}{i} 0.5^{n'} = \sum_{i=0}^{16} \binom{54}{i} 0.5^{54} = 0.001919133.$$

因此在此种检验中, 对于任何显著性水平 $\alpha \geqslant 0.002$, 可以拒绝零假设. 一般来说数据越少, 越难拒绝零假设. 这个检验称为 Cox-Stuart 趋势检验 (Cox and Stuart, 1955).

对于例 2.6 数据的 Cox-Stuart 趋势检验的 R 代码为:

```
Cox_Stuart=function(y){
  n=length(y)
  c=ifelse(n%%2==0,n/2,(n-1)/2)
  D=y[1:c]-y[(c+1):(2*c)]
  sd=sum(D>0)-sum(D<0)
  s=min(sum(D>0),sum(D<0))
  text=ifelse(sd>0,'decreasing with ','increasing with ')
  cat(text,'p-value =',pbinom(s,c,0.5))
}
y=scan("TjAir.txt")# 对数据运行函数
Cox_Stuart(y)
```

输出为:

```
increasing with p-value = 0.001919133
```

本节软件的注

关于 Cox-Stuart 趋势检验的 Python 程序

对于例 2.6 数据, 运行下面 R 语句:

```
def Cox_Stuart(y):
    from scipy.stats import binom
    n=len(y)
    if n%2==0:
        c=int(n/2)
    else:
        c=int((n-1)/2)
    D=np.array(y[:c])-np.array(y[c:(2*c+1)])
    sd=sum(D>0)-sum(D<0)
    s=min(sum(D>0),sum(D<0))
    if sd>0:
        text='decreasing'
    else:
        text='increasing'
    print(text+' with p-value =',binom.cdf(s,c,0.5))
y=pd.read_csv("TjAir.csv")# 对数据运行函数
Cox_Stuart(y)
```

输出为:

```
increasing with p-value = [0.00191913]
```

2.5 关于随机性的游程检验

例 2.7 掷硬币数据. (run01.txt, run01.csv) 假定我们掷一个硬币, 以概率 p 得正面 (记为 1), 以概率 $1-p$ 得反面 (记为 0). 这是一个 Bernoulli 试验. 如果这个试验是随机的, 则不大可能出现许多 1 或许多 0 连在一起, 也不可能 1 和 0 交替出现得太频繁. 下面为一例这样结果:

$$00000001111110000111100.$$

如果称连在一起的 0 或 1 为游程 (run), 则上面这组数中有 3 个 0 游程, 两个 1 游程, 一共是 5 个游程 ($R=5$). 这里 0 的总个数为 $m=13$, 而 1 的总个数为 $n=10$. 记总的试验次数为 N, 有 $N=m+n$.

假定在 R 软件中, x 代表例 2.7 的数据, 则游程个数 (5)、0 的个数 (13) 及 1 的个数 (10) 可由下面语句得到.

```
x=scan("run01.txt")
N=length(x);k=1
for(i in 1:(N-1)) if (x[i]!=x[i+1]) k=k+1
m=sum(1-x)
```

```
cat('k =',k,' m =',m,' n =',n)
```

输出为

```
k = 5   m = 13   n = 108
```

当然, 出现多少 0 和多少 1, 出现多少游程都与概率 p 有关. 然而, 在已知 m 和 n 时, 游程个数 R 的条件分布就与 p 无关了. Mood (1940) 证明了如果随机性的假设 (称为 H_0) 成立, 任何特别的 m 个 0 和 n 个 1 的一种排列, 在给定 m 和 n 的条件下都是 $1/\binom{N}{n}$ 或 $1/\binom{N}{m}$, 而 R 的条件分布等于

$$P(R = 2k) = \frac{2\binom{m-1}{k-1}\binom{n-1}{k-1}}{\binom{N}{n}};$$

$$P(R = 2k+1) = \frac{\binom{m-1}{k-1}\binom{n-1}{k} + \binom{m-1}{k}\binom{n-1}{k-1}}{\binom{N}{n}}.$$

这两个概率的分子的取法类似, 比如第一个, 考虑 0 先出现, 先在 m 个 0 的 $m-1$ 个空档选出 $k-1$ 个放 1 的空档位置, 再在 n 个 1 的 $n-1$ 个空档插入 $k-1$ 个放 0 的空档位置, 由于 0 和 1 都可以先出现, 要乘以 2. 根据这个公式就可以算出在 H_0(即随机性) 成立时 $P(R \geqslant r)$ 或 $P(R \leqslant r)$ 的值, 也就可以做检验了, 它叫 Wald-Wolfowitz 检验.

在 m 和 n 不大时甚至可以用计算器进行计算. 本例中, $r = 5$, $P(R = 2) = 1.748 \times 10^{-6}$, $P(R = 3) = 1.049 \times 10^{-5}$, $P(R = 4) = 1.888 \times 10^{-4}$, $P(R = 5) = 5.192 \times 10^{-4}$, 因此 $P(R \leqslant 5) = 0.00072$.

而当样本很大时, 在零假设下,

$$Z = \frac{R - \mu_R}{\sigma_R} = \frac{R - (\frac{2mn}{m+n} + 1)}{\sqrt{\frac{2mn(2mn - m - n)}{(m+n)^2(m+n-1)}}} \longrightarrow N(0,1).$$

于是, 在给定水平 α 后, 可以用此近似分布通过简单代码来得到临界值 c_1 和 c_2.

我们按照这些公式写出了本节软件的注中的 run.test. 将 run.test 拷贝到 R 中, 再运行下面程序

```
x=scan("run01.txt");run.test(x)
```

得到以下输出:

```
[[1]]
    m  n  N  r
```

```
[1,] 13 10 23 5
[[2]]
     Exact.pvalue1 Exact.pvalue2 Exact.2sided.pvalue
[1,]  0.0007202382     0.999799          0.001440476
[[3]]
     Aprox.pvalue1 Aprox.pvalue2 Approx.2sided.pvalue
[1,]  0.0007507685    0.9992492         0.001501537
```

输出显示了 m, n, N, r, 单边和双边检验的精确 p 值和渐近 p 值. 输出中 $r = 5$, 而两个概率为 $P(R \leqslant r) = 0.00072$ 和 $P(R \geqslant r) = 0.99980$, 双边精确 p 值为 0.00144. 相应的渐近值分别为 $0.000751, 0.99925, 0.00150$. 因此可以在水平 $\alpha > 0.0015$ 时, 认为该数串不是随机的 (拒绝零假设).

在实际问题中, 不一定都遇到只有 0 或 1 所代表的二元数据. 但是可以把它转换成二元数据来分析, 正如下面例子试图说明的那样.

例 2.8 工件尺寸数据. (run02.txt, run02.csv) 如在工厂的全面质量管理中, 生产出来的 20 个工件的尺寸按顺序为 $(X_1, X_2, \ldots, X_{20})$ (单位 cm)

> 12.27 9.92 10.81 11.79 11.87 10.90 11.22 10.80 10.33 9.30 9.81 8.85 9.32 8.67 9.32
> 9.53 9.58 8.94 7.89 10.77

人们想要知道生产出来的工件的尺寸变化是否只是由于随机因素, 还是有其他非随机因素.

对例 2.8 数据, 先找出它们的中位数为 $X_{med} = 9.865$, 再把大于 X_{med} 的记为 1, 小于的记为 0, 于是产生一串 1 和 0:

$$1 1 1 1 1 1 1 1 1 1 0 0 0 0 0 0 0 0 0 1$$

也就是说, 变成了前面的情况. 这时 $R = 3, m = n = 10$. 而按照上面的公式 (只要算两项), $P(R <= 3) = P(R = 2) + P(R = 3) = 1.083 \times 10^{-5} + 4.871 \times 10^{-5} = 0.00006$, 即 p 值为 0.00006. 于是可以在水平 $\alpha > 0.0001$ 时拒绝零假设. 这里, 算的是 $P(R <= 3)$ 而不是 $P(R >= 3)$ 是因为显然 $R = 3$ 离最小可能的值 2 要比最大可能的值 20 要近. 因此可以说, 在生产过程中有非随机因素起作用. 当然, 把数目转换成 0 和 1 失去了一些信息, 但是此方法对于随机性本身来说还不失为一个简单易行的方法.

根据我们的 R 程序, 对这个例子使用命令 `run.test(y,median(y))` 得到精确的双边检验的 p 值为 0.00012, 而相应的渐近的双边 p 值为 0.00024. 精确的 p 值和渐近 p 值差别较大, 显然, 这源于样本量不够大.

关于随机性的游程检验的过程总结于表 2.5.1 之中:

表 2.5.1　随机性的游程检验

零假设: H_0	备选假设: H_1	检验统计量 (K)	p 值
H_0: 有随机性	H_1: 无随机性 (有聚类倾向)	游程 R	$P(\|K\| \leqslant k)$
m 和 n 较大时, 用近似正态统计量 $Z = (R - \frac{2mn}{m+n} - 1)/\sqrt{\frac{2mn(2mn-m-n)}{(m+n)^2(m+n-1)}}$			
对水平 α, 如果 p 值 $< \alpha$, 拒绝 H_0, 否则不能拒绝			

本节软件的注

关于随机性游程检验的 R 程序

我们完全按照公式编写了一个函数, 没有任何技巧. 相信读者可以看懂, 并写出更加有效的程序. 下面为这个 R 软件函数:

```
run.test=function(y,cut=0){
  if (cut!=0) x=(y>cut)*1 else x=y
  N=length(x);k=1
  for(i in 1:(N-1)) if(x[i]!=x[i+1]) k=k+1; r=k;
  m=sum(1-x);n=N-m;
  P1=function(m,n,k){
    2*choose(m-1,k-1)/choose(m+n,n)*choose(n-1,k-1)
  }
  P2=function(m,n,k){
    choose(m-1,k-1)*choose(n-1,k)/choose(m+n,n)
      +choose(m-1,k)*choose(n-1,k-1)/choose(m+n,n)
  }
  r2=floor(r/2)
  if(r2==r/2){
    pv=0;for(i in 1:r2) pv=pv+P1(m,n,i)
    for(i in 1:(r2-1)) pv=pv+P2(m,n,i)
  }
  else {
    pv=0; for(i in 1:r2) pv=pv+P1(m,n,i)
    for(i in 1:r2) pv=pv+P2(m,n,i)
  }
  if(r2==r/2) pv1=1-pv+P1(m,n,r2)
  else pv1=1-pv+P2(m,n,r2)
  z=(r-2*m*n/N-1)/sqrt(2*m*n*(2*m*n-m-n)/(m+n)^2/(m+n-1))
  ap1=pnorm(z);ap2=1-ap1;tpv=min(pv,pv1)*2
  return(list(cbind(m,n,N,r),
    cbind(Exact.pvalue1=pv,Exact.pvalue2=pv1,Exact.2sided.pvalue=tpv),
    cbind(Aprox.pvalue1=ap1,Aprox.pvalue2=ap2,
    Approx.2sided.pvalue=min(ap1,ap2)*2)))
}
```

还有从下载的软件包 tseries 中 (该软件包需要软件包 quadprog 和 zoo 的支持) 的 runs.test 函数可以进行游程检验, 但仅仅是正态近似. 对于例 2.8, 如果数据在 x 中, 需要用下面的语句:

```
y=factor(sign(x-median(x)));runs.test(y)
```

关于随机性游程检验的 Python 程序

对例 2.8 数据做检验, 输入代码:

```
y=pd.read_csv("run02.csv")
from statsmodels.sandbox.stats.runs import runstest_1samp
runstest_1samp((y>np.median(y)), correction=False)
```

输出的第一个为大样本近似的统计量, 第二个为 p 值:

```
(-3.675746333890726, 0.0002371550805004081)
```

2.6   习题

1. (数据 2.6.1.txt, 2.6.1.csv) 根据某县的一项关于乡镇企业工资的调查, 下面是 50 名雇员的月工资按升序排列的一个样本 (单位: 元):

   274 279 290 326 329 341 378 405 436 500 515 541 558 566 618 708 760 867 868 869 888 915

   932 942 960 975 976 1014 1025 1095 1118 1166 1193 1194 1243 1277 1304 1327 1343 1398

   1407 1409 1417 1467 1477 1512 1530 1623 1710 1921

   求该样本所代表的工资总体的中心位置 (中位数 M) 及他们的上下四分位点的 95% 置信区间. 有人认为其中间值应该在 1200 元, 而下四分位点应该不少于 750 元. 请检验这些推测.

2. (数据 2.6.2.txt, 262.csv) 下面是在华外资公司的 35 个职员按升序排列的 (可纳税) 年收入 (由外币单位换算为人民币元):

   80789 86643 103902 105576 106432 107609 122627 125474 130713 133116 143818 144898

   145337 153930 153935 165526 170446 177904 178564 182935 185422 194713 200375 206135

   237191 248133 271119 279409 299598 316806 323683 341407 371718 379500 385479

   点出直方图, 检验其中位数是否等于 200000, 再计算上下四分位点的 95% 置信区间.

3. (数据 2.6.3.txt, 263.csv) 在某保险种类中, 一次关于 1998 年的索赔数额 (单位: 元) 的随机抽样为 (按升序排列):

   4632 4728 5052 5064 5484 6972 7596 9480 14760 15012 18720 21240 22836 52788 67200

   已知 1997 年该险种的索赔数额的中位数为 5064 元.

   (1) 1998 年索赔的中位数是否比前一年有所变化? 能否用单边检验回答这个问题?

   (2) 利用符号检验来回答 (1) 的问题 (利用精确的和正态近似两种方法).

   (3) 找出基于符号检验的 95% 的中位数的置信区间.

4. 利用 Wilcoxon 符号秩检验重复问题 3 (把题中的 " 符号检验 " 换成 "Wilcoxon 检验 "). 并找出基于 Walsh 平均的中位数 Hodges-Lehmann 估计. 这里的检验是否需要任何不同于符号检验的假定?

5. 利用正态记分检验, 重复问题 3 的检验. 讨论这三个检验所得的结论的异同点.

6. (数据 2.6.6.txt, 2.6.6.csv) 下面是某村 1975 – 2004 年, 每年收入 5000 元以上的户数:

   33 32 46 36 40 40 40 36 41 39 43 35 45 39 42

   43 47 51 45 45 46 59 47 51 55 42 51 49 69 57

   请用 Cox-Stuart 检验来看该村的高于 5000 元的人群是否有增长趋势.

7. (数据 2.6.7.txt, 2.6.7.csv) 一个监听装置收到如下的信号:

   0101110011000011111111101001110101010100

000000101100111010101000100101010100000000

能否说该信号是纯粹随机干扰?

8. (数据 2.6.8.txt, 2.6.8.csv) 一个广告声称其减肥疗法在两个月内可以平均减肥 5kg. 下面是 20 个人接受这种疗法之后两个月所减少的重量 (kg):

    4.7 -4.0 1.6 9.4 5.1 -2.2 3.7 9.0 1.5 1.2 4.3 1.9 0.0 7.3 6.6 5.5 -3.1 -0.5 0.9 -3.4

请问有没有证据表明两月减肥 5kg 这种广告不负责? (即中位数是否小于 5kg?)

9. (数据 2.6.9.txt, 2.6.9.csv) 一个住宅小区的夜间噪音长期一直保持在 30dB (分贝). 后来附近有建筑工地施工. 下面是该小区连续 26 天夜间测得的噪声水平 (分贝):

    57.9 36.5 43.7 50.9 33.0 52.1 47.7 58.4 30.7 30.5 33.5 41.9 50.6

    43.0 38.8 37.4 22.2 25.2 25.7 29.4 26.4 32.8 37.0 40.2 35.3 34.0

请问该建筑工地施工是否提高了小区夜间噪声水平? 你做了何种假定?

10. (数据 2.6.10.txt, 2.6.10.csv) 二氧化硫在空气中最低含量达到 10ppm 时即可使人呼吸道感到不适. 在某街区连续 20 个小时所测的二氧化硫含量为 (单位: ppm):

    12.0 8.3 12.3 13.3 13.0 20.1 16.5 11.2 14.2 13.6 8.7 8.8 8.9 15.0 10.4 7.7 9.0 16.4 14.6 14.7

能否说那一天的上呼吸道不适的病人增加和空气中的二氧化硫含量过高有关?

11. (数据 2.6.11.txt, 2.6.11.csv) 一个工人加工某零件的尺寸标准应该是 10 cm. 顺序度量了 20 个加工后的零件之后, 得到如下尺寸 (cm):

    9.9 8.8 11.3 10.3 10.0 10.5 11.6 9.4 11.9 9.3 9.5 11.7 12.2 9.6 12.8 9.8 10.8 10.9 11.1 10.7

请问零件的尺寸变化是否是随机因素产生的? 有没有尺寸增加的趋势? 是否有中位数大于 10cm 的可能?

12. (数据 2.6.12.txt, 2.6.12.csv) 一个大工厂的管理人员在随机抽样中发现 20 个雇员的年请假天数为:

    10.5 30.0 4.0 3.0 36.5 22.5 25.5 19.0 23.0 40.5 25.0 5.5 12.5 0.5 30.5 26.0 5.5 9.5 34.5 19.5

而以前估计的请假天数的中位数为 13 天. 问现在雇员们是否比原来请假的天数多了? 用非参数假设检验验证你的说法. 你是否用对称性假定? 这种假定是否合理? 如果假定不成立, 你换用什么检验?

13. (数据 2.6.13.txt, 2.6.13.csv) 一个气功师声称能治疗高血压. 在 30 个试验者受到其治疗后的收缩压和以前相比减少的数目 (单位: 毫米汞柱, 负数为增加) 为:

    -66 -26 35 34 -61 32 -19 -67 -23 12 10 -9 -4 -70 -56 -12 13 7 30 25 -31 33 -13 20 -6 27 -20 -69 -25 39

请问该气功师的治疗是否有效?

14. (数据 2.6.14.txt, 2.6.14.csv) 美国商务部发表的 1970 – 1983 年的汽车行驶年平均里程 (单位: 千英里) 为:

| 轿车 | 9.8 | 9.9 | 10.0 | 9.8 | 9.2 | 9.4 | 9.5 | 9.6 | 9.8 | 9.3 | 8.9 | 8.7 | 9.2 | 9.3 |
| hline 卡车 | 11.5 | 11.5 | 12.2 | 11.5 | 10.9 | 10.6 | 11.1 | 11.1 | 11.0 | 10.8 | 11.4 | 12.3 | 11.2 | 11.2 |

请对每一种车型检验是否有单调的倾向.

15. (数据 2.6.15.txt, 2.6.15.csv) 某自选商场的失窃金额在 12 个月的逐月记录为 (万元):

    3.67 10.56 7.07 20.86 11.33 14.37 12.69 11.96 8.16 16.52 11.58 13.50

请检验是否失窃值如其经理向董事会所说的平均 10 万元以下.

16. (数据 2.6.16.txt, 2.6.16.csv) 在白令海所捕捉的 12 岁的某种鱼的长度 (cm) 样本为:

长度 (cm)	64	65	66	67	68	69	70	71	72	73	74	75	77	78	83
数目	1	2	1	1	4	3	4	5	3	3	0	1	6	1	1

请为 12 岁的这种鱼的长度的中位数找到 95% 置信区间.

17. (数据 2.6.17.txt, 2.6.17.csv) 某烟厂称其每支香烟的尼古丁含量在 12 毫克以下. 实验室测定的该烟厂的 12 枝香烟的尼古丁含量分别为 (单位: 毫克):

16.7 17.7 14.1 11.4 13.4 10.5 13.6 11.6 12.0 12.6 11.7 13.7

该烟厂所说的尼古丁含量是否比实际要少?

18. 把 Cox-Stuart 趋势检验的程序 (课文仅给出一些语句) 用 R 语言写成一个完整的检验函数.

19. 仿照书上所给出的样本量 $n = 3$ 时 Wilcoxon 符号秩检验统计量在零假设下的精确密度分布的推导, 给出 $n = 4$ 时 Wilcoxon 符号秩检验统计量的精确密度分布.

20. 仿照游程检验的 R 函数, 编出 Python 类似函数.

第 3 章 两样本位置检验

在单样本的位置检验问题中, 人们想要检验的是总体的某个分位数是否等于一个已知的值. 在两样本的位置检验问题中, 人们往往假设两样本的总体分布形状类似, 关心比较两个总体的位置参数的大小, 比如, 两种训练方法中哪一种更出成绩, 两种汽油中哪一种污染更少, 两种市场营销策略中哪种更有效等等. 先看一个数据例子.

例 3.1 两地区工资数据. (salary.txt, salary.csv) 这是我国两个地区一些 (分别为 17 个和 15 个) 城镇职工的工资 (单位: 元), 可以用下面代码读取: 人们想要知道这两个地区城镇职工工资的中位数是否一样. 这就是检验两个独立总体的位置参数是否相等的问题.

如果记两个独立总体的随机样本分别为 $X_1, X_2, \ldots, X_m$ 和 $Y_1, Y_2, \ldots, Y_n$. 我们的问题归结为检验它们总体的均值 (或中位数) 的差是否等于零, 或是否等于某个已知值. 换言之, 即检验

$$H_0 : \mu_1 - \mu_2 = D_0 \Leftrightarrow H_1 : \mu_1 - \mu_2 \neq D_0,$$

单边备择 $H_1 : \mu_1 - \mu_2 > D_0$ 或 $H_1 : \mu_1 - \mu_2 < D_0$. 在 $D_0 = 0$ 时, 假设检验问题为

$$H_0 : \mu_1 = \mu_2 \Leftrightarrow H_1 : \mu_1 \neq \mu_2,$$

单边备择 $H_1 : \mu_1 > \mu_2$ 或 $H_1 : \mu_1 < \mu_2$.

在两个总体都是正态分布的假定之下, 这种问题通常用 t 检验. 在两个总体方差大致相同的假定下, 检验统计量为

$$t = \frac{(\bar{x} - \bar{y}) - D_0}{s\sqrt{\frac{1}{m} + \frac{1}{n}}},$$

这里

$$s^2 = \frac{\sum_{i=1}^{m}(x_i - \bar{x})^2 + \sum_{j=1}^{n}(y_j - \bar{y})^2}{m + n - 2}.$$

在零假设下, 它有自由度为 $(m + n - 2)$ 的 t 分布, 并可由此作所需要的检验. 在总体分布不是正态时, t 检验并不稳健, 应用 t 检验就可能有风险, 因此可以考虑使用本章将介绍的非参数方法. 本章 3.4 节和 3.5 节是配对数据的位置检验问题, 最后一节介绍了度量两个评估结果一致性的指标.

3.1 两样本的 Brown-Mood 中位数检验

首先通过例 3.1 来介绍一个简单的非参数检验, 称为 Brown-Mood 中位数检验 (Brown and Mood, 1948).

图 3.1.1 的三个盒子图 (从下到上) 分别代表了例 3.1 的地区 1 和地区 2 的样本 (分别为

17 个和 15 个观测值), 以及两个样本混合起来的 32 个观测值的数据的盒子图.

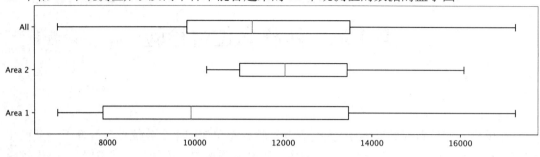

图 **3.1.1** 工资的盒子图

令地区 1 样本数据的中位数为 M_X, 而地区 2 的为 M_Y. 零假设为 $H_0 : M_X = M_Y$, 而备选假设为 $H_1 : M_X < M_Y$. 显然, 在零假设下, 中位数如果一样的话, 它们共同的中位数应该是这 32 个样本的中位数 M_{XY}. 两样本 $X_1, X_2, \ldots, X_{17}$ 和 $Y_1, Y_2, \ldots, Y_{15}$ 各自大于或小于 M_{XY} 的个数应该大体一样, 具体个数见下表.

	X 样本	Y 样本	总和
观测值大于 M_{XY} 的数目	$a = 6$	$b = 10$	$t = a + b = 16$
观测值小于 M_{XY} 的数目	$m - a = 11$	$n - b = 5$	$N - t = 16$
总和	$m = 17$	$n = 15$	$N = m + n = 32$

这里如果有和 M_{XY} 相同的观测值, 可以去掉它, 也可以随机地把这些相等的值放到大于或小于 M_{XY} 的群中以使得检验略微保守一些.

令 A 表示 2×2 列联表矩阵 (其中 m 和 n 分别代表两个样本量, a 和 b 分别代表两个样本中大于混合样本中位数的观测值个数)

$$\begin{bmatrix} a & b \\ m-a & n-b \end{bmatrix}$$

中左上角取值 a 的 X 样本中大于 M_{XY} 的变量. 在 m, n 及 t 固定时, A 的分布在零假设下为超几何分布 (对于不超过 m 的 k)

$$P(A = k) = \frac{\binom{m}{k} \binom{n}{t-k}}{\binom{m+n}{t}}.$$

现在可以用上面 A 的分布, 直接进行前面所提的单边检验 ($H_1 : M_X > M_Y$). 在给定 m, n 和 t 时, 当 A 的值 a 太大或太小时, 就应怀疑零假设. 表 3.1.1 列出了 Brown-Mood 中位数检验的基本内容.

表 **3.1.1** Brown-Mood 中位数检验

零假设: H_0	备选假设: H_1	p 值
$H_0 : M_X = M_Y$	$H_1 : M_X > M_Y$	$P(A \geqslant a)$
$H_0 : M_X = M_Y$	$H_1 : M_X < M_Y$	$P(A \leqslant a)$
$H_0 : M_X = M_Y$	$H_1 : M_X \neq M_Y$	$2 \min(P(A \leqslant a), P(A \geqslant a))$

对水平 α, 如果 p 值 $\leqslant \alpha$, 拒绝 H_0, 否则不能拒绝

注: 在 $m \neq n$ 时因 A 不对称, 双边检验结果不那么理想.

由于边际固定后 2×2 表中 4 个数只有一个自由度, a 较大等价于 $m - a$ 较小, b 较大等价于 $n - b$ 较小. 也就是说, 用 $a, b, m - a, n - b$ 的任何一个数目都可以根据超几何分布语句得到 p 值. 即

$$p \text{值} = P(H \leqslant a) = P(H \geqslant m - a) = P(H \geqslant b) = P(H \leqslant n - b),$$

这里 H 表示相应的超几何分布变量.

如果用 R 软件, 有下面的对应语句:

分布公式	R 软件的超几何分布语句
$P(H \leqslant a) = \sum_{k=1}^{a} \binom{m}{k}\binom{n}{t-k} / \binom{m+n}{t}$	phyper(a,m,n,a+b)
$P(H \geqslant m - a) = \sum_{k=m-a}^{m} \binom{m}{k}\binom{n}{t-k} / \binom{m+n}{t}$	1-phyper(m-a-1,m,n,N-(a+b))
$P(H \geqslant b) = \sum_{k=b}^{n} \binom{n}{k}\binom{m}{t-k} / \binom{m+n}{t}$	1-phyper(b-1,n,m,a+b)
$P(H \leqslant n - b) = \sum_{k=1}^{n-b} \binom{n}{k}\binom{m}{t-k} / \binom{m+n}{t}$	phyper(n-b,n,m,N-(a+b))

注意: 后两个公式每项的 m, n 是前面公式 m, n 的对调.

对于例 3.1, 表中的 R 语句为

```
phyper(6,17,15,16)
1-phyper(10,17,15,16)
1-phyper(9,15,17,16)
phyper(5,15,17,16)
```

它们的 p 值均为 0.07780674.

如果用 C 表示上面表中的矩阵

$$C = \begin{bmatrix} a & b \\ m-a & n-b \end{bmatrix} = \begin{bmatrix} 6 & 10 \\ 11 & 5 \end{bmatrix},$$

也可以用 R 软件的函数 fisher.test(C,alt="less") 得到和上面同样的 p 值.

零假设下, 在大样本时, 可以从超几何分布的均值和标准差的表达式来得到正态近似统计量 (包括连续性修正) 为

$$Z = \frac{A \pm 0.5 - mt/N}{\sqrt{mnt(N-t)/N^3}} \sim N(0,1).$$

研究表明, 该近似在 $\min(m, n) \geqslant 12$ 时相当精确. 用大样本正态近似, 例 3.1 的 R 语实现为

```
> pnorm((6+.5-17*16/32)/sqrt(17*15*16*(32-16)/32^3))
[1] 0.07824383
```

对于双边备择检验 ($H_1 : M_X \neq M_Y$), 在大样本情况, 可用检验统计量

$$K = \frac{(2a-m)^2(m+n)}{mn} \sim \chi^2(1).$$

对例 3.1 数据, R 语言实现为

```
> (K=(2*6-17)^2*(17+15)/17/15)
[1] 3.137255
```

对应的 p 值为 1-pchisq(3.137255,1)=0.0765225.

本节软件的注

关于 Brown-Mood 检验的 R 程序

针对前面 2×2 表形式, 对于单边备择 $H_1 : M_X < M_Y$ 和 $H_1 : M_X > M_Y$, 分别用 phyper(a,m,n,a+b) 和 phyper(b,n,m,a+b) (超几何分布) 来计算 p 值. 针对矩阵 C 形式, 则分别用 fisher.test(C,alt="less") 和 fisher.test(C,alt="greater") (Fisher 检验) 来计算 p 值. 就例 3.1 中 2×2 列联表数据, 熟悉下面四种超几何分布语句.

```
dhyper(0:17,17,15,16);barplot(dhyper(1:16,17,15,16));
phyper(1:16,17,15,16);plot(1:16,phyper(1:16,17,15,16));
qhyper(0.025,17,15,16);rhyper(5,17,15,16);phyper(6,17,15,16);
1-phyper(10,17,15,16);1-phyper(9,15,17,16);phyper(5,15,17,16);
```

对例 3.1 还可运行下面函数:

```
Brown_Mood=function(z,Alt="less"){
  k=unique(z[,2]);M=median(z[,1]);m1=NULL;m2=NULL
  for(i in k){
    m1=c(m1,sum(z[z[,2]==i,1]>M))
    m2=c(m2,sum(z[z[,2]==i,1]<=M))}
    C=rbind(m1,m2)
    fisher.test(C,alt=Alt)
}
z=read.table("salary.txt")
Brown_Mood(z)
```

可输出 Fisher 检验的结果 (p 值为 0.07781).

关于 Brown-Mood 检验的 Python 程序

对例 3.1 还可运行下面函数:

```
def Brown_Mood(z,alt="less"):
    z=np.array(z)
    u=np.unique(z[:,1])
    x=z[z[:,1]==u[0],0]
    y=z[z[:,1]==u[1],0]
    m=len(x);n=len(y)
    M=np.median(z[:,0])
    a=sum(x>M)
    b=sum(y>M)
    C=np.array([[a,b],[m-a,n-b]])
    print(fisher_exact(C,alternative='less'))

from scipy.stats import fisher_exact
z=pd.read_csv("salary.csv")
```

```
Brown_Mood(z,alt="less")
```

输出为:

```
SignificanceResult(statistic=0.2727, pvalue=0.0778)
```

3.2 Wilcoxon 秩和检验及两中位数差的置信区间

3.2.1 Wilcoxon 秩和检验

在前一节的例子中, 在比较两总体中位数的检验时, 只分别利用了各组样本大于或小于混合样本的中位数的数目. 这如单样本时的符号检验一样, 失去了两样本具体观测值之间距离大小信息. 本节的检验思路类似于单样本的 Wilcoxon 符号秩检验, 也想利用更多的关于样本点相对大小的信息. 注意, 这里假定两总体分布有类似形状, 但并不需要对称.

本节的零假设为

$$H_0 : M_X = M_Y \text{ (这两个样本所代表的总体的中位数一样)}$$

不失一般性, 按例 3.1, 备择假设为 $H_1 : M_X > M_Y$.

在给出检验统计量之前, 先把样本 $X_1, X_2, \ldots, X_m$ 和 $Y_1, Y_2, \ldots, Y_n$ 混合起来, 并把这 $N(= m + n)$ 个数按照从小到大排列起来. 这样每一个 Y 观测值在混合排列中都有自己的秩. 令 $R_i(i = 1, 2, \ldots, n)$ 为 Y_i 在这 N 个数中的秩. 显然, 如果这些秩的和

$$W_Y = \sum_{i=1}^{n} R_i$$

很小, 则 Y 样本的值偏小, 可以怀疑零假设. 同样, 对于 X 样本也可以得到其样本点在混合样本中的秩之和 W_X. 人们称 W_Y 或 W_X 为 Wilcoxon 秩和统计量 (Wilcoxon rank-sum statistics), 见 Wilcoxon (1945).

另外, 如果令 W_{XY} 为把所有的 X 观测值和 Y 观测值做比较之后, Y 观测值大于 X 观测值的个数, 即, W_{XY} 等于在所有可能的对子 (x_i, y_j) 中, 满足 $x_i < y_j$ 的对子的个数 (这在 R 中可以用命令 sum(outer(y,x,"-")>0) 得到), 那么 W_{XY} 称为 Mann-Whitney 统计量, 见 **Mann and Whitney (1947)**.

由于 W_{XY} 和 W_Y 满足关系

$$W_Y = W_{XY} + \frac{1}{2} n(n+1).$$

类似地, 可以定义 W_X 和 W_{YX}, 并且有

$$W_X = W_{YX} + \frac{1}{2} m(m+1),$$

$$W_{XY} + W_{YX} = nm.$$

因此, 这两个统计量等价, 也被统称为 **Mann-Whitney-Wilcoxon** 或 Wilcoxon 秩和统计量.

就上面的零假设和备选假设 $(H_0 : M_X = M_Y \Leftrightarrow H_1 : M_X > M_Y)$ 来说, 当 W_{XY} 很小 (W_Y 小) 时可怀疑零假设. 类似地, 对于 $H_0 : M_X = M_Y; H_1 : M_X < M_Y$, 当 W_{XY} 很大 (W_Y 大) 时可怀疑零假设.

下面展示关于统计量 R_i 的一些性质.

性质 3.1 在零假设下, 有

$$P(R_i = k) = \frac{1}{N}, \ k = 1, 2, \ldots, N; i = 1, 2, \ldots, n;$$

$$P(R_i = k, R_j = l) = \begin{cases} \dfrac{1}{N(N-1)} & k \neq l; \\ 0 & k = l. \end{cases}$$

由此可以很容易得到

$$\mathrm{E}(R_i) = \frac{N+1}{2}, \ \mathrm{Var}(R_i) = \frac{N^2-1}{12}, \ \mathrm{Cov}(R_i, R_j) = -\frac{N+1}{12}, \ (i \neq j),$$

并因 $W_Y = \sum_{i=1}^n R_i$ 以及 $W_Y = W_{XY} + n(n+1)/2$ 有

$$\mathrm{E}(W_Y) = \frac{n(N+1)}{2}, \ \mathrm{Var}(W_Y) = \frac{mn(N+1)}{12}$$

及

$$\mathrm{E}(W_{XY}) = \frac{mn}{2}, \ \mathrm{Var}(W_{XY}) = \frac{mn(N+1)}{12}.$$

这些公式是给出 Wilcoxon 秩和统计量的大样本标准渐近分布的基础, 作为练习, 读者可以自己验证这些结果.

为了展示如何计算 W_Y 和 W_{XY} 的精确概率分布, 下面以 $m = n = 2$ 情况为例. 这时, $N(= m + n = 4)$ 个混合样本各个点的可能的秩为 1, 2, 3, 4, Y 选定后, 剩下的是 X 的秩. Y 的秩的选法共有 6 种 (组合数 $\binom{4}{2} = 6$) 可能的次序组合: (1,2), (1,3), (1,4), (2,3), (2,4), (3,4). 下表列出这 6 种不同的组合并给出它们的 W_Y 及 W_{XY} 的值和取这些值的概率:

秩	X 和 Y 的 6 种组合					
1	Y	Y	Y	X	X	X
2	Y	X	X	Y	Y	X
3	X	Y	X	Y	X	Y
4	X	X	Y	X	Y	Y
Y 的秩	(1,2)	(1,3)	(1,4)	(2,3)	(2,4)	(3,4)
W_{XY}	0	1	2	2	3	4
W_{YX}	4	3	2	2	1	0
W_Y	3	4	5	5	6	7
W_X	7	6	5	5	4	3
概率	$\frac{1}{6}$	$\frac{1}{6}$	$\frac{2}{6}$		$\frac{1}{6}$	$\frac{1}{6}$

这里由于 $W_{XY} = W_{YX} = 2$ 的情况出现了两次, 因此相应的概率为 2/6. 还有, W_{XY} 和 W_{YX} 的取值范围均为从 0 到 mn 的整数, 而且有相同的对称密度分布.

为了直观展示统计量 W_{XY}(或 W_{YX}) 的精确密度分布函数随样本量的变化情况, 下面给出当 $(m, n) = (2, 2), (2, 3), (3, 2), (17, 15)$, 四种情况的密度分布图 (见图 3.2.1). 从这四个图可以看出 Wilcoxon 秩和检验统计量的精确密度分布具有对称性且当样本量比较大时比较象正态密度. 右下角是例 3.1 情况 Wilcoxon 符号秩检验统计量的精确密度分布.

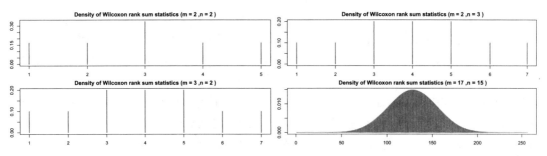

图 3.2.1　Wilcoxon 秩和检验统计量的密度分布图

为了加深印象, 读者可以自己写出模仿前面的表格方法, 给出 $m = 2, n = 3$ 或 $m = 3, n = 2$ 情况的 Wilcoxon 秩和检验统计量的精确密度分布. 当然, 这种表格方法在样本大时不方便实现, 可以使用下面介绍的递推算法.

记 $\overline{P}_{m,n}(k)$ 为 $(W_{XY} = k)$ 可能出现的次数, 由上表可得 $\overline{P}_{2,2}(0) = \overline{P}_{2,2}(1) = 1$, $\overline{P}_{2,2}(2) = 2$ 等等. 而相应的概率值 (上表的最后一行) 则为

$$P(W_{XY} = k) = \overline{P}_{2,2}(k) \left/ \binom{4}{2} \right. .$$

当 N 大时, 对于给定的 k, 很容易按下面的递推公式来算 $\overline{P}_{m,n}(k)$:

$$\overline{P}_{m,n}(k) = \overline{P}_{m,n-1}(k - m) + \overline{P}_{m-1,n}(k),$$

这里的初始值定义为当 $k < 0$ 时, $\overline{P}_{m,n}(k) = 0$, 及

$$\overline{P}_{i,0}(k) \text{和} \overline{P}_{0,j}(k) = \begin{cases} 1 & \text{如果 } k = 0; \\ 0 & \text{如果 } k \neq 0. \end{cases}$$

上面关于 $\overline{P}_{m,n}(k)$ 的公式很容易从上面的表格直接得到. 在样本大小为 m, n 时, $W_{XY} = k$ 只可能有下面两种来源:

(1) 上类表中样本大小为 $m, n-1$ 时, 由 $W_{XY} = k - m$ 的列加上 Y 结尾产生, 因为 Y 结尾将使 W_{XY} 增加 m;

(2) 上类表中样本大小为 $m-1, n$ 时, 由 $W_{XY} = k$ 的列加上 X 结尾产生, 因为 X 结尾将不增加 W_{XY} 的值.

从这些公式可以得到关于零假设下概率 $P_{m,n}(k) \equiv P_{H_0}(W_{XY} = k)$ 的递推表达式. 在推导时只需利用上面关于 $\overline{P}_{m,n}(k)$ 的递推公式, 并利用关系

$$P_{m,n}(k) = \frac{\overline{P}_{m,n}(k)}{\binom{m+n}{m}}$$

即可. 这些递推概率公式为:

$$P_{m,n}(k) = \frac{n}{m+n} P_{m,n-1}(k - m) + \frac{m}{m+n} P_{m-1,n}(k),$$

由此, 很容易利用一个很短的计算机程序算出 W_{XY} 的分布. 有兴趣的读者可以试着编一下这样的程序, 看和软件 (或从分布表) 得到的是否一样.

当然, 一般统计软件包都是如此计算 W_{XY} 分布 (及 p 值) 的. 对 W_{XY} 也有表可查, 一些

表中给出的是 (在 α, m, n 给定时) 关系 $P(W_{XY} \leqslant W_\alpha) = \alpha$ 中的临界值 W_α. 也有些表给出累积分布. 但表有局限性, 从表中不能对任意的 m, n, W_{XY} 得到 p 值. 在检验时, 通常选取 W_{XY} 和 W_{YX} 之中小的那个作为检验统计量: $W = \min(W_{XY}, W_{YX})$, 并决定备选假设的方向.

在 R 软件中, 提供了给定 m, n 和 w 的累积分布 $P(W \leqslant w)$, 相应的命令是 pwilcox(w,m,n). 注意这个分布函数对于 m 和 n 是对称的, 即把 m 和 n 对调后的命令 pwilcox(w,n,m) 和命令 pwilcox(w,m,n) 等价. 而求 W_{XY} 的命令为 sum(outer(y,x,"-")>0); 求 W_{YX} 的命令为 sum(outer(x,y,"-")>0). 当然, 在 R 中可以直接用函数 wilcox.test 来检验零假设 $H_0(M_X = M_Y)$ 和相应备择假设:

- 当备选假设为 $H_1 : M_X > M_Y$ 时, 用 wilcox.test(x,y,alt="greater");
- 当备选假设为 $H_1 : M_X < M_Y$ 时, 用 wilcox.test(x,y,alt="less");
- 当备选假设为 $H_1 : M_X \neq M_Y$ 时, 用 wilcox.test(x,y).

在大样本时, 可以用正态分布近似. 按前面的均值和方差的表达式 $E(W_{XY})$ 和 $\mathrm{Var}(W_{XY})$, 在零假设下有

$$Z = \frac{W_{XY} - mn/2}{\sqrt{mn(N+1)/12}} \longrightarrow N(0,1).$$

因为 W_{XY} 和 W_Y 只差一个常数, 所以也可以用正态近似

$$Z = \frac{W_Y - n(N+1)/2}{\sqrt{mn(N+1)/12}} \longrightarrow N(0,1).$$

和在 Wilcoxon 符号秩检验时一样, 可能存在打结的情况, 此时大样本近似用

$$Z = \frac{W_{XY} - mn/2}{\sqrt{\dfrac{mn(N+1)}{12} - \dfrac{mn(\sum_{i=1}^g \tau_i^3 - \sum_{i=1}^g \tau_i)}{12(m+n)(m+n-1)}}} \longrightarrow N(0,1),$$

这里的 τ_i 为结统计量, 而 g 为结的个数 (见第 2 章). 值得一提的是, 尽管连续变量无打结 (tie), 但观测数据因四舍五入后极易造成打结. 一般统计软件包对于打结的情况只给出正态近似的 p 值.

例 3.2 (例 3.1 续) 现在考虑上一节的例 3.1 (数据 salary.txt) 的中位数的比较问题. 假设检验问题为 $H_0 : M_X = M_Y \Leftrightarrow H_1 : M_X < M_Y$. X(地区 1) 样本 ($m = 17$) 的数据和它们在混合样本中的秩为:

X	6864	7304	7477	7779	7895	8348	8461	9553	9919	10073	10270
秩	1	2	3	4	5	6	7	8	9	10	11

X	11581	13472	13600	13962	15019	17244
秩	18	24	25	27	30	32

而 Y(地区 2) 样本 ($n = 15$) 的数据和它们在混合样本中的秩为:

Y	10276	10533	10633	10837	11209	11393	11864	12040	12642	12675
秩	12	13	14	15	16	17	19	20	21	22

Y	13199	13683	14049	14061	16079
秩	23	26	28	29	31

按前面公式易得 $W_Y = 306, W_X = 222, W_{XY} = 186, W_{YX} = 69$. 在 R 环境中

用 Wilcoxon 秩和分布函数 pwilcox(69,15,17) 或用两样本 Wilcoxon 秩和检验函数 wilcox.test(x,y,alt="less") 得到 p 值为 0.0135. 因此, 对于高于 0.015 的置信水平都可以拒绝零假设. 用上一节的 Brown-Mood 检验方法得到 p 值为 0.0778, 这说明 Wilcoxon 秩和检验利用了更多的信息而形成的优越性.

另外, 对于单边备择 $H_1: M_X < M_Y$, 如果用上面的正态 (加上连续改正量) 近似, 用 wilcox.test(x,y,exact=F,alt="less") 得到单边 p 值为 0.0143; 如果不做连续修正, 可以用 wilcox.test(x,y,exact=F,alt="less",cor=F) 得到单边 p 值为 0.0136. 对于双边备择检验 $H_1: M_X \neq M_Y$, 由两样本 Wilcoxon 秩和检验函数 (利用默认的选项 alt="two.sided") wilcox.test(x,y) 得到 p 值为 0.0270, 是单边检验的两倍.

关于 Wilcoxon 秩和检验 (Mann-Whitney 检验), 总结如表 3.2.1. 需要说明的是, 这里看上去是按照备选假设的方向选 W_X 或 W_Y 作为检验统计量. 实际操作中备选假设往往根据实际观察 W_X 和 W_Y 的大小来确定. 如果 W_Y 小于 W_X, 备选假设为 $H_1: M_X > M_Y$, 选 W_Y(或 W_{XY}) 作为检验统计量, 会使计算方便些.

表 3.2.1　Wilcoxon 秩和检验 (Mann-Whitney 检验)

零假设: H_0	备选假设: H_1	检验统计量 (K)	$p-$ 值
$H_0: M_X = M_Y$	$H_1: M_X > M_Y$	W_{XY} 或 W_Y	$P(K \leqslant k)$
$H_0: M_X = M_Y$	$H_1: M_X < M_Y$	W_{YX} 或 W_X	$P(K \leqslant k)$
$H_0: M_X = M_Y$	$H_1: M_X \neq M_Y$	$\min(W_{YX}, W_{XY})$ 或 $\min(W_X, W_Y)$	$2P(K \leqslant k)$
大样本时, 用上述近似正态统计量计算 p 值			

3.2.2 两中位数差的点估计和区间估计

两中位数差 $\Delta \equiv M_X - M_Y$ 的点估计很简单. 只要把 X 和 Y 观测值的所有可能配对相减 (共有 mn 对), 然后求它们的中位数即可. 就例 3.1 数据来说, 差 $M_X - M_Y$ 的点估计为 -2479. 这可以用 R 语句 median(outer(x,y,"-")) 得到.

如果想求 $\Delta = M_X - M_Y$ 的 $(1-\alpha)$ 置信区间, 可以按照下面步骤来做:
(1) 得到所有 $N = mn$ 个差 $X_i - Y_j$;
(2) 记按升序次序排列的这些差为 $D_1, D_2, \ldots, D_N$.
(3) 可通过软件得到 $W_{\alpha/2}$, 它满足 $P(W_{XY} \leqslant W_{\alpha/2}) = \alpha/2$. 则所要计算的 $1-\alpha$ 置信区间为 $(D_{W_{\alpha/2}}, D_{mn+1-W_{\alpha/2}})$. 对 $\alpha/2 = 0.025$, 所用 R 语句为 qwilcox(0.025,m,n), 可得到 $W_{\alpha/2}$.

例 3.3 (例 3.1 续) 对于例 3.1 数据, $mn = 17 \times 15 = 255$. 如需要计算 Δ 的 95% 置信区间, 可以用 R 语句 D=sort(as.vector(outer(x,y,"-"))) 得到 mn 个 X 和 Y 观测值之差组成的向量 (用 D 表示其升序排列). 然后用 qwilcox(0.025,17,15) 得到 $W_{\alpha/2} = 76$, 于是所求区间为 $(D_{W_{\alpha/2}}, D_{mn+1-W_{\alpha/2}}) = (D_{76}, D_{255+1-76}) = (D_{76}, D_{180}) = (-3916, -263)$. 即区间 $(-3916, -263)$ 为所求的 $\Delta = M_X - M_Y$ 的 95% 置信区间.

本节软件的注

关于 Wilcoxon(Mann-Whitney) 秩和检验的 R 程序

就例 3.1 中样本量, 熟悉 Wilcoxon (Mann-Whitney) 秩和检验统计量的四种语句.

```
dwilcox(0:(17*15),17,15);barplot(dwilcox(0:(17*15),17,15))
pwilcox(0:(17*15),17,15);plot(0:255,pwilcox(0:255,17,15))
qwilcox(0.025,17,15)
rwilcox(5,17,15)
```

还可用下面程序, 用两种方法得到 $Wyx = 69$, p-value=0.01352166. 以及 $M_X - M_Y$ 的点估计 -2479 和区间估计 $(-3916, -263)$.

```
Z=read.table("salary.txt")
x=Z[(Z[,2]==1),1];y=Z[(Z[,2]==2),1]
(Wyx=sum(outer(x,y,"-")>0)) # 等于69
(pwilcox(Wyx,17,15)) # p-value
print(wilcox.test(x,y,alt="less") ) #Wxy和p-value
print(median(outer(x,y,"-"))) # M_X-M_Y的点估计
D=sort(as.vector(outer(x,y,"-")))
Wa=qwilcox(0.025,17,15);N=17*15;
print(c(D[Wa],D[N-Wa+1])) # 区间估计
```

关于 Wilcoxon (Mann-Whitney) 秩和检验的 Python 程序

例 3.1 数据的 Wilcoxon (Mann-Whitney) 秩和检验的 Python 代码为:

```
from scipy.stats import ranksums
z=pd.read_csv("salary.csv")
z=np.array(z)
u=np.unique(z[:,1])
x=z[z[:,1]==u[0],0]
y=z[z[:,1]==u[1],0]
ranksums(x,y,alternative='less')
```

输出为:

```
RanksumsResult(statistic=-2.209120617744381, pvalue=0.013583126204004274)
```

3.3 正态记分检验 *

前面讲过, 在许多秩统计量中, 秩可以用正态记分代替而产生各种正态记分统计量. 如同在单样本的检验情况一样, 在两样本时也有和 Wilcoxon 秩和检验平行的正态记分 (normal score) 检验. 假定两样本 $X_1, X_2, \ldots, X_m$ 和 $Y_1, Y_2, \ldots, Y_n$ 分别来自中心为 M_X 和 M_Y 的总体. 零假设为 $H_0 : M_X = M_Y$, 备选假设为单边或双边的. 首先把两个样本混合起来, 并按升序排列. 再把每一个观测值在混合样本中的秩 r 替换为第 $r/(m+n+1)$ 个标准正态分位点 (正态记分) $w_i = \Phi^{-1}[i/(m+n+1)]$, $i = 1, 2, \ldots, (n+m)$. 然后, 计算某一个样本 (哪一个都可以) 的总正态记分 T 和 $S^2 = (mn \sum_i^{m+n} w_i^2)/((m+n-1)(m+n))$, 再利用下面正态近

似进行假设检验.

$$Z = T/S \to N(0,1)$$

对于例 3.1 数据, 通过表来说明正态记分检验的过程.

表 3.3.1　例 3.1 数据的正态记分

工资	6864	7304	7477	7779	7895	8348	8461	9553	9919	10073	10270	10276	10533	10633	10837	11209
地区 (1,2)	1	1	1	1	1	1	1	1	1	1	1	2	2	2	2	2
秩	1	2	3	4	5	6	7	8	9	10	11	12	13	14	15	16
记分 w_i	-1.88	-1.55	-1.34	-1.17	-1.03	-0.91	-0.80	-0.70	-0.60	-0.52	-0.43	-0.35	-0.27	-0.19	-0.11	-0.04
工资	11393	11581	11864	12040	12642	12675	13199	13472	13600	13683	13962	14049	14061	15019	16079	17244
地区 (1,2)	2	1	2	2	2	2	1	1	2	1	2	2	2	1	2	1
秩	17	18	19	20	21	22	23	24	25	26	27	28	29	30	31	32
记分 w_i	0.04	0.11	0.19	0.27	0.35	0.43	0.52	0.60	0.70	0.80	0.91	1.03	1.17	1.34	1.55	1.88

表 3.3.1 中第一行为两样本的混合 (按升序排列); 第二行为区分沿海和内地的标记 (1 为沿海, 2 为内地); 第三行为观测值在混合样本中的秩; 最后一行为相应的正态记分. 表的结果可由下面 R 语句得到 (这里 $m = 17, n = 15$):

```
w=read.csv('salary.csv')
w=w[order(w[,1]),]
w$rank=1:32
w$score=qnorm((1:32)/(17+15+1))
```

把标记为 1 的正态记分相加得到 $T = -5.3799$ (利用刚才得到的矩阵 w). 如对标记为 2 的正态记分相加则得 5.3799. 求最后一列的平方和为 $\sum_i w_i^2 = 26.2921$. 最后得到 $Z = -2.0694$, p 值等于 $\Phi(Z) = 0.0193$. 因此, 可以在检验 $H_0 : M_X = M_Y \Leftrightarrow H_1 : M_X < M_Y$ 时, 对于水平 $\alpha > 0.02$ 拒绝零假设.

表 3.3.2 列出了上述正态记分 (NS) 相对于 Wilcoxon 秩和检验 (W) 对于不同总体分布的 ARE. 这个结果和单样本情况完全一致.

表 3.3.2　正态记分相对于 Wilcoxon 秩和检验对于 5 个不同总体分布的 ARE

总体分布	均匀	正态	Logistic	重指数	Cauchy
$ARE(NS, W)$	$+\infty$	1.047	0.955	0.847	0.708

本节软件的注

在得到 w 矩阵 (即表 3.3.1 后的 R 代码中的 w) 之后, 计算正态记分相应的 R 语句总结:

计算目标	R 语句
T	T=sum(w[w[,2]==1,4])
$\sum_{i=1}^{m+n} w_i^2$	w2=sum(w[,4]^2)
S	S=sqrt(m*n*w2/(m+n-1)/(m+n))
$Z = T/S$	Z=T/S
p 值 $= \Phi(Z)$	pnorm(Z)

3.4　成对数据的检验

在实际生活中, 人们常常要比较成对数据. 例如, 某鞋厂要比较两种材料的耐磨性. 如果让两组不同的人来试验, 会因个体的行为差异很大导致影响比较的公平性. 但如果让每一个人的两只鞋随机分别用两种材料做成, 那么这两只鞋的使用条件就很类似了. 还有, 在试验降压药时, 也只能比较每个患者自己在用药前和用药后的血压之差, 不同患者之间的比较是没有意义的. 因此, 成对数据满足下面的条件: (1) 每一对数据或者来自同一个或者可比较的类似的对象; (2) 对和对之间是独立的; (3) 都是连续变量.

如果 M_D 为对子之间的差的中位数, 则零假设为 $H_0 : M_D = M_{D_0}$, 单边备择假设为 $H_1 : M_D > M_{D_0}$ (或 $H_1 : M_D < M_{D_0}$). 下面看关于一种降压方法效果的数据例子.

例 3.4 降压治疗数据. (bp.txt, bp.csv) 有 10 个病人在进行了某种药物治疗前后的血压 (单位: 毫米汞柱收缩压) 为:

X_i	147	140	142	148	169	170	161	144	171	161
Y_i	128	129	147	152	156	150	137	132	178	128
$D_i = X_i - Y_i$	19	11	-5	-4	13	20	24	12	-7	33

这里要检验的是 D_i 的中位数 M_D 是否大于 $M_{D_0} = 0$. 相当于单样本位置参数的检验, 因此只需利用符号检验或 Wilcoxon 符号秩检验即可.

就例 3.4 而言. 因为 X 观测值看来比 Y 的要大, 应检验 $H_0 : M_D \leqslant 0 \Leftrightarrow H_1 : M_D > 0$. 这里先利用 Wilcoxon 符号秩检验, 下表给出了上面 D_i, 它们的符号及相应的秩.

$D_i = X_i - Y_i$	19	11	-5	-4	13	20	24	12	-7	33
D_i 的符号	+	+	-	-	+	+	+	+	-	+
$\|D_i\|$ 的秩	7	4	2	1	6	8	9	5	3	10

容易算出, 正符号的秩之和为 $W^+ = 49$, 而负符号的秩之和为 $W^- = 6$. 可以选检验统计量 $W = W^-$, 得出 p 值为 0.01367. 也就是可以在显著性水平 $\alpha > 0.014$ 时拒绝零假设. 在用正态近似时 (利用连续改正量), 得到 p 值为 0.0162. 虽然样本不大, 但是对此例, 两个结果差得不太多. 如果用符号检验, $s^- = 3$, 而

$$P(S^- \leqslant 3) = \frac{1}{2^{10}} \sum_{i=0}^{3} \binom{10}{i} = 0.1719.$$

由此, 符号检验即使在水平 $\alpha \leqslant 0.1$ 时也不能拒绝零假设.

本例所用的 R 语句如下 (治疗前后的血压分别用 x 和 y 表示, 对子数目为 $n(= 10)$):

计算目标	R 语句
$D_i = X_i - Y_i$	x-y
$\|D_i\|$ 的秩	rank(abs(x-y))
W^+	w1=sum(rank(abs(x-y))*(x-y>0))
W^-	w2=sum(rank(abs(x-y))*(x-y<0))
Wilcoxon 符号秩检验 p 值	w=min(w1,w2);psignrank(w,n)
符号检验 p 值	pbinom(sum(x-y<0),n,1/2)
一步到位的 Wilcoxon 符号秩检验	wilcox.test(x,y,paired=T,alt="greater")

对于双边和单边检验, 下面给出了 psignrank 和 wilcox.test 的对比使用细节.

检验	R 语句
$H_0: M_D = M_{D0}; H_1: M_D \neq M_{D0}$	wilcox.test(x,y,paired=T)
	或 2*psignrank(min(sum(x<y),sum(x>y)),n)
$H_0: M_D = M_{D0}; H_1: M_D < M_{D0}$	wilcox.test(x,y,paired=T,alt="less")
	或 psignrank(sum(x>y),n)
$H_0: M_D = M_{D0}; H_1: M_D > M_{D0}$	wilcox.test(x,y,paired=T,alt="greater")
	或 psignrank(sum(x<y),n)

同样, 还可以按照第 2 章的方法找出置信区间.

本节软件的注

关于成对数据 Wilcoxon 秩和检验和 Wilcoxon 符号秩检验的 R 程序

就例 3.4 中数据, 下面 R 语句给出了计算 p 值的细节.

```
Z=read.table("bp.txt")
x=Z[,1];y=Z[,2];n=length(x)
w1=sum(rank(abs(x-y))*(x-y>0))#49
w2=sum(rank(abs(x-y))*(x-y<0))#6
w=min(w1,w2)
psignrank(w,n)  #p=0.01367188
pbinom(sum(x-y<0),n,1/2) #p=0.171875
wilcox.test(x,y,paired=T,alt="greater")
```

最后一行代码的输出为:

```
     Wilcoxon signed rank exact test

data:  x and y
V = 49, p-value = 0.01
alternative hypothesis: true location shift is greater than 0
```

关于成对数据的符号检验和 Wilcoxon 符号秩检验的 Python 程序

就例 3.4 中数据, 下面 Python 语句给出了两种计算代码.

```
from scipy.stats import binom, wilcoxon
z=pd.read_csv("bp.csv")
z=np.array(z)
x=z[:,0];y=z[:,1];n=len(x)
print(f'Sign test p-value: {binom.cdf(sum(x-y<0),n,1/2)}')
print(f'Wilcoxon signed-rank test: {wilcoxon(x,y,alternative="greater") }')
```

输出和 R 相同 (不显示).

3.5 McNemar 检验

实践中有很多配对二元取值数据, 如下例

例 3.5 脚癣药物数据. (athletefootp.txt, athletefootp.csv) 某药厂想比较 A 和 B 两种治疗脚癣药的疗效. 实验中有 40 个病人, 每人在左脚和右脚上分别使用 A 和 B 两种药. 下面是脚癣是否治愈的数据 (1 为治愈, 0 为没治愈), 两种治疗脚癣药的疗效是否一样?

病人编号	1	2	3	4	5	6	7	8	9	10	11	12	13	14	15	16	17	18	19	20
药 A	1	1	1	1	1	1	1	1	1	1	1	0	0	0	0	0	0	0	0	0
药 B	1	1	1	1	1	1	0	0	0	0	0	0	0	0	0	0	0	0	0	0
病人编号	21	22	23	24	25	26	27	28	29	30	31	32	33	34	35	36	37	38	39	40
药 A	0	0	0	0	0	0	0	0	0	0	0	0	0	0	0	0	0	0	0	0
药 B	1	1	1	1	1	1	1	1	1	1	1	1	1	1	1	1	1	1	1	1

用 R 代码 w=read.csv('athletefootp.csv')[,-1];table(w) 可将上面数据写成列联表形式, 有如下表:

		药 B	
		没治愈	治愈
药 A	没治愈	$n_{11} = 10$	$n_{12} = 20$
	治愈	$n_{21} = 4$	$n_{22} = 6$

对于例 3.5 问题构成的 2×2 列联表 $(n_{ij}, i = 1, 2, j = 1, 2)$, 如果想比较 A 和 B 两种脚癣药的疗效, 可以用 McNemar 检验 (McNemar, 1947). 记 π_a 和 π_b 分别为使用药 A 和 B 治愈的比例. 零假设为 $H_0 : \pi_a = \pi_b$, 双边备择假设为 $H_1 : \pi_a \neq \pi_b$ (单边 $H_1 : \pi_a > \pi_b$ 或 $H_1 : \pi_a < \pi_b$). McNemar 检验的统计量表达式为

$$\chi^2 = \frac{(n_{12} - n_{21})^2}{n_{12} + n_{21}},$$

它在零假设下近似服从自由度为 1 的 χ^2 分布. 即在零假设下, 当样本量比较大时

$$\chi = \frac{(n_{12} - n_{21})}{\sqrt{n_{12} + n_{21}}}$$

近似服从标准正态分布.

对于本例中数据, 利用 McNemar 检验得到 $\chi^2 = (20-4)^2/(20+4) = 10.6667$, 双边检验 p 值为 0.0011. 如果进行单边检验可用正态检验, 统计量 $\chi = 3.266$, 单边检验 p 值为 0.0006.

McNemar χ^2 检验是第 4 章 4.7 节 Cochran's Q 检验的特例. 利用 4.7 节注中 R 程序计算, 得到精确 McNemar 检验 p 值为 0.0015.

本节软件的注

关于 McNemar 检验的 R 程序 (精确检验)

利用 4.7 节软件注中的 Cochran 函数程序, 将其拷贝到 R 中, 利用下面语句,

```
Z=read.table("athletefootp.txt");Z=Z[,-1];Cochran(Z)
```

可以得到 Cochran's Q 值为 10.6667, 它与 McNemar 检验统计量值相等. 输出中精确检验 p 值为 0.0015, 近似 χ^2 分布 p 值为 0.0011, 与下面大样本近似程序结果一样.

关于 McNemar 检验的 R 程序 (大样本近似)

运行下面 R 程序

```
x=read.table("athletefootp.txt")[,-1];
n12=sum(x[((x[,1]==0)&(x[,2]==1)),])
n21=sum(x[((x[,1]==1)&(x[,2]==0)),])
McNemar=(n12-n21)^2/(n12+n21)
pvalue=1-pchisq(McNemar,df=1)
cbind(McNemar=McNemar,pvaluetwosided=pvalue)
```

得到 McNemar 检验 $\chi^2 = 10.6667$, 双边检验 p 值为 0.0011.

关于 McNemar 检验的 Python 程序 (精确检验)

对例 3.5 数据做 McNemar 检验的 Python 程序为:

```
from statsmodels.stats.contingency_tables import mcnemar
x=pd.read_csv('athletefootp.csv')
res=mcnemar(pd.crosstab(x['V2'],x['V3']), exact=True)
print(f'statistic = {res.statistic}, p-value = {res.pvalue}')
```

输出为:

```
statistic =4.0, p-value =0.001543879508972168
```

3.6　Cohen's Kappa 系数

Cohen's Kappa 系数由 Cohen(1960) 提出, 是对分类评分结果度量两位评估者评分一致性程度的指标. 先看一个简单的例子

例 3.6 评委打分数据 1. (music.txt, music.csv) 两位评委给参加声乐大赛的 100 名选手打分, 打分结果只有两种: 晋级和淘汰, 用代码 w=read.csv('music.csv');xtabs(V3~.,w) 可得到下表数据. 问两位评委的评分结果是否有一致性?

		评委 B	
		淘汰	晋级
评委 A	淘汰	$n_{11} = 35$	$n_{12} = 20$
	晋级	$n_{21} = 5$	$n_{22} = 40$

此类数据也是成对数据, 两位评委一共给出了 100 对结果. 在所有参赛人中, 同时得到两个晋级或淘汰的人数比例是 $p_a = (35 + 40)/(35 + 20 + 5 + 40) = 0.75$. 显然, 它能反映两评委评分一致性, 它的数值越高, 表明打分一致性越强, 而 $p_a = 0$ 表明两评委评分是完全对立的.

即使两评委打分独立, 但随机性使得 p_a 也不为零, Cohen (1960) 提出了用 Cohen's Kappa 系数来度量两评委评分一致性的大小, 为了叙述方便, 考虑类似情况的 $I \times I$ 列联表 (n_{ij}), $i = 1, \ldots, I$, $j = 1, 2, \ldots, I$, Cohen's Kappa 一致性系数定义为

$$\kappa = \frac{p_a - p_e}{1 - p_e},$$

其中 $p_a = \sum_{i=1}^{I} n_{ii}/n$, $p_e = \sum_{i=1}^{I} n_{i+} n_{+i}/n^2$, $n = \sum_{ij} n_{ij}$. 可见, p_a 度量了打分完全一致的比例, 而 p_e 是度量了随机因素产生的虚假一致性. κ 相当于是对 p_a 去除了随机性因素后的

打分一致性.

按照这里的定义, 当两个评委打分结果独立时, $p_a = p_e$, Cohen's κ 为 0, 即两评委打分独立所对应的零假设为 $\kappa = 0$. 当两个评委打分完全一致时, $p_a = 1$, Cohen's κ 达到最大值, 为 1; 当两个评委打分完全对立时, $p_a = 0$, Cohen's κ 达到最小值, 取值在 -1 和 0 之间.

在两评委打分独立的零假设下 ($\kappa = 0$),

$$\frac{\hat{\kappa} - \kappa}{\sqrt{\frac{(A+B-C)}{n(1-p_e)^2}}} \sim N(0, 1),$$

其中,

$$Var(\kappa) = \frac{(A+B-C)}{n(1-p_e)^2}$$

为 κ 的渐近方差,

$$A = \sum_i \frac{n_{ii}}{n} \left(1 - \left(\frac{n_{i+}}{n} + \frac{n_{+i}}{n}\right)(1-\kappa)\right)^2,$$

$$B = (1-\kappa)^2 \sum_{i \neq j} \frac{n_{ij}}{n} \left(\frac{n_{i+}}{n} + \frac{n_{+j}}{n}\right)^2, \quad C = (\kappa - p_e(1-\kappa))^2.$$

细节请见 Fleiss, Cohen and Everitt (1969).

此例中 $p_a = (n_{11} + n_{22})/n = 0.75$, $p_e = (n_{1+}n_{+1} + n_{2+}n_{+2})/n^2 = 0.49$. Cohen's Kappa 为 $\kappa = (p_a - p_e)/(1 - p_e) = 0.5098$, κ 的渐近均方差为 0.0813, κ 的 95% 置信区间为 (0.3504, 0.6692). 这些结果可以用本节软件的注中的 R 程序, 也可用 R 的 library(psych) 中 cohen.kappa 或 wkappa 计算得到.

前面给出了关于两评委打分独立 (零假设 $\kappa = 0$) 的大样本近似检验. 对于样本比较小的情况可以考虑精确检验.

例 3.7 评委打分数据 2. (music5to1.txt, music5to1.csv) 两位评委给参加声乐大赛的 20 名选手打分, 打分结果只有两种: 晋级和淘汰, 见下表数据. 问两位评委的评分结果是否有一致性? (下表可用 R 代码 w=read.csv('music5to1.csv');xtabs(V3~.,w) 得到)

		评委 B	
		淘汰	晋级
评委 A	淘汰	$n_{11} = 7$	$n_{12} = 4$
	晋级	$n_{21} = 1$	$n_{22} = 8$

假定每位评委给晋级和淘汰的人数固定, 即评委 A 淘汰 11 人, 晋级 9 人, 评委 B 淘汰 8 人, 晋级 12 人. 此时, 数据的自由度为 1. 两位评委都判淘汰的人数 n_{11} 和对应的概率, 恰好服从 3.1 节中的超几何分布. 下面表中, 前四行分别是观测 $(n_{11}, n_{12}, n_{21}, n_{22})$, 第五行是观测对应的超几何概率密度分布, 第六行是观测对应的 κ 值.

```
n11       0.00e+00  1.00000   2.0000   3.000   4.0000  5.000  6.000  7.0000  8.00000
n12       1.10e+01 10.00000   9.0000   8.000   7.0000  6.000  5.000  4.0000  3.00000
n21       8.00e+00  7.00000   6.0000   5.000   4.0000  3.000  2.000  1.0000  0.00000
n22       1.00e+00  2.00000   3.0000   4.000   5.0000  6.000  7.000  8.0000  9.00000
Density   7.14e-05  0.00314   0.0367   0.165   0.3301  0.308  0.132  0.0236  0.00131
```

```
Kappa    -8.63e-01 -0.66667 -0.4706 -0.275 -0.0784 0.118 0.314 0.5098 0.70588
```

对于例子中观测数据 $(7,4,1,9)$, 其 κ 值为 0.5098. 对于双边精确检验, $P(|\kappa| \geqslant 0.5098) = 0.00007 + 0.00314 + 0.0236 + 0.00131 = 0.0281$.

Fleiss and Cohen (1973) 还提出加权 Kappa 方法, 以对打分高低差异程度进行加权处理, 例如定义权重为 $w_{ij} = 1 - (i-j)^2/(I-1)^2$. 关于 Cohen's Kappa 和加权 Kappa 的使用也有些争议, 因为 Cohen's Kappa 定义中的 p_e 大小受列联表的边际分布影响很大, 详见 Agresti (2002).

本节软件的注

关于 Cohen's Kappa 检验的 R 程序

下面是对于例 3.6 数据的大样本近似 R 程序:

```
AsympCohen=function(x,alpha=0.05){
  w=matrix(x[,3],byrow=T,ncol=2)
  I=nrow(w);n=sum(w);w=w/n
  pa=sum(diag(w));pe=sum(apply(w,1,sum)*apply(w,2,sum))
  kap=(pa-pe)/(1-pe)
  A=sum(diag(w)*(1-(apply(w,1,sum)+apply(w,2,sum))*(1-kap))^2)
  tempB=matrix(rep(apply(w,1,sum),I)+
                   rep(apply(w,2,sum),each=I),byrow=T,ncol=I)
  diag(tempB)=0;B=(1-kap)^2*sum(w*tempB^2)
  CC=(kap-pe*(1-kap))^2;ASE=sqrt((A+B-CC)/(1-pe)^2/n)
  RES=list(kappa=kap,ASE=ASE,CI=c(kap-qnorm(1-alpha/2)*ASE,
                                  kap+qnorm(1-alpha/2)*ASE))
  cat('kappa =', RES$kappa,'ASE =', RES$ASE,'CI =',RES$CI)
  return(RES)
}
x=read.table("music.txt")
r=AsympCohen(x)
```

输出为:

```
kappa = 0.5098039 ASE = 0.08133101 CI = 0.3503981 0.6692098
```

下面是对于例 3.7 数据给出精确 Cohen's Kappa (双边) 检验的 R 程序.

```
cohen1.sub=function(w){
  n=sum(w);w=w/n;pa=sum(diag(w))
  pe=sum(apply(w,1,sum)*apply(w,2,sum))
  kap=(pa-pe)/(1-pe);kap}  #上面是子程序cohen1.sub
Cohen=function(x){
  w=matrix(x[,3],byrow=T,ncol=2)
```

```
kappa0=cohen1.sub(w)
n11=x[1,3];n12=x[2,3];m=x[1,3]+x[3,3]
n=x[2,3]+x[4,3];t=n11+n12;maxn11=min(m,t)
N12=N21=N22=kapV=Density=NULL
for (i in 0:maxn11){
    N12=c(N12,t-i);N21=c(N21,m-i);N22=c(N22,n-t+i)
    w=matrix(c(i,t-i,m-i,n-t+i),byrow=T,ncol=2)
    tempkap=cohen1.sub(w)
    kapV=c(kapV,tempkap)
    Density=c(Density,dhyper(i,m,n,t))}
out=rbind(n11=0:maxn11,n12=N12,n21=N21,n22=N22,
            Density,Kappa=kapV)
p_value=sum(Density[abs(kapV)>=kappa0])
res=list(out,p_value)
cat('p-value =', p_value)
return(res)
}

x=read.table("music5to1.txt")
res=Cohen(x)
```

输出有很多(见 res), 这里只打印 p 值:

```
p-value = 0.02810193
```

关于 Cohen's Kappa 检验的 Python 程序

下面是对于例 3.6 数据的大样本近似 Python 程序:

```
def AsympCohen(x,alpha=0.05):
    from scipy.stats import norm
    w=np.array(x.iloc[:,2]).reshape(2,2)
    I=w.shape[0];n=np.sum(w);w=w/n
    pa=w[0,0]+w[1,1]
    pe=np.sum(w.sum(axis=1)*w.sum(axis=0))
    kap=(pa-pe)/(1-pe)
    w1=w.sum(axis=1);w2=w.sum(axis=0)
    A=sum(np.diag(w)*(1-(w1+w2)*(1-kap))**2)
    tempB=(np.concatenate((w1,w1))+
            np.array([w2[0],w2[0],w2[1],w2[1]])).reshape(2,2)
    tempB[0,0]=0;tempB[1,1]=0;B=(1-kap)**2*np.sum(w*tempB**2)
    CC=(kap-pe*(1-kap))**2;ASE=np.sqrt((A+B-CC)/(1-pe)**2/n)
    CI=[kap-norm.ppf(1-alpha/2)*ASE,kap+norm.ppf(1-alpha/2)*ASE]
    RES={'kappa':kap,'ASE': ASE,'CI': CI}
    print(f'kappa = {round(kap,4)},'
```

```
            'ASE = {round(ASE,4)} CI = {np.round(CI,4)}')
    return RES

x=pd.read_csv("music.csv")
r=AsympCohen(x)
```

输出为:

```
kappa = 0.5098,ASE = 0.0813 CI = [0.3504 0.6692]
```

下面是对于例 3.7 数据给出精确 Cohen's Kappa (双边) 检验的 Python 程序.

```
def Cohen(x):
    from scipy.stats import hypergeom
    w=np.array(x.iloc[:,2]).reshape(2,2)
    kappa0=cohen_kappa(w)
    x=np.array(x)
    n11=x[0,2];n12=x[1,2];m=x[0,2]+x[2,2]
    n=x[1,2]+x[3,2];t=n11+n12;maxn11=min(m,t)
    N12=[];N21=[]; N22=[]; kapV=[]; Density=[]
    for i in range(0,(maxn11+1)):
        N12.append(t-i);N21.append(m-i);N22.append(n-t+i)
        w=np.array([i,t-i,m-i,n-t+i]).reshape(2,2)
        tempkap=cohen_kappa(w)
        kapV.append(tempkap)
        Density.append(hypergeom.pmf(i,m+n,m,t))

    p_value=np.sum(np.array(Density)[abs(np.array(kapV))>=kappa0])
    out={'n11': np.arange(0,maxn11+1),'n12': N12,'n21':N21,'n22': N22,
        'density': Density,'Kappa': np.array(kapV),'kappa0':kappa0,
        'p-value':p_value}
    print(f'p-value ={p_value}')
    return out

x=pd.read_csv("music5to1.csv")
r=Cohen(x)
```

输出为:

```
p-value =0.0281019290307216
```

3.7　习题

1. (数据 3.7.1.txt, 3.7.1.csv) 在研究计算器是否影响学生手算能力的实验中, 13 个没有计算器的学生 (A 组) 和 10 个拥有计算器的学生 (B 组) 对一些计算题进行手算测试. 这

两组学生得到正确答案的时间 (分钟) 分别如下:

A 组: 27.6 19.4 19.8 26.2 31.7 28.1 24.4 19.6 16.8 24.3 29.9 17.0 28.7

B 组: 39.5 31.2 25.1 29.4 31.0 25.5 15.0 53.0 39.0 24.9

能否说 A 组的学生比 B 组的学生算得更快? 利用所学的检验来得出你的结论. 并找出所花时间的中位数的差的点估计和 95% 置信度的区间估计.

2. (数据 3.7.2.txt, 3.7.2.csv) 9 只有糖尿病和 25 只正常老鼠的重量分别为 (单位: 克):

糖尿病鼠: 42.4 44.7 39.1 52.3 46.8 46.8 32.5 44.0 38.0

正常老鼠: 35.1 44.5 35.0 33.3 34.2 26.6 28.5 31.4 31.5 27.3 28.4 27.8 30.3 36.8 38.3 33.5 38.4 33.1 31.7 39.0 42.7 37.2 42.0 33.7 37.8

检验这两组的体重是否有显著不同. 找到它们的点估计和 95% 区间估计. 比较所得的结果和 t 检验的结果.

3. (数据 3.7.3.txt, 3.7.3.csv) 超市中两种奶粉标明的重量均为 400 克. 在抽样之后得到的结果为:

A 奶粉: 398.3 401.2 401.8 399.2 398.7 397.5 395.8 396.7 398.4 399.4 392.1 395.2

B 奶粉: 399.2 402.9 403.3 405.9 406.3 402.3 403.7 397.0 405.9 400.0 400.1 401.0

这两种奶粉的重量是否有显著不同? 用两种不同的非参数方法来做检验, 并和 t 检验结果作比较.

4. (数据 3.7.4.txt, 3.7.4.csv) 在比较两种工艺 (A 和 B) 所生产出的产品的性能时, 利用了超负荷破坏性实验. 下面是损坏前延迟的时间名次 (数目越大越耐久):

方法	A	B	B	A	B	A	B	A	A	B	A	A	A	B	A	B	A	B	A	A	A
排序	1	2	3	4	5	6	7	8	9	10	11	12	13	14	15	16	17	18	19	20

是否有足够证据说明 A 工艺比 B 工艺在提高耐用性来说更加优良? 利用两种非参数检验来支持你的结论.

5. (数据 3.7.5.txt, 3.7.5.csv) 两个地点的地表土壤的 pH 值为:

地点 A: 8.53 8.52 8.01 7.99 7.93 7.89 7.85 7.82 7.80

地点 B: 7.85 7.73 7.58 7.40 7.35 7.30 7.27 7.27 7.23

请问这两个地点的 pH 值水平是否一样. 说明你在检验中所利用的假定.

6. (数据 3.7.6.txt, 3.7.6.csv) 在两个地区, 一个是被污染的, 另一个是没有被污染的地区, 进行家畜尿中的氟的浓度测试 (单位: ppm). 结果如下:

被污染的地区: 21.3 18.7 23.0 17.1 16.8 20.9 19.7

没被污染的地区: 14.2 18.3 17.2 18.4 20.0

假定在两个地区的总体有同样的形状, 检验这两个地区的家畜尿中的氟浓度水平是否相同. 计算两个地区的家畜尿中的氟浓度差的 95% 置信区间.

7. (数据 3.7.7.txt, 3.7.7.csv) 对 9 个被认为是过敏体质和 13 个非过敏体质的人所作的唾液组织胺水平的测试结果如下 (单位: $\mu g/g$):

过敏者: 67.6 39.6 1651.0 100.0 65.9 1112.0 31.0 102.4 64.7

非过敏者: 34.3 27.3 35.4 48.1 5.2 29.1 4.7 41.7 48.0 6.6 18.9 32.4 45.5

定义所要比较的两个总体, 并检验这两个总体的组织胺水平是否不同.

8. (数据 3.7.8.txt, 3.7.8.csv) 一项聋的和不聋的儿童的眼睛运动多少的研究结果为 (眼球运动率):

   聋的: 2.57 2.14 3.23 2.07 2.49 2.18 3.16 2.93 2.20

   不聋: 0.89 1.43 1.06 1.01 0.94 1.79 1.12 2.01 1.13

   检验这二者眼球运动率是否不同.

9. (数据 3.7.9.txt, 3.7.9.csv) 两个工厂的彩电显像管的寿命为 (单位: 月):

   甲厂: 141.3 124.5 134.3 133.1 122.6 115.0 132.1 90.1 104.9 156.2

   乙厂: 71.3 96.0 128.3 87.6 144.2 97.1 112.0 70.4 118.9 86.2

   检验这两个厂家产品的寿命是否不同.

10. (数据 3.7.10.txt, 3.7.10.csv) 为了研究两个湖泊的环境对龟的生长的影响. 释放了许多同样年龄的人工饲养的幼龟到两个湖中, 每一个龟都带有记号. 过一段时间再打捞. 在两个湖中发现有记号的龟的重量增加 (单位:g) 分别为:

    湖泊 A: 377 381 400 391 384 471 423 459 403 378

    湖泊 B: 488 477 481 406 479 472 455 441 445 422 428 464

    两个湖泊的环境对做了记号的龟的重量增长是否有不同的影响?

11. (数据 3.7.11.txt, 3.7.11.csv) 在对两种软件的计算速度的研究中, 对 11 个问题用两种软件进行计算, 实验结果为 (单位: 秒, CPU 时间):

软件 1	0.98	2.15	0.78	0.46	1.72	1.21	0.72	2.13	1.59	1.62	1.45
软件 2	0.95	2.00	0.60	0.71	1.30	0.95	0.88	2.24	1.39	1.51	0.71

    是否有足够证据表明第二个软件比第一个省 CPU 时间?

12. (数据 3.7.12.txt, 3.7.12.csv) 在衡量一个运动和饮食综合减肥方法的效果时, 对 10 个志愿者进行了相应的试验. 在试验前和试验两周后每个人的重量分别为 (单位: kg):

减肥前	149	135	151.5	138.5	138.0	136.5	150.5	144.5	146.5	139.5
减肥后	144	117	142.0	136.5	129.5	129.0	147.0	141.5	141.0	135.0

    该数据是否表明平均重量的确减少?

13. (数据 3.7.13.txt, 3.7.13.csv) 在一项尼龙绳的研究中, 选择 8 种原料来用两种方法结成尼龙绳, 然后记录了两种方法生产的尼龙绳的扯断强度 (公斤):

老方法	572	574	631	591	612	592	571	634
新方法	609	596	641	603	628	611	599	660

    能否说明新旧方法生产的尼龙绳强度有显著不同?

14. (数据 3.7.14.txt, 3.7.14.csv) 在试验少量酒精后对驾驶员反应时间的影响时, 测试了 10 个人在喝了 2 杯啤酒前后的反应时间如下 (单位: 秒):

喝之前	0.74	0.85	0.84	0.66	0.81	0.55	0.33	0.76	0.46	0.64
喝之后	1.24	1.18	1.25	1.08	1.21	0.89	0.65	1.12	0.92	1.07

    该数据是否说明酒精和反应时间有关?

15. (数据 3.7.15.txt, 3.7.15.csv) 为检测两个实验室的检验结果的差异, 将 10 种奶油均分成两份分别送往两个实验室进行细菌计数, 结果如下 (单位: 千/每毫升):

实验室 A	16.1 10.4 11.6 14.3 11.2 11.9 14.4 13.9 11.3 13.1
实验室 B	16.4 11.7 12.3 14.2 11.7 13.4 15.1 14.7 12.2 12.5

用 Wilcoxon 符号秩检验两个实验室的计数是否有显著差别, 建立该差别的 95% 和 99% 置信区间. 比较这些区间和在正态假定下用通常方法所得的区间.

16. (数据 3.7.16.txt, 3.7.16.csv) 某个市场调查员询问 20 名女性她们对 A 和 B 两种洗发水是否喜欢, 得到如下数据 (数字 "1" 代表喜欢, "0" 代表不喜欢):

洗发水	20 个女性对 A,B 是否喜欢
A	0 1 0 0 0 0 0 0 0 0 1 1 0 0 0 1 0 0 0 0
B	1 0 1 0 1 1 1 1 1 1 0 0 1 0 1 1 1 1 1 1

请问这 20 名女性对两种洗发水的喜欢与否是否有显著差异.

17. (数据 3.7.17.txt, 3.7.17.csv) 两位评委对 25 个节目决定是否晋级 (0 否, 1 是), 计算 Kappa 检验统计量, 利用精确分布和大样本近似分布, 检验他们的投票结果是否有一致性?

	25 个节目是否晋级
评委A	1 1 1 0 0 1 1 1 1 1 1 1 1 1 0 0 0 0 0 0 0 0 0 0 0
评委B	0 0 0 1 1 1 1 1 1 1 1 1 1 1 0 0 0 0 0 0 0 0 0 0 0

18. (数据 3.7.18.txt, 3.7.18.csv) 临床和科研两组精神科医生对 210 名患者给出的疾病类型诊断, 两组医生都将患者分为四类: 精神分裂症 (Schizophrenia)、躁郁症 (Bipolar Disorder)、忧郁症 (Depression) 和其他 (Other). 使用 R 代码可以得到:

```
> w=read.csv('3.7.18.csv');xtabs(Freq~.,w)
        Doctor2
Doctor1  Bipolar Depress Other Schizo
  Bipolar     24       1     4      3
  Depress      2      20     8      3
  Other       13      12    44     16
  Schizo       5       3    14     38
```

根据所用软件, 利用大样本近似分布, 给出这两组医生诊断结果一致性的 Kappa 系数估计及其 95% 置信区间.

19. 仿照书上 $m = 2, n = 2$ 的情况下所用的表格方法, 给出 $m = 2, n = 3$ 或 $m = 3, n = 2$ 情况的 Wilcoxon 秩和检验统计量的精确密度分布.

第 4 章　多样本位置检验

多样本位置参数检验问题, 根据具体的数据情况主要涉及如下几种检验方法: 在各组样本独立的条件下 (4.1 至 4.3 节), 介绍利用 Kruskal-Wallis 检验和 Jonckheere-Terpstra 检验分别处理无序和有序两种备择假设检验问题. 在各组样本不独立时 (4.4 至 4.9 节), 对于完全区组试验设计数据, 介绍利用 Friedman 检验和 Page 检验分别处理无序和有序两种备择假设检验问题, 如果数据为二元时, 介绍使用 Corchran 检验; 对于平衡的不完全区组设计数据, 介绍使用 Durbin 检验.

4.1　Kruskal-Wallis 秩和检验

例 4.1 减肥效果数据. (wtloss.txt, wtloss.csv) 在一项健康试验中, 三组人有三种生活方式, 它们的减肥效果如下表:

生活方式	1	2	3
	3.7	7.3	9.0
一个月后	3.7	5.2	4.9
减少的重量	3.0	5.3	7.1
(单位 500g)	3.9	5.7	8.7
	2.7	6.5	
$n_i =$	5	5	4

人们想要知道的是从这个数据能否得出三种减肥方法的效果 (位置参数) 一样.

由于这里各个样本的大小不一定一样 (记为 $n_1, n_2, \ldots, n_k$), 此例数据的一般形式为 (观测值总数记为 $N = \sum_{i=1}^{k} n_i$):

1	2	$\cdots$	k
x_{11}	x_{21}	$\cdots$	x_{k1}
x_{12}	x_{22}	$\cdots$	x_{k2}
$\vdots$	$\vdots$	$\vdots$	$\vdots$
x_{1n_1}	x_{2n_2}	$\cdots$	x_{kn_k}

在诸总体为等方差正态分布及观测值独立的假定下, 问题归结于各组样本所代表的总体均值 μ_i 是否相同. 零假设为 $H_0: \mu_1 = \mu_2 = \cdots = \mu_k$, 而备选假设通常为 $H_1:$ "不是所有的 μ_i 都相等". 检验统计量为

$$F = \frac{MSR}{MSE} = \frac{\sum_{i=1}^{k} n_i (\bar{x}_i - \bar{x})^2 / (k-1)}{\sum_{i=1}^{k} \sum_{j=1}^{n_i} (x_{ij} - \bar{x}_i)^2 / (N-k)},$$

这里 $\bar{x}_i = \sum_{j=1}^{n_i} x_{ij}/n_i$, $\bar{x} = \sum_{i=1}^{k} \sum_{j=1}^{n_i} x_{ij}/N$. 在零假设 H_0 下, 上面统计量服从自由度为 $(k-1, N-k)$ 的 F 分布.

相应的非参数统计方法, 并不需要那么强的正态分布条件. 仅假定这 k 组样本有相似的连续分布, 而且所有的观测值在样本内和样本之间是独立的. 形式上, 假定 k 组独立样本有分布函数 $F_i(x) = F(x - \theta_i), i = 1, 2, \ldots, k$, 这里 F 是连续分布函数, 检验问题也可以写成

$$H_0 : \theta_1 = \theta_2 = \cdots = \theta_k \Leftrightarrow H_1 : \text{至少有一个等号不成立}.$$

类似于前面用于两组样本的 Wilcoxon 秩和检验时那样的检验统计量. 在那里, 先混合两组样本, 然后找出各个观测值在混合样本中的秩, 并按混合秩求各组样本的秩和. 解决多样本的问题, 想法与两样本时是一样的. 把多组样本混合起来后求混合秩, 再按混合秩求各组样本的秩和. 记第 i 组样本的第 j 个观测值 x_{ij} 的秩为 R_{ij}. 对每一组样本的观测值的秩求和, 得到 $R_i = \sum_{j=1}^{n_i} R_{ij}, i = 1, 2, \ldots, k$. 再找到它们在每组中的平均值 $\bar{R}_i = R_i/n_i$. 如果这些 $\bar{R}_i$ 很不一样, 就可以怀疑零假设, 并利用能反映这些样本位置参数差异的统计量做假设检验. 当计算数据在混合后的样本中的秩时, 对于相同的观测值, 与以前一样取平均秩.

类似 MSR 的构成, 把 $\bar{x}_i$ 和 $\bar{x}$ 分别换成 $\bar{R}_i$ 和 $\bar{R}$, Kruskal and Wallis (1952) 将 Mann-Whitney-Wilcoxon 统计量推广成下面的 (Kruskal-Wallis 统计量)

$$H = \frac{12}{N(N+1)} \sum_{i=1}^{k} n_i (\bar{R}_i - \bar{R})^2 = \frac{12}{N(N+1)} \sum_{i=1}^{k} \frac{R_i^2}{n_i} - 3(N+1)$$

这里 $\bar{R}$ 为所有观测值的秩的平均 $\bar{R} = \sum_{i=1}^{k} R_i/N = (N+1)/2$. 第二个式子直观意义不如第一个明显, 仅仅在手工计算时方便些.

对于固定的 $n_1, n_2, \ldots, n_k$, 共有 $M = N! / \prod_{i=1}^{k} n_i!$ 种方式把 N 个秩分配到这 k 组样本中去. 在零假设下, 每一种秩分配结果都以等概率 $1/M$ 发生. 对于给定的水平 α, Kruskal-Wallis 精确检验可以分为两个步骤:

1. 计算每种秩分配所对应的 H 值, 并将结果排序, 得到精确的密度分布;

2. 查看实现值所对应的 H 值在这个序列中的上或下百分位数, 比如两者中较小的为 $100 \times p\%$, 如果其值小于 α, 则拒绝零假设.

在 $k = 3$, $n_i \leqslant 5$ 时, 其在零假设下的分布有表 (见附录 5). 由于 (n_1, n_2, n_3) 取值与位置次序没有关系, 表中给出了按水平 α 找到的临界值 c, 满足 $P(H \geqslant c) = \alpha$.

在 N 大时, 如果对每个 i, n_i/N 趋于某个非零数 $\lambda_i \neq 0$, 则在零假设下, 有下面近似分布,

$$H \sim \chi^2_{(k-1)}.$$

另外在大样本时, 下面统计量近似服从 $F(k-1, N-k)$ 分布

$$F^* = \frac{\sum_{i=1}^{k} n_i \left(\bar{R}_i - \frac{N+1}{2} \right)^2 / (k-1)}{\sum_{i=1}^{k} \sum_{j=1}^{n_1} (R_{ij} - \bar{R}_i)^2 / (N-k)}.$$

可以证明

$$F^* = \frac{(N-k)H}{(k-1)(N-1-H)}.$$

再来看上面的减肥例子 (例 4.1). 那三列数据的 3 个盒子图被从下到上排在图 4.1.1 中.

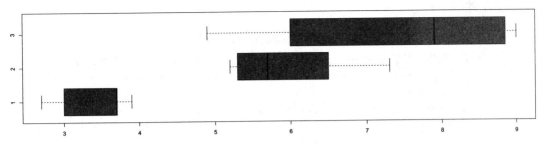

图 4.1.1 三种生活方式减肥效果的盒型图

下面的表给出每个观测值在混合之后的秩 (在括弧中).

生活方式	1	2	3
	3.7 (3.5)	7.3 (12)	9.0 (14)
一个月后	3.7 (3.5)	5.2 (7)	4.9 (6)
减少的重量	3.0 (2)	5.3 (8)	7.1 (11)
(单位 500k)	3.9 (5)	5.7 (9)	8.7 (13)
及秩	2.7 (1)	6.5 (10)	
秩和 R_i	15	46	44
秩平均 $\bar{R}_i$	3	9.2	11

此例中, 这里 $N = 14$, 利用本节软件的注中的 R 程序, 算出 $H = 9.4114..$ 如果用 $\chi^2_{(2)}$ 分布来作近似计算, 算出的 p 值为 0.00904.

如果查精确分布表 (附录 5) 在 $(n_1, n_2, n_3) = (5,5,4)$ 情况, 找到 $P(H \geqslant 8.52) = 0.0048$, 而 $P(H \geqslant 9.51) = 0.001031$. 即对于水平 $\alpha > 0.005$, 肯定能拒绝零假设.

如果写个简单的 R 程序, 可以给出精确分布. 图 4.1.2 (1) 是在零假设下, $(n_1, n_2, n_3) = (5,5,4)$ 时 Kruskal-Wallis 检验的精确检验的直方图. 对于例中数据, 计算得到 p 值 $P(H \geqslant 9.4114) = 0.00135$. 为了比较, 图 4.1.2 (2) 给出了自由度为 2 的 chisq 分布的密度分布, 详细程序见本节的注.

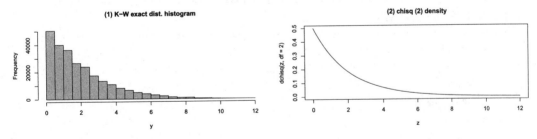

图 4.1.2 (1) 零假设下, 在 $(n_1, n_2, n_3) = (5,5,4)$ 情况, Kruskal-Wallis 检验的精确分布的直方图; (2) 自由度为 2 的 chisq 分布密度函数

在存在打结的情况, 上面的检验统计量 H 可以修正为

$$H_C = \frac{H}{1 - \sum_{i=1}^{g} (\tau_i^3 - \tau_i)/(N^3 - N)},$$

这里的 τ_i 为结统计量, 而 g 为结的个数. 打结在这里对结果影响不大, 如果用 H 能拒绝零假设, H_C 也能 (当然反之不对).

本节软件的注

关于 Kruskal-Wallis 秩和检验的 R 程序和大样本近似

对于例 4.1 数据, 用下面 R 语句, 得到 $H = 9.4114$, 大样本近似 p 值为 0.009043.

```
KruskalAsym=function(x){
  x=cbind(x,rank(x[,1]));N=nrow(x);Rm=mean(x[,3])
  K=unique(x[,2]);H=0
  for (i in K) {
    Ri=x[(x[,2]==i),3];ni=length(Ri)
    Rim=mean(Ri);H=H+ni*((Rim-Rm)^2)}
  H=H*12/(N*(N+1));p=1-pchisq(H,df=2)
  RES=list(H=H,pvalue=p)
  cat('H =',H,'p-value =',p)
  return(RES)
}
X=read.table("wtloss.txt")
res=KruskalAsym(X)
```

输出为:

```
H = 9.411429 p-value = 0.009043452
```

或用下面语句, 得到 $H = 9.4$, 大样本近似的 p 值 =0.009.

```
d=read.table("wtloss.txt");
kruskal.test(d[,1],d[,2])
```

关于 Kruskal-Wallis 秩和检验的 R 程序 (精确分布)

对 $(n_1, n_2, n_3) = (5, 5, 4)$, 下面程序给出了 Kruskal-Wallis 检验的精确分布, 并给出当 $H = 9.4114$ 时的 p 值 0.00135.

```
KW.test=function(m1=5,m2=5,m3=4,Hvalue=9.4114){
  # this program is for m1=5, m2=5, and m3 can be any integer
  m<-m1+m2+m3
  Jh5=function(m){
    a<-NULL
    for (i in 1:(m-4)){
      for (j in (i+1):(m-3)){
        for (k in (j+1):(m-2)){
          for (l in (k+1):(m-1)){
            for (f in (l+1):m){
              a<-rbind(a,c(i,j,k,l,f))
            }}}}}
    return(a)}
```

```
JTid1<-Jh5(m1+m2+m3);n1<-nrow(JTid1);JTid2<-Jh5(m2+m3)
n2<-nrow(JTid2);nn<-n1*n2;const<-1:m;y<-NULL
for (i in 1:n1){
  for (j in 1:n2){
    temp1<-c(JTid1[i,])
    temp2<-(const[-temp1])[c(JTid2[j,])]
    temp3<-const[-c(temp1,temp2)]
    y<-c(y,12/(m*(m+1))*((sum(temp1))^2/m1+(sum(temp2))^2/m2+
      (sum(temp3))^2/m3)-3*(m+1))
  }}
 pvalue<-(sum(y>=Hvalue))/nn
 y<-sort(y);aaa<-aa<-y[1];tempc<-1
for (i in 2:nn){
  if ((y[i]-aa)>10^{-12}){
    aaa<-c(aaa,y[i]);aa<-y[i];tempc<-c(tempc,1-(i-1)/nn)
    }}
out<-cbind(aaa,tempc);z=seq(0,12,0.1);par(mfrow=c(1,2))
hist(y,main="(1) K-W exact dist. histogram")
plot(z,dchisq(z,df=2),type="l",main="(2) chisq (2) density")
Res=list("(m1,m2,m3)"=c(m1,m2,m3),"H"=Hvalue,"pval"=pvalue,out=out)
cat('H =',Hvalue,'p-value =',pvalue)
return(Res)
}

Kw=KW.test()
```

得到 (这里的 H 值是事先输入的, 必须另外算):

```
H = 9.4114 p-value = 0.001347858
```

事实上, 对任意整数 n_3, 利用此程序可求出当 $(5,5,n_3)$ 时, 此检验的精确分布.

关于 Kruskal-Wallis 秩和检验的 Python 操作

对于例 4.1 数据, 使用下面代码:

```
from scipy.stats import kruskal
x=pd.read_csv('wtloss.csv')
x=np.array(x)
z=np.unique(x[:,1])
X=[x[:,0][x[:,1]==z[i]] for i in range(len(z))]

kruskal(X[0],X[1],X[2])
```

输出为:

```
KruskalResult(statistic=9.432158590308372, pvalue=0.00895020094354936)
```

4.2　正态记分检验 *

正如在单样本和两样本的情况一样, 也可以实行与 Kruskal-Wallis 秩和检验平行的正态记分检验. 对于假设检验问题

$$H_0 : \theta_1 = \theta_2 = \cdots = \theta_k \Leftrightarrow H_a : 至少有一个等号不成立,$$

可以按如下过程构造正态记分检验统计量. 先把所有的样本混合, 然后按升序排列. 再把每一个观测值 X_{ij} 在混合样本中的秩 r_{ij} 替换为第 $r_{ij}/(N+1)$ 个标准正态分位点 (正态记分), 记之为 w_{ij}. 正态记分定义为

$$T = (N-1) \frac{\sum_{i=1}^{k} \left(\frac{1}{n_i} \{ \sum_{j=1}^{n_i} w_{ij} \}^2 \right)}{\sum_{i=1}^{k} \sum_{j=1}^{n_i} w_{ij}^2}.$$

近似地, 在零假设下 T 有自由度为 (k-1) 的 χ^2 分布.

以前面的减肥例子来说明如何进行正态记分检验. 下表中第一列为三组样本观测值的混合 (按升序排列); 第二列用 1, 2, 3 标记了三种生活方式; 第三列为各观测值在混合样本中的秩; 最后一列为相应的正态记分.

X_{ij}	生活方式 (1,2,3)	秩	正态记分 w_{ij}	X_{ij}	生活方式 (1,2,3)	秩	正态记分 w_{ij}
2.7	1	1	-1.501	5.3	2	8	0.084
3.0	1	2	-1.111	5.7	2	9	0.253
3.7	1	3	-0.842	6.5	2	10	0.431
3.7	1	4	-0.623	7.1	3	11	0.623
3.9	1	5	-0.431	7.3	2	12	0.842
4.9	3	6	-0.253	8.7	3	13	1.111
5.2	2	7	-0.084	9.0	3	14	1.501

从该表中可以算出

$$T = (14-1) \times \frac{6.734931}{9.64364} = 9.078947.$$

p 值为 0.01067903. 由此, 可以在水平 $\alpha \geqslant 0.011$ 时拒绝零假设. 这里的 p 值和前面 Kruskal-Wallis 秩和检验的结论差不多.

本节软件的注

关于正态记分检验的 R 程序

用如下 R 语句

```
K_normalS=function(d){
  d=d[order(d[,1]),]
  n1=sum(d[,2]==1);n2=sum(d[,2]==2);n3=sum(d[,2]==3)
  n=nrow(d);r=rank(d[,1]);w=qnorm(r/(n+1));z=cbind(d,r,w)
  nn=sum(sum(w[z[,2]==1])^2/n1,
      sum(w[z[,2]==2])^2/n2,sum(w[z[,2]==3])^2/n3)
```

```
  T=(n-1)*nn/sum(w^2);pval=pchisq(T,3-1,low=F)
  Res=list(T=T,p_value=pval)
  cat('T =',T,'p-value =',pval)
  return(Res)
}

d=read.table("wtloss.txt")
res=K_normalS(d)
```

输出 T 和 p 值:

```
T = 9.078947 p-value = 0.01067903
```

关于正态记分检验的 Python 程序

用如下语句

```
def K_normalS(d):
    from scipy.stats import norm,chi2
    from scipy.stats import rankdata
    d=np.array(d)
    d=d[d[:, 0].argsort()]
    n1,n2,n3=(sum(d[:,1]==k) for k in np.unique(d[:,1]))
    n=d.shape[0];r=rankdata(d[:,0]);w=norm.ppf(r/(n+1))
    z=np.concatenate((d,r.reshape(-1,1),w.reshape(-1,1)),axis=-1)
    nn=sum([sum(w[z[:,1]==1])**2/n1,
            sum(w[z[:,1]==2])**2/n2,sum(w[z[:,1]==3])**2/n3])
    T=(n-1)*nn/np.sum(w**2);pval=1-chi2.cdf(T,3-1)
    Res={'T':T,'p value': pval}
    print('T =',T,'p-value =',pval)
    return Res

d=pd.read_csv("wtloss.csv")
res=K_normalS(d)
```

输出 T 和 p 值:

```
T = 9.078947420888134 p-value = 0.010679025334341397
```

4.3　Jonckheere-Terpstra 检验

前面介绍的 Kruskal-Wallis 检验中的备择假设不是单边的. 如果样本的位置显现出趋势, 比如持续上升的趋势, 则可以考虑下面有序的备选假设

$$H_0: \theta_1 = \theta_2 = \cdots = \theta_k \Leftrightarrow H_1: \theta_1 \leqslant \theta_2 \leqslant \cdots \leqslant \theta_k \text{(至少有一个不等式是严格的)}.$$

如果样本呈下降趋势, 则 H_1 的不等式顺序相反. 本节的 Jonckheere-Terpstra (简称 JT) 统计量先计算

$$U_{ij} = \#(X_{ik} < X_{jl}, \ k = 1, 2, \ldots, n_i, l = 1, 2, \ldots, n_j),$$

这里符号 $\#(\ )$ 是满足括号 $(\ )$ 内条件的表达式的个数 ("#" 相当于英文 "the number of"), 即样本 i 中观测值小于样本 j 中观测值的对数. 然后, 对所有的 U_{ij} 在 $i < j$ 范围求和, 也就是 Jonckheere-Terpstra 统计量定义为

$$J = \sum_{i<j} U_{ij},$$

它的大小从 0 到 $\sum_{i<j} n_i n_j$ 变化. 当 J 很大时, 应拒绝零假设. 在零假设下, 当 $\min_i\{n_i\} \to \infty$ 时, 有正态近似分布

$$Z = \frac{J - (N^2 - \sum_{i=1}^{k} n_i^2)/4}{\sqrt{[N^2(2N+3) - \sum_{i=1}^{k} n_i^2(2n_i+3)]/72}} \longrightarrow N(0,1)$$

类似于 Kruskal-Wallis 检验, 在没有结的情况下, 可以给出精确检验. 对于固定的样本 $n_1, n_2, \ldots, n_k$, 共有 $M = N!/\prod_{i=1}^{k} n_i!$ 种方式把 N 个秩分配到这些样本中去. 在零假设下, 每一种秩分配结果都以等概率 $1/M$ 发生. 对于给定的水平 α, Jonckheere-Terpstra 精确检验可以分为两个步骤:

1. 计算每种秩分配所对应的 J 值, 并将结果排序, 得到精确的密度分布;
2. 查看实现值所对应的 J 值在这个序列中所属的上或下百分位数, 比如两者中较小的为 $100 \times p\%$, 如果其值小于 α, 则拒绝零假设.

对于一些小样本情况, 书后附录 6 给出了 Jonckheere-Terpstra 精确检验的临界值, 其解释与附录 5 完全类似.

对于例 4.1, 备选假设为 $H_1 : \theta_1 \leqslant \theta_2 \leqslant \theta_3$ (至少有一个严格不等式成立). 比较前面数据表中的每两列, 很容易得出 $U_{12} = 25, U_{23} = 14, U_{13} = 20$, 及 $J = 59$. 如果利用正态近似, 得到 $Z = 3.103362$, p 值为 0.00096.

写个简单的 R 程序 (见本节的注), 可以给出在零假设下 J-T 检验的精确分布, 见图 4.3.1. 可见在零假设下 Jonckheere-Terpstra 检验的分布是对称的. 程序还给出了在零假设下, 按精确检验计算的 p 值 0.0005273. 因此, 对于置信水平 $\alpha \geqslant 0.001$, 不管用哪种检验都可以得到拒绝零假设的结论, 即这三个总体的位置参数的确有上升趋势.

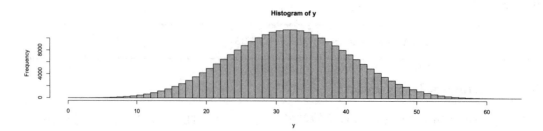

图 4.3.1 零假设下, 在 $(n_1, n_2, n_3) = (5, 5, 4)$ 情况, JT 检验的精确分布的直方图

如果有结出现, U_{ij} 可稍作变更为

$$U_{ij}^* = \#(X_{ik} < X_{jl}, \ k=1,2,\ldots,n_i, l=1,2,\ldots,n_j)$$
$$+\frac{1}{2}\#(X_{ik} = X_{jl}, \ k=1,2,\ldots,n_i, l=1,2,\ldots,n_j)$$

而 J 也相应地变为 $J^* = \sum_{i<j} U_{ij}^*$. 然而, 在有结或样本量比较大时, 不能做精确检验, 可以用前面提到的模拟或正态近似.

Jonckheere-Terpstra 检验是由 Terpstra (1952) 和 Jonckheere (1954) 独立提出的. 它比 Kruskal-Wallis 检验有更强的势. Daniel (1978) 和 Leach (1979) 对该检验进行了仔细的说明.

本节软件的注

关于 Jonckheere-Terpstra 检验的 R 程序 (大样本近似)

就例 4.1 而言, 有关计算上面各种统计量 U, J 及 Z 的 R 语句为:

```
JTAsymp=function(d){
  m=length(unique(d[,2]))
  U=matrix(0,m,m);k=max(d[,2])
  for(i in 1:(k-1))
    for(j in (i+1):k)
      U[i,j]=sum(outer(d[d[,2]==i,1],d[d[,2]==j,1],"-")<0)+
        sum(outer(d[d[,2]==i,1],d[d[,2]==j,1],"-")==0)/2;J=sum(U)
  ni=NULL
  for(i in 1:k)
    ni=c(ni,sum(d[,2]==i))
  N=sum(ni)
  Z=(J-(N^2-sum(ni^2))/4)/sqrt((N^2*(2*N+3)-
            sum(ni^2*(2*ni+3)))/72)
  pvalue=pnorm(Z,low=F)
  res=list('U'=U,'JT'=J,'p_value'=pvalue)
  cat('JT =',J,'p-value =',pvalue)
  return(res)
}


d=read.table("wtloss.txt")
Res=JTAsymp(d)
```

最后输出 JT 统计量值和大样本 p 值.

```
JT = 59 p-value = 0.0009566765
```

关于 Jonckheere-Terpstra 检验的 R 程序 (精确检验)

下面程序可适用于样本量为 $(5,5,m)$, m 为任意不小于 2 的整数. 程序输出样本量的大小, JT 统计量的数值, JT 在零假设下精确检验的 p 值.

```
JT.test=function(m1=5,m2=5,m3=4,JTvalue=59){
# this program is for m1=5, m2=5, and m3 can be any integer
  m<-m1+m2+m3;Jh5=function(m){
    a<-NULL
  for (i in 1:(m-4)){
    for (j in (i+1):(m-3)){
      for (k in (j+1):(m-2)){
        for (l in (k+1):(m-1)){
          for (f in (l+1):m){
            a<-rbind(a,c(i,j,k,l,f))
          }}}}}
    return(a)}
  JTid1=Jh5(m1+m2+m3);n1=nrow(JTid1)
  JTid2=Jh5(m2+m3);n2=nrow(JTid2);const=1:m;JT=rep(0,n1*n2)
  for (i in 1:n1){
    for (j in 1:n2){
      temp1<-c(JTid1[i,])
      temp2=(const[-temp1])[c(JTid2[j,])]
      temp3=const[-c(temp1,temp2)]
      JT[j+(i-1)*n2]<-sum(outer(temp2,temp1,">"))+
        sum(outer(temp3,temp1,">"))+sum(outer(temp3,temp2,">"))
      }}
  y=JT;pval=(sum(y>=JTvalue))/(n1*n2);
  hist(y,breaks=min(y):max(y))
  z=c(0,hist(y,breaks=min(y):max(y))$counts)
  list(c(m1=m1,m2=m2,m3=m3,
        JTvalue=JTvalue,pval=pval),
        cbind(min(y):max(y),z,rev(cumsum(rev(z)))/(n1*n2)))
}

Jt=JT.test()
```

程序还给出在零假设下, JT 统计量的精确分布. 对于其他的样本量, 可以类似编程, 求出精确 p 值或 JT 统计量在零假设下的精确分布.

关于 Jonckheere-Terpstra 渐近检验的 Python 程序

例 4.1 的 Jonckheere-Terpstra (大样本) 检验的代码为:

```
def Outer(p,q):
    m=len(p)
    n=len(q)
    u=np.zeros((m,n))
    for i in range(m):
        for j in range(n):
```

```
            u[i,j]=p[i]-q[j]
    return u
def JTAsymp(d):
    from scipy.stats import norm
    d=np.array(d)
    v=np.unique(d[:,1])
    m=len(v)
    U=np.zeros((m,m))
    for i in range(m):
        for j in range(i+1,m):
            U[i,j]=np.sum(Outer(d[d[:,1]==v[i],0],d[d[:,1]==v[j],0])<0)+\
            np.sum(Outer(d[d[:,1]==v[i],0],d[d[:,1]==v[j],0])==0)/2
            J=np.sum(U)
    ni=[]
    for i in v:
        ni.append(np.sum(d[:,1]==i))
    ni=np.array(ni)
    N=np.sum(ni)
    Z=(J-(N**2-np.sum(ni**2))/4)/np.sqrt((N**2*(2*N+3)-
                              np.sum(ni**2*(2*ni+3)))/72)
    pvalue=1-norm.cdf(Z)
    res={'U': U,'JT': J,'p_value': pvalue}
    print('JT =',J,'p-value =',pvalue)
    return res

d=pd.read_csv("wtloss.csv")
Res=JTAsymp(d)
```

输出为:

```
JT = 59.0 p-value = 0.0009566764735500222
```

4.4　区组设计数据分析回顾

　　前面的问题假定了每一组样本中的观测值是互相独立的, 各组样本之间也是独立的, 相当于本节中没有区组 (block) 的单因子试验设计数据. 在实践中, 比如研究肥料对农作物产量影响的农业试验, 试验中不仅肥料, 不同条件的土壤也对产量有影响. 然而上壤条件的差异并不是我们关心的, 我们只关心不同化肥的影响如何. 为此, 试验设计的主要的做法是把不同条件的土壤, 分成不同的组 (blocks), 条件相同的土壤分在一组, 来消除不同土壤这个因素对不同化肥的效能的分析的影响. 我们把试验设计方案中所关心的肥料因素称作处理 (treatment), 而把土壤条件称为 区组 (block). 如果随机地把所有处理分配到所有的区组中, 这就是随机化完全区组设计 (Randomized Complete Block Design).

　　当区组存在时, 样本之间的独立性就不再成立了, 比如下面的例子.

例 4.2 血铅数据. (blead.txt, blead.csv) 在不同的城市对不同的人群进行血液中铅的含量测试, 一共有 A, B, C 三个汽车密度不同的城市代表着三种 ($k = 3$) 不同的处理. 对试验者按职业分四组 ($b = 4$) 取血 (4 个区组). 他们血中铅的含量列在下面表中 ($\mu g/100ml$) :

城市 (处理)	职业 (区组)			
	I	II	III	IV
A	80	100	51	65
B	52	76	52	53
C	40	52	34	35

这里, 每一个处理在每一个区组中出现并仅出现一次. 这是一个完全区组设计, 每个处理和区组的组合都有一个观测值.

在实践中, 并不一定能把每一个处理分配到每一个区组中. 这样就产生了不完全区组设计. 在不完全区组设计中最容易处理的是平衡的不完全区组设计 (Balanced Incomplete Block Design-BIBD). 如果一共有 k 个处理及 b 个区组, 而且在每一个区组含有 t 个处理. 平衡的不完全区组设计 $BIBD(k, b, r, t, \lambda)$ 满足下面条件:

1. 每个处理在同一区组中最多出现一次;
2. $t < k$;
3. 每个处理都出现在相同多 (r) 个区组中;
4. 每两个处理在一个区组中相遇次数一样 (λ 次).

用数学的语言来说, 这些参数满足 1. $kr = bt$; 2. $\lambda(k - 1) = r(t - 1)$; 3. $b \geqslant k$ 或 $r \geqslant t$. 如果 $t = k, r = b$, 则为完全区组设计. 比如下面的例子.

例 4.3 材料磨损数据. (mater.txt, mater.csv) 一个 BIB 设计的例子是比较四种材料 (A, B, C, D) 在四个部位 (I, II, III, IV) 的磨损. 数据可以写成下面两种形式:

材料 (处理)	部位 (区组)			
	I	II	III	IV
A	34	28	36	
B	36	30		45
C	40		48	60
D		44	54	59

和

部位 (区组)			
I	II	III	IV
34 (A)	30 (B)	48 (C)	59 (D)
36 (B)	28 (A)	54 (D)	60 (C)
40 (C)	44 (D)	36 (A)	45 (B)

右边的表中 $(k, b, r, t, \lambda) = (4, 4, 3, 3, 2)$, 满足 BIB 设计的平衡性质.

上面两个例子的试验目的主要是看这些处理的效果是否一样. 从这一点来说, 与前面几节内容类似. 但是, 无论是完全的还是不完全的区组设计, 由于区组的影响, 各处理之间无法在忽视区组的情况下进行比较, 不能用前面的 Kruskal-Wallis 检验或 Jonkheere-Terpstra 检验. 即使数据是正态总体, 第 4.1 节给出的 F 检验的公式也需要进行修改, 下面先回顾在正态假定下, 如何进行这种检验.

用 x_{ij} 表示第 i ($i = 1, 2, \ldots, k$) 个处理在第 j ($j = 1, 2, \ldots, b$) 个区组的观测值 (每对 (i, j) 仅考虑一个观测值的情况). 要检验处理的均值 μ_i 是否相等, 即零假设为 $H_0 : \mu_1 = \mu_2 = \cdots = \mu_k$; 备择检验为 $H_1 :$ "不是所有的 μ_i 都相等." 对于完全区组试验, 正态总体条

件下的检验统计量为

$$F = \frac{MST}{MSE} = \frac{\sum_{i=1}^k b(\bar{x}_{i.} - \bar{x})^2/(k-1)}{\sum_{i=1}^k \sum_{j=1}^{n_i} (x_{ij} - \bar{x}_{i.} - \bar{x}_{.j} + \bar{x})^2/(N-k)},$$

这里 $\bar{x}_{i.} = \sum_{j=1}^b x_{ij}/b$, $\bar{x}_{.j} = \sum_{i=1}^k x_{ij}/k$, $\bar{x} = \sum_{i=1}^k \sum_{j=1}^b x_{ij}/N$; 此统计量在零假设下服从自由度为 $(k-1, N-k)$ 的 F 分布.

　　如果要检验区组之间是否有区别, 只要把上面公式中的 i 和 j 交换、k 和 b 交换并考虑对称的问题即可. 对于平衡的不完全区组设计 (BIBD), 由于并不是对每组下标 (i,j) 都存在观测值, 检验统计量的公式比上面的稍微复杂一些, 但是基本思想一样, 这里就不赘述了.

　　在没有正态总体的假定时, 检验统计量的构造思路和上面的 F 统计量类似, 只不过是用秩来代替观测值.

4.5　完全区组设计: Friedman 秩和检验

　　考虑完全区组设计, 且每个处理在每个区组中恰好有一个观测值. 关于处理的位置参数 (用 $\theta_1, \theta_2, \ldots, \theta_k$ 表示) 的零假设为 $H_0 : \theta_1 = \theta_2 = \cdots = \theta_k$, 而备选假设 H_1 : 不是所有的位置参数都相等, 这和以前的 Kruskal-Wallis 检验一样.

　　由于区组的影响, 要首先在每一个区组中计算各个处理的秩, 再把每一个处理在各区组中的秩相加. 如果 R_{ij} 表示在 j 个区组中 i 处理的秩, 则按处理求得的秩和为 $R_i = \sum_{j=1}^b R_{ij}$, $i = 1, 2, \ldots, k$. 这里要引进的 Friedman 统计量定义为

$$Q = \frac{12}{bk(k+1)} \sum_{i=1}^k \left(R_i - \frac{b(k+1)}{2} \right)^2 = \frac{12}{bk(k+1)} \sum_{i=1}^k R_i^2 - 3b(k+1).$$

上面第二个式子没有第一个直观, 但是容易进行手工计算. 该统计量是 Friedman (1937) 提出的, 后来又被 Kendall (1938, 1962), Kendall and Smith (1939) 发展到多元变量的协同系数相关问题上.

　　对于固定的处理种数 k 和区组个数 b, 共有 $M = (k!)^b$ 种方式把 k 个秩随机分配到这 b 个区组中去. 在零假设下, 每一种秩分配结果都以等概率 $1/M$ 发生. 对于给定的水平 α, Friedman 秩和检验的精确检验可以分为两个步骤:

1. 计算每种秩分配所对应的 Q 值, 并将结果排序;

2. 查看实现值所对应的 Q 值在这个序列中的上或下百分位数, 比如两者中较小的为 $100 \times p\%$, 如果其值小于 α, 则拒绝零假设.

　　由于 Friedman 检验统计量和下节讲的 Kendall 协同系数 W, 满足关系 $W = Q/[b(k-1)]$, 它们的分布函数本质相同. 对于一些固定的 k 和 b, 书后附录 7 给出了在零假设下 Kendall 协同系数 W 的分布表, 查 Friedman 检验统计量的分布时要作变换 $Q = Wb(k-1)$. 当然, 也可以写个 R 程序给出精确分布, 比如本节软件的注部分给出了针对例 4.2 数据情况的 Friedman 秩和检验的精确分布. 当 $b \to \infty$ 时, 对于固定的 k, 在零假设下有

$$Q \longrightarrow \chi_{(k-1)}^2.$$

例 4.4 (例 **4.2** 续). 图 4.5.1 为按处理 (城市) 画的三条折线 (横坐标为 4 种职业, 纵坐标为血铅含量). 下表重复例 4.2 数据, 但在括弧内加上各处理在每个区组 (职业) 之中的秩:

城市 (处理)	职业 (区组)				R_i
	I	II	III	IV	
A	80 (3)	100 (3)	51(2)	65 (3)	11
B	52 (2)	76 (2)	52(3)	53 (2)	9
C	40 (1)	52 (1)	34(1)	35 (1)	4

由此算出 $Q = 6.5, W = 0.8125$, 对 $k = 3, b = 4$ 可得到相应于 $\alpha = 0.0417$ 的临界值为 $c = 0.8125$, 即: $P(W \geq 0.8125) = 0.0417$. 此时, 0.0417 也是 p 值. 由此, 对于水平 $\alpha \geq 0.045$ 可以拒绝零假设. 也就是说, 不同汽车密度的城市居民的血铅含量可能的确不一样.

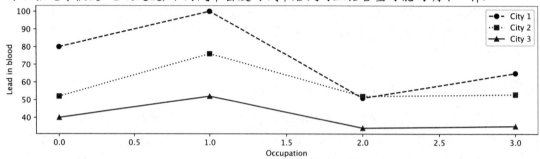

图 4.5.1　按处理 (城市) 画的三条折线

按本节软件的注部分给出的 R 程序, 给出了 $k = 3, b = 4$ 时在零假设下 Kendall 协同系数 W 和 Friedman 检验统计量 $Q = Wb(k - 1)$ 的精确分布的密度函数, 见下面的表.

W	0.000	0.0625	0.188	0.250	0.438	0.5625	0.7500	0.8125	1.0000
Q	0.000	0.5000	1.500	2.000	3.500	4.5000	6.0000	6.5000	8.0000
density	0.069	0.2778	0.222	0.157	0.148	0.0556	0.0278	0.0370	0.0046
pvalue	1.000	0.9306	0.653	0.431	0.273	0.1250	0.0694	0.0417	0.0046

图 4.5.2 给出了 Friedman 秩和检验 Q 的精确密度函数分布. R 程序中还给出了 $W_0 = 0.8125$ 所对应的精确 p 值为 0.0417. 按照 $\chi^2_{(2)}$ 近似, 得到 p 值为 0.0388.

在某区组存在结时, Q 可以修正为

$$Q_C = \frac{Q}{1 - C} \quad \text{这里} \quad C = \frac{\sum_{i,j}(\tau_{ij}^3 - \tau_{ij})}{bk(k^2 - 1)},$$

和前面的记号一样, τ_{ij} 为第 j 个区组的第 i 个结统计量, 此时没有精确分布, Q_C 的小样本零分布无表可查, 但是其零分布的极限分布与 Q 一样.

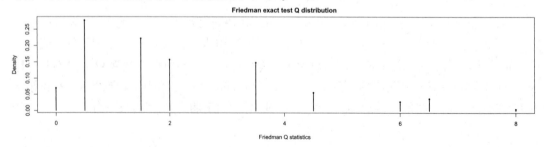

图 4.5.2　$k = 3, b = 4$ 时 Friedman 秩和检验 Q 的精确密度分布函数

成对处理的比较. 上面的零假设和备选假设是关于所有处理的, 但有时想知道某两个处

理的比较. 下面介绍大样本时的基于 Friedman 秩和检验的一个方法. 如果零假设为: i 处理和 j 处理没有区别, 那么, 双边检验的统计量为 $|R_j - R_i|$, 对于置信水平 α, 如果

$$|R_j - R_i| > Z_{\frac{\alpha^*}{2}}\sqrt{b(k+1)k/6},$$

则拒绝零假设, 这里

$$\alpha^* = \frac{\alpha}{\text{总共可比较的对数}} = \frac{\alpha}{k(k-1)/2} = \frac{2\alpha}{k(k-1)}.$$

显然, 这个检验很保守. 也就是说很不容易拒绝零假设.

本节软件的注

关于 Friedman 秩和检验的 R 程序 (精确分布)

用下面程序计算 Friedman 检验的精确分布, 其中参数 k, b 和 $W0$ 可根据具体数据替换. 在前面例子中, $k = 3$ 和 $b = 4$, 从输出中得到 $W0 = 0.8125$, 即 $Q = 6.5$ 时, 所对应的精确 p 值为 0.0417. 对于不太小的 k 和 b, 利用下面 R 程序可能出现内存不够的问题, 不能给出结果, 可以考虑用大样本近似方法求 p 值.

```
Friedman=function(k=3,b=4,W0=0.8125){
  perm=function(n=4){
    A=rbind(c(1,2),c(2,1))
    if (n>=3){for (i in 3:n){
      temp=cbind(rep(i,nrow(A)),A)
      for (j in (1:(i-2))){
        temp=rbind(temp,cbind(A[,1:j],rep(i,nrow(A)),A[,(j+1):(i-1)]))}
      temp=rbind(temp,cbind(A,rep(i,nrow(A))));A=temp};};A}
  B=perm(k); # all possible permutations
  nn=nrow(B);ind=rep(1:nn,each=nn^(b-1))
  for (i in 1:(b-1)){
    ind=cbind(ind,rep(rep(1:nn,each=nn^(b-1-i)),nn^(i)))}
  nn=nrow(ind);y=rep(0,nn)
  for (i in 1:nn){
    R=apply(B[ind[i,],],2,sum)
    y[i]=12/(b*k*(k+1))*sum(R^2)-3*b*(k+1) }
  y0=sort(unique(y));ycnt=ydnt=NULL
  for (i in 1:length(y0)){
    ydnt=c(ydnt,length(y[y==y0[i]]))
    ycnt=c(ycnt,length(y[y>=y0[i]]))}
 plot(y0,ydnt/nn,cex=0.5,ylab="Density",
    xlab="Friedman Q statistics",main='Friedman exact test Q pmf')
 for (i in 1:length(y0))
   points(c(y0[i],y0[i]),c(ydnt[i]/nn,0),type="l",lwd=2)
 res=list(t(cbind(W=y0/b/(k-1),Q=y0,density=ydnt/nn,pvalue=ycnt/nn)),
   Pvalue=length(y[y>=(b*(k-1)*W0)])/nn)
 cat('p value =',res$Pvalue)
```

```
  return(res)
}
Fr=Friedman()
```

输出在 Fr 中, 打印出:

```
p value = 0.04166667
```

Friedman 统计量的计算可以用下面的程序:

```
X=read.table("blead.txt")
X=t(X);Y=apply(X,2,rank);R=apply(Y,1,sum);k=nrow(X);b=ncol(X)
Q=12/(b*k*(k+1))*sum(R^2)-3*b*(k+1);pvalue=pchisq(Q,k-1,low=F)
cbind("Q"= Q,"pvalue"= pvalue)
```

得到 $Q = 6.5, p$ 值 0.03877.

关于 Friedman 秩和检验的 R 程序 (大样本近似)

就例 4.2 而言, 用语句

```
d=read.table("blead.txt");friedman.test(as.matrix(d))
```

即可得到 Friedman chi-squared=6.5, df=2, p-value=0.03877.

关于 Friedman 秩和检验的 Python 程序 (大样本近似)

就例 4.2 而言, 用语句

```
from scipy.stats import friedmanchisquare
x=pd.read_csv('blead.csv')
friedmanchisquare(x['V1'],x['V2'],x['V3'])
```

输出:

```
FriedmanchisquareResult(statistic=6.5, pvalue=0.03877420783172202)
```

4.6 完全区组设计: Kendall 协同系数检验

在实践中, 经常需要按照某特别的性质来多次 (b 次) 对 k 个个体进行评估或排序, 比如 b 个裁判者对于 k 种品牌酒类的排队, b 个选民对 k 个候选人的评价, b 个咨询机构对一系列 (k 个) 企业的评估以及体操裁判员对运动员的打分等等. 人们往往想知道, 这 b 个结果是否或多或少地一致. 如果很不一致, 则这个评估多少有些随机, 没有多大意义. 下面将通过一个例子来说明如何进行判断.

例 4.5 城市空气等级数据. (airp35.txt, airp35.csv) 下面是 3 个独立的环境研究单位对 5 个城市空气等级排序的结果:

评估机构	五个城市空气质量排名				
($b = 3$)	A	B	C	D	E
I	2	4	5	3	1
II	1	3	5	4	2
III	4	2	5	3	1
秩和 R_i	7	9	15	10	4

我们想知道这三个评估机构的结果是否是随机的.

令零假设为 H_0: "这些评估 (对于不同个体) 是不相关的或者是随机的", 而备选假设为 H_1: "它们 (对各个个体) 是正相关的或者多少是一致的". 这里完全有理由用前面的 Friedman (1937) 方法来检验. Kendall 一开始也是这样做的. 后来, Kendall 和 Smith (1939) 提出了协同系数 (coefficient of concordance), 用来度量两个变量的关联度 (association). 协同系数可以看成为 (后面要介绍的) 二元变量的 Kendall's τ 在多元情况的推广. Kendall 协同系数, 也称 Kendall's W, 定义为

$$W = \frac{12S}{b^2(k^3 - k)}$$

这里 S 是个体的总秩与平均秩的偏差的平方和. 每个评估者 (共 b 个) 对于所有参加排序的个体有一个从 1 到 k 的排列 (秩), 而每个个体有 b 个打分 (秩). 记 R_i 为第 i 个个体的秩的和 ($i = 1, 2, \ldots, k$), 则

$$S = \sum_{i=1}^{k} \left(R_i - \frac{b(k+1)}{2} \right)^2.$$

因为总的秩为 $b(1 + 2 + \cdots + k) = bk(k+1)/2$, 平均秩为 $b(k+1)/2$.

对于例 4.5, 利用本节软件注中的 R 语句, 得到 $S = 66, W = 0.733, Q = 8.8$. 如用下面的大样本近似, 得到 p 值为 0.0663. 如用精确检验, 得到在零假设下 Kendall 协同系数检验 W 的精确密度分布函数 (见图 4.6.1), 进而得到精确检验 p 值为 0.0376.

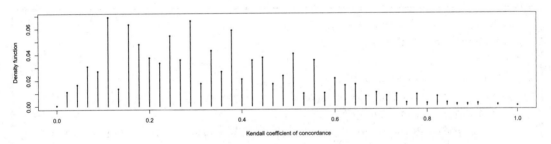

图 4.6.1　$k = 5, b = 3$ 时 Kendall 协同系数检验 W 的精确密度分布函数

Kendall 协同系数还可以写成下面的形式

$$W = \sum_{i=1}^{k} \frac{(R_i - b(k+1)/2)^2}{[b^2 k(k^2 - 1)]/12} = \frac{12\sum_{i=1}^{k} R_i^2 - 3b^2 k(k+1)^2}{b^2 k(k^2 - 1)}.$$

上面右边等价的表达式计算起来较方便. W 的取值范围是从 0 到 $1 (0 \leqslant W \leqslant 1)$. 当 k 大时, 可以利用大样本性质: 在零假设下, 对固定的 b, 当 $k \to \infty$,

$$b(k-1)W = \frac{12S}{bk(k+1)} \longrightarrow \chi^2_{(k-1)}.$$

W 的值大, 意味着各个个体在评估中有明显不同, 可以认为这样所产生的评估结果是有道理的, 否则, 意味着评估者对于诸位个体的意见很不一致.

本节软件的注

关于 Kendall 协同系数检验的 R 程序 (大样本近似)

就例 4.5而言, 我们用语句

```
KenA=function(d){
  R=apply(d,2,sum)
  b=nrow(d);k=ncol(d);S=sum((R-b*(k+1)/2)^2);
  W=12*S/b^2/(k^3-k);Q=W*b*(k-1)
  pval=pchisq(Q,df=4,low=F)
  res=list(S=S,W=W,Q=Q,p_value=pval)
  cat('S =',S,'W =',W,'Q =',Q,'p-value =',pval)
  return(res)
}

d=read.table("airp35.txt")
KA=KenA(d)
```

输出为:

```
S = 66 W = 0.7333333 Q = 8.8 p-value = 0.06629764
```

关于 Kendall 协同系数检验的 R 程序 (精确分布)

与前面关于 Friedman 统计量 (Q) 的精确检验的 R 程序类似, 可以给出 Kendall 协同系数检验统计量 (W) 的精确分布.

```
Kendall=function(k=5,b=3,W0=0.733){
  perm=function(n=4){
    A=rbind(c(1,2),c(2,1))
    if (n>=3){for (i in 3:n){
      temp=cbind(rep(i,nrow(A)),A)
      for (j in (1:(i-2))){
        temp=rbind(temp,cbind(A[,1:j],rep(i,nrow(A)),A[,(j+1):(i-1)]))}
      temp=rbind(temp,cbind(A,rep(i,nrow(A))));A=temp}}
    return(A)
    }
  B=perm(k); # all possible permutations
  nn=nrow(B);ind=rep(1:nn,each=nn^(b-1))
  for (i in 1:(b-1)){
    ind=cbind(ind,rep(rep(1:nn,each=nn^(b-1-i)),nn^(i)))}
  nn=nrow(ind);y=rep(0,nn)
  for (i in 1:nn){
```

```
   R=apply(B[ind[i,],],2,sum)
   y[i]=12/(b*k*(k+1))*sum(R^2)-3*b*(k+1)}
 y0=sort(unique(y));ycnt=ydnt=NULL
 for (i in 1:length(y0)){
   ydnt=c(ydnt,length(y[y==y0[i]]))
   ycnt=c(ycnt,length(y[y>=y0[i]]))}
 w0=y0/b/(k-1)
 plot(w0,ydnt/nn,cex=0.5,ylab="density function",
      xlab="Kendall 协同系数")
 for (i in 1:length(y0))
   points(c(w0[i],w0[i]),c(ydnt[i]/nn,0),type="l",lwd=2)
 res=list(t(cbind(W=w0,Q=y0,density=ydnt/nn,pvalue=ycnt/nn)),
          Pvalue=length(y[y>=(b*(k-1)*W0)])/nn)
 cat('p-value =', res$Pvalue)
 return(res)
 }

Ken=Kendall()
```

输出为:

```
p-value = 0.03756944
```

由于各种排列可能性太多, 会超出内存限度, 只要 b 和 k 都比较小时, 能计算出精确的 p 值.

关于 Kendall 协同系数检验的 Python 程序 (大样本近似)

就例 4.5而言, 使用语句:

```
def KenA(d):
    from scipy.stats import chi2
    R=d.sum(axis=0)
    b,k=d.shape;S=sum((R-b*(k+1)/2)**2)
    W=12*S/b**2/(k**3-k);Q=W*b*(k-1)
    pval=1-chi2.cdf(Q,4)
    res={'S':S,'W':W,'Q':Q,'p_value':pval}
    print('S =',S,'W =',W,'Q =',Q,'p-value =',pval)
    return res

d=pd.read_csv("airp35.csv")
KA=KenA(d)
```

输出为:

```
S = 66.0 W = 0.7333 Q = 8.7999 p-value = 0.06629
```

4.7　完全区组设计: 关于二元响应的 Cochran 检验

与前两节中响应变量 (因变量) 观测值是连续或有序整数情况不同, 这里涉及的观测值是以 "是" 或 "否","同意" 或 "不同意","+" 或 "−" 等二元响应 (两种可能取值) 的离散数据形式出现.

例 4.6 村民调查数据. (candid320.txt, candid320.csv) 下面是某村村民对三个候选人 (A, B, C) 的赞同与否的调查 (数字 "1" 代表赞同, "0" 代表不赞同), 最后一列 (N_i) 为行总和, 而最后一行 (L_j) 为列总和 ($k = 3, b = 20$), 全部 "1" 的总和为 $N = \sum_i N_i = \sum_j L_j = 33$.

处理	区组: 20 个村民对 A,B,C 三个候选人的评价	N_i
A	0 1 1 0 0 1 1 1 1 1 1 1 1 1 1 1 0 1 1 1	16
B	1 1 0 0 0 1 1 1 1 1 0 1 1 0 1 1 0 0 0 0	11
C	0 0 1 1 1 0 0 0 0 0 0 0 0 1 0 0 1 0 1 0	6
L_j	1 2 2 1 1 2 2 2 2 2 1 2 2 2 2 2 1 1 2 1	33

这里所关心的是这三个候选人在村民眼中有没有区别, 即检验 $H_0 : \theta_1 = \theta_2 = \cdots = \theta_k$ (例 4.6 中 $k = 3$), 对应于备选假设 H_1 : 不是所有的位置参数都相等. 如果用 Friedman 检验, 将会有很多打结现象, 即许多秩相同. 这里的 Cochran 检验就解决了这个打结问题. Cochran (1950) 把 L_j 看成为固定的. 他认为, 在零假设下, 对每个 j, L_j 个 "1" 在各个处理中是等可能的. 也就是说每个处理有同等的概率得到 "1", 而且该概率依赖于固定的 L_j 值. L_j 的值随着不同的观察 j 而不同. 下面的 Cochran 检验统计量反映了这个思想, 它的定义为

$$Q = \frac{k(k-1)\sum_{i=1}^{k}(N_i - \bar{N})^2}{kN - \sum_{j=1}^{b}L_j^2} = \frac{k(k-1)\sum_{i=1}^{k}N_i^2 - (k-1)N^2}{kN - \sum_{j=1}^{b}L_j^2},$$

这里 $\bar{N} = \frac{1}{k}\sum_{i=1}^{k}N_i$. 容易验证, 添加或删掉 $L_j = 0$ 或 $L_j = k$ 的情况, 表达式 Q 的取值不变. 也就是说, 在用 Cochran 统计量 Q 进行检验时, 可以删掉 L_j 为 0 或 k 的观测. 在这个例子中, 如果某些村民对这三个候选人评价全是 0 或全是 1, 在用 Cochran 统计量 Q 进行检验时, 这些村民的评价结果可以删去.

关于这个检验, Patil (1975) 给出了精确分布的计算方法. 以 $k = 3$ 的情况为例, 假设满足 $L_j = 1$ 和 $L_j = 2$ 的观测分别有 n_1 和 n_2 个, 由于在零假设下三种满足 $L_j = 1$ 的观测 $(1,0,0)^T$, $(0,1,0)^T$ 和 $(0,0,1)^T$ 等可能发生. 因此如果 $(n_{11}, n_{12}, n_{13})^T$ 分别是 $(1,0,0)^T$, $(0,1,0)^T$ 和 $(0,0,1)^T$ 的观测次数, 则它发生的概率为 $P_1 = n_1!(n_{11}!n_{12}!n_{13}!)^{-1}(1/3)^{n_1}$, 其中 $n_{11} + n_{12} + n_{13} = n_1$. 相应地, 在零假设下三种满足 $L_j = 2$ 的观测 $(0,1,1)^T$, $(1,0,1)^T$ 和 $(1,1,0)^T$ 也等可能发生. 因此如果 $(n_{21}, n_{22}, n_{23})^T$ 分别是 $(0,1,1)^T$, $(1,0,1)^T$ 和 $(1,1,0)^T$ 的观测次数, 则它发生的概率为 $P_2 = n_2!(n_{21}!n_{22}!n_{23}!)^{-1}(1/3)^{n_2}$, 其中 $n_{21} + n_{22} + n_{23} = n_2$. 每一种可能的 $(n_{11}, n_{12}, n_{13})^T$ 和 $(n_{21}, n_{22}, n_{23})^T$ 的组合, 得到一个 Q 值, 其对应的概率为 P_1P_2.

如果不把 L_j 分为取值为 1 和 2 两类, 直接基于产生每组 L_j 的所有可能计算, 其组合数量为 $3^{(n_1+n_2)}$, 会很大. Patil (1975) 方法的组合数量为 $(n_1 + 2)(n_1 + 1)(n_2 + 2)(n_2 + 1)/4$, 大大地减少了计算量. 比如 $n_1 = 7, n_2 = 1$, 前者组合数量为 6561, 而后者为 108. 再比如 $n_1 = 4, n_2 = 4$, 前者为 6561, 而后者为 225. 本节软件的注部分给出了针对具体实际数据, 利

用 Patil (1975) 的方法计算精确 p 值的程序.

在样本量比较大时, 在零假设下, 对于固定的 k, 当 $b \to \infty$ 时,

$$Q \longrightarrow \chi^2_{(k-1)}.$$

也就是说, 区组多时, 可以用 χ^2 表来得到 p 值.

对于本节这个村民调查的例子, 利用本节软件的注中的 R 程序, 给出了 $k = 3, b = 20$ 时 Cochran 检验的精确密度分布 (见图 4.7.1). 程序中还给出了根据本例数据计算的 Cochran 统计量得到 $Q = 7.5$, 在零假设下 Cochran 精确检验的 p 值为 0.0266. 如果用大样本近似分布, 按 $\chi^2(19)$ 得到 p 值为 0.0235. 由于 $b = 20$ 比较大, 用精确检验方法和近似分布得到的 p 值应该相差不大. 因此, 对于水平 $\alpha \geqslant 0.025$ 可拒绝零假设, 即村民认为这些候选人不同.

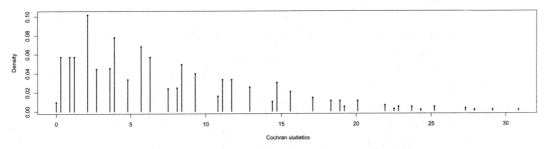

图 4.7.1 $k = 3, b = 20$ 时 Cochran 检验的精确密度分布

第 3 章例 3.5 中问题与本节类似, 相当于 $k = 2$ 的情况. 如用 Cochran's Q 检验统计量, 例 3.5 数据中有 10 个 L_j 为 0, 24 个 L_j 为 1, 6 个 L_j 为 2, $N_1 = 10, N_2 = 26, N = 36$,

$$Q = \frac{k(k-1)\sum_{i=1}^{k} N_i^2 - (k-1)N^2}{kN - \sum_{j=1}^{b} L_j^2} = \frac{2(10^2 + 26^2) - 36^2}{2 \times 36 - (24 \times 1 + 6 \times 2^2)} = 10.6667.$$

与上章 McNemar χ^2 数值一样. 用本节注中程序, 得到精确检验 p 值为 0.00154, 大样本近似 p 值为 0.00109.

本节软件的注

关于 Cochran 检验的 R 程序 (精确检验)

对于例 4.6 中数据使用下面的代码:

```
Cochran=function(x){
 Xpchs=function(n=7,k=5){
   #output(n_1,..,n_k)-all possible combination with n_1+...+n_k=n
   temp=cbind(n:0,0:n);if (k>=3){
     for (j in 3:k){
       a1=temp[,1:(j-2)];a2=temp[,j-1];temp0=NULL
       for (i in 1:length(a2)){
         if (j==3)
           temp0=rbind(temp0,cbind(rep(a1[i],a2[i]+1),a2[i]:0,
           0:a2[i]))
         if (j>3)
```

```
            temp0=rbind(temp0,cbind(matrix(rep(a1[i,],a2[i]+1),
               ncol=j-2,byrow=T),a2[i]:0,0:a2[i]))}
         temp=temp0}};temp}
Xpchs2=function(n=4,k=2){
  #output: all 0 and 1 columns, with n-k 0s and k- 1s columns
  Xchoose=function(n=4,k=2){
    if (k==0) aa=NULL
    if (k>=1){
      aa=matrix(1:n,ncol=1);m=0;
      if(k>1){
        for(i in 2:k){
          m=m+1;m1=nrow(aa)
          aa=cbind(matrix(rep(aa,each=n),ncol=m),rep(1:n,m1))
          aa=aa[(aa[,m+1]>aa[,m]),]}}}
    return(aa)}
  e01=Xchoose(n,k)
  temp=matrix(0,nrow=nrow(e01),ncol=n)
  for (j in 1:nrow(temp)){
    if (k==1) temp[j,e01[j]]=1
    if (k>1) temp[j,e01[j,]]=1};temp}
#x=read.table("d:/data/candid320.txt")
L=apply(x,1,sum);n=nrow(x);k=ncol(x);L=apply(x,1,sum)
R=apply(x,2,sum);N=sum(R)
Q0=(k*(k-1)*sum((R-mean(R))^2))/(k*N-sum(L^2))
Ni=NULL
for (i in 1:k-1) Ni=c(Ni,sum(L==i))
Ni=Ni[-1]
eye0=Xpchs2(k,1);temp0=Xpchs(Ni[1],nrow(eye0));Ri0=temp0%*%eye0;
prob0=factorial(Ni[1])/apply(factorial(temp0),1,prod)*
  (1/nrow(eye0))^(Ni[1]);
if (length(Ni)>1){
  for (i in 2:length(Ni)){
    eye1=Xpchs2(k,i);temp1=Xpchs(Ni[i],nrow(eye1));Ri1=temp1%*%eye1
    prob1=factorial(Ni[i])/apply(factorial(temp1),1,prod)*
      (1/nrow(eye1))^(Ni[i])
    Ri0=matrix(rep(t(Ri0),nrow(Ri1)),byrow=T,ncol=k)+
      matrix(rep(Ri1,each=nrow(Ri0)),ncol=k)
    prob0=rep(prob0,length(prob1))*rep(prob1,each=length(prob0))}}
xa=k*(k-1)*apply((Ri0-apply(Ri0,1,mean))^2,1,sum)/(k*N-sum(L^2))
nn=length(xa);xa0=sort(unique(xa));xacnt=NULL
for (i in 1:length(xa0)) xacnt=c(xacnt,length(xa[xa==xa0[i]]))
plot(xa0,xacnt/nn,cex=0.5,ylab="Density",
  xlab="Cochran statistics");
for (i in 1:length(xa0))
```

```
   points(c(xa0[i],xa0[i]),c(xacnt[i]/nn,0),type="l",lwd=2)
  res=list(unique(xa),cbind(rbind(t(x),L),c(R,N)),Q=Q0,
  Exactp=sum(prob0[(xa>=Q0)]),pvalue=pchisq(Q0,k-1,low=F))
  cat('Q =', res$Q,'p-value =', res$pvalue)
  return(res)
}
x=read.csv('candid320.csv')
CO=Cochran(x)
```

输出为:

```
Q = 7.5 p-value = 0.02351775
```

对于例 3.5 数据, 用下面 R 语句得到 Cochran's 精确检验 (McNemar χ^2 精确检验) 的 p 值为 0.00154.

```
Z=read.table("athletefootp.txt");Z=Z[,-1];Cochran(Z)
```

关于 Cochran 检验的 R 程序 (大样本近似)

就例 4.6 中数据, 用下面语句得到大样本近似 p 值.

```
CochranA=function(x){
  n=apply(x,2,sum);N=sum(n)
  L=apply(x,1,sum);k=dim(x)[2]
  Q=(k*(k-1)*sum((n-mean(n))^2))/(k*N-sum(L^2))
  pvalue=pchisq(Q,k-1,low=F)
  res=list(Q=Q,p_value=pvalue)
  cat('Q =',Q,'p-value =',pvalue)
  return(res)
}

x=read.table("candid320.txt")
CA=CochranA(x)
```

输出为:

```
Q = 7.5 p-value = 0.02351775
```

关于 Cochran 检验的 Python 程序 (大样本近似)

就例 4.6 中数据, 用下面语句得到大样本近似 p 值.

```
def CochranA(x):
    from scipy.stats import chi2
    n=x.sum(axis=0);N=sum(n)
    L=x.sum(axis=1);k=x.shape[1]
```

```
    Q=(k*(k-1)*sum((n-np.mean(n))**2))/(k*N-sum(L**2))
    pvalue=1-chi2.cdf(Q,k-1)
    res={'Q':Q,'p_value':pvalue}
    print(f'Q = {Q}, p-value = {pvalue}')
    return res

x=pd.read_csv("candid320.csv")
CA=CochranA(x)
```

输出为:

```
Q = 7.5, p-value = 0.0235177
```

4.8 完全区组设计: Page 检验

类似于备选假设为有序时所应用的 Jonckheere 检验, 对于完全区组设计的检验问题

$$H_0: \theta_1 = \theta_2 = \cdots = \theta_k \Leftrightarrow H_1: \theta_1 \leqslant \theta_2 \leqslant \cdots \leqslant \theta_k$$

Page (1963) 引进下面检验统计量,

$$L = \sum_{i=1}^{k} iR_i.$$

即先在每一个区组中对处理排序, 然后对每个处理把观测值在各区组中的秩加起来, 得到 $R_i, i = 1, 2, \ldots, k$, 再加权求和. 每一项乘以 i 加权的主要思想在于: 如果 H_1 是正确的, 这可以 "放大" 备选假设 H_1 的效果. 在总体分布为连续的条件下, 如果没有打结, 则该检验是和总体分布无关的.

对于比较小的 k 和 b 值, 可以查附表 8 得到在零假设下的临界值 c, 满足 $P(L \geqslant c) = \alpha$. 也可以按本节软件的注中关于 Page 检验的 R 程序, 给出精确检验的 p 值. 当 k 固定, 而 $b \to \infty$ 时, 在零假设下按下面正态近似求 p 值,

$$Z_L = \frac{L - \mu_L}{\sigma_L} \longrightarrow N(0, 1),$$

这里,

$$\mu_L = \frac{bk(k+1)^2}{4}; \quad \sigma_L^2 = \frac{b(k^3-k)^2}{144(k-1)}.$$

如果在区组内有打结的情况下, σ_L^2 可修正为

$$\sigma_L^2 = k(k^2-1)\frac{bk(k^2-1) - \sum_i \sum_j (\tau_{ij}^3 - \tau_{ij})}{144(k-1)},$$

这里 τ_{ij} 为在第 j 个处理中及第 i 个结中的观测值个数 (结统计量).

例 4.7 (例 4.2 续) (数据由 blead.txt 转换成 blead1.txt, blead1.csv) 考虑例 4.2 的血液中含铅的例子, 想检验 $H_0: \theta_1 = \theta_2 = \theta_3 \Leftrightarrow H_1: \theta_1 \geq \theta_2 \geqslant \theta_3$. 但是为了直接使用前面公式的记号, 把第一个城市 A 和第三个城市 C 对调 (数据成为 blead1.txt), 于是检验成为 $H_0: \theta_1 = \theta_2 = \theta_3$ 对 $H_1: \theta_1 \leqslant \theta_2 \leqslant \theta_3$. 利用上一节的结果 (A 和 C 次序对调后) 写出处理

在每个区组 (职业) 之中的秩 (括弧内), 有

城市 (处理)	职业 (区组)				R_i
	I	II	III	IV	
C	40 (1)	52 (1)	34(1)	35 (1)	4
B	52 (2)	76 (2)	52(3)	53 (2)	9
A	80 (3)	100 (3)	51(2)	65 (3)	11

可以得到 $R_1 = 4, R_2 = 9, R_3 = 11$, 而且 $L = 4 + 2 \times 9 + 3 \times 11 = 55$.

根据例 4.7 数据, 查附表 8, 对 $k = 3$ 和 $b = 4$ 情况, 精确检验 p 值为 $P(L \geqslant 55) = 0.00694$. 用本节软件的注中的 R 程序, 给出了 $k = 3$ 和 $b = 4$ 情况 Page 趋势检验精确密度分布 (见图 4.8.1), 也给出了精确检验的 p 值为 0.00694. 利用本节软件的注中的大样本正态近似 R 程序, 得到 $Z = 2.475$, p 值为 0.0067.

Page 检验还可以很容易地推广到每一个 (i, j) 位置有任意多的观测值 n_{ij} 的情况. 并且简单地在每一个区组对观测值排序. 这里所必需的假设是: 不存在区组和处理的交互作用. 对于所有 (i, j) 位置的观测值都相等的情况 $(n_{ij} \equiv n)$, 大样本时的近似正态统计量的 μ_L 和 σ_L^2 为

$$\mu_L = \frac{nbk(k+1)(nk+1)}{4};$$

和

$$\sigma_L^2 = nk(k^2 - 1) \frac{nbk(n^2k^2 - 1) - \sum\sum(\tau_{ij}^3 - \tau_{ij})}{144(nk-1)}.$$

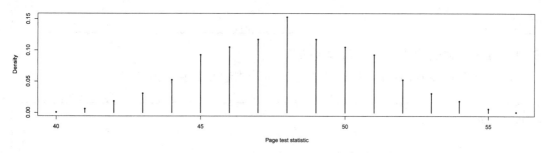

图 4.8.1　$k = 3$ 和 $b = 4$ 时 Page 检验的精确密度分布

本节软件的注

关于 Page 检验的 R 程序 (精确检验)

当 k 和 b 比较小时, 可以利用下面的 R 程序计算精确检验. 类似于前面 Friedman 精确检验, 程序中 $k, b, L0$ 可根据具体问题替换代入, 输出 Page 检验统计量的精确分布和 p 值. 本例中, $k = 3, b = 4$, Page 检验统计量 $L0 = 55$.

```
Page=function(k=3,b=4,L0=55){
  perm=function(n=4){
    A=rbind(c(1,2),c(2,1))
    if (n>=3){
```

```
    for (i in 3:n){
      temp=cbind(rep(i,nrow(A)),A)
      for (j in (1:(i-2))){
        temp=rbind(temp,cbind(A[,1:j],rep(i,nrow(A)),A[,(j+1):(i-1)]))}
      temp=rbind(temp,cbind(A,rep(i,nrow(A))));A=temp}}
  return(A)}
B=perm(k) # all possible permutations
nn=nrow(B);ind=rep(1:nn,each=nn^(b-1))
for (i in 1:(b-1)){
  ind=cbind(ind,rep(rep(1:nn,each=nn^(b-1-i)),nn^(i)))}
nn=nrow(ind);y=rep(0,nn)
for (i in 1:nn){
  R=apply(B[ind[i,],],2,sum)
  y[i]=sum((1:k)*R)};y0=sort(unique(y));ycnt=NULL
for (i in 1:length(y0)) ycnt=c(ycnt, length(y[y==y0[i]]))
plot(y0,ycnt/nn,cex=0.5,ylab="Density",
  xlab="Page test statistic");
for (i in 1:length(y0))
  points(c(y0[i],y0[i]),c(ycnt[i]/nn,0),type="l",lwd=2)
res=list(cbind(L=y0,pvalue=ycnt/nn),Pvalue=length(y[y>=L0])/nn)
cat('p-value =', res$Pvalue)
return(res)
}
P=Page()
```

关于 Page 检验的 R 程序 (大样本近似)

用下面语句, 得到例 4.7 没有打结情况下, 大样本近似 Z 和 p 值.

```
pageA=function(d){
  rd=apply(d,1,rank)
  R=apply(rd,1,sum);L=sum(R*1:length(R))
  k=dim(d)[2];b=dim(d)[1]
  m=b*k*(k+1)^2/4;s=sqrt(b*(k^3-k)^2/144/(k-1))
  Z=(L-m)/s
  pvalue=pnorm(Z,low=F)
  cat('Z =',Z,'p-value =',pvalue)
  return(c(Z,pvalue))
}

d=read.table("blead1.txt")
P=pageA(d)
```

输出为:

```
Z = 2.474874 p-value = 0.006664164
```

关于 Page 检验的 Python 程序 (大样本近似)

用下面语句, 得到例 4.7 没有打结情况下, 大样本近似 Z 和 p 值.

```
def pageA(d):
    from scipy.stats import norm
    R=rankdata(d,axis=1).sum(axis=0)
    L=(R*np.arange(1,4)).sum()
    b,k=d.shape
    m=b*k*(k+1)**2/4
    s=np.sqrt(b*(k**3-k)**2/144/(k-1))
    Z=(L-m)/s
    pvalue=1-norm.cdf(Z)
    print('Z =',Z,'p-value =',pvalue)
    return Z,pvalue

d=pd.read_csv("blead1.csv")
pa=pageA(d)
```

输出为:

```
Z = 2.4748737341529163 p-value = 0.006664164390408733
```

4.9　不完全区组设计: Durbin 检验

考虑不完全区组设计 $BIBD(k, b, r, t, \lambda)$. 假定总体分布为连续的, 因而不存在打结, 且假定区组之间互相独立.

考虑检验 $H_0 : \theta_1 = \theta_2 = \cdots = \theta_k \Leftrightarrow H_1 :$ 不是所有的位置参数都相等. 和前面的 Friedman 检验一样, 在每一个区组中, 对处理排序, 然后对每个处理把观测值在各区组中的秩加起来. 如果记 R_{ij} 为在第 j 个区组中第 i 个处理的秩, 按处理相加得到 $R_i = \sum_j R_{ij}, i = 1, 2, \ldots, k$. Durbin (1951) 检验统计量为

$$D = \frac{12(k-1)}{rk(t^2-1)} \sum_{i=1}^{k} \left\{ R_i - \frac{r(t+1)}{2} \right\}^2 = \frac{12(k-1)}{rk(t^2-1)} \sum_{i=1}^{k} R_i^2 - \frac{3r(k-1)(t+1)}{t-1}.$$

这右边的式子仅是为了手工计算方便.

显然, 在完全区组设计 $(t = k, r = b)$ 时, 上面的统计量等同于 Friedman 统计量. 对于显著性水平 α, 如果 D 很大, 比如大于或等于 $D_{1-\alpha}$, 这里 $D_{1-\alpha}$ 为最小的满足 $P_{H_0}(D \geqslant D_{1-\alpha}) = \alpha$ 的值, 我们可以拒绝零假设.

零假设下, 类似于前几节中使用的方法, 可以给出 Cochran 检验的精确分布. 在大样本情况, 对于固定的 k 和 t, 当 $r \to \infty$ 时,

$$D \to \chi^2_{(k-1)}.$$

对于有打结现象时, 需要对上面公式进行修正, 相关的公式为

$$D = \frac{(k-1)\sum\limits_{i=1}^{k}\left\{R_i - \dfrac{r(t+1)}{2}\right\}^2}{A-C},$$

这里

$$A = \sum_{i=1}^{k}\sum_{j=1}^{b}R_{ij}^2; \quad C = \frac{bt(t+1)^2}{4}.$$

按照这个公式计算出来的 D 在没有结的情况和前面公式是一样的.

例 4.8 (**例 4.3** 续) 为说明起见, 对例 4.3 材料例子进行计算, 结果如下 (括弧中为秩):

材料 (处理)	部位 (区组)				R_i
	I	II	III	IV	
A	34(1)	28(1)	36(1)		3
B	36(2)	30(2)		45(1)	5
C	40(3)		48(2)	60(3)	8
D		44(3)	54(3)	59(2)	8

这里 $k=4, t=3, b=4, r=3, \lambda=2$, 算得 D 值为 6.75. 如果用大样本 χ^2 (自由度为 $k-1$) 近似, 得到 p 值为 0.0803, 见本节软件的注中的大样本近似的 R 程序.

根据本例中的数据, 利用本节软件的注中的精确分布的 R 程序, 给出了 $k=4, t=3, b=4, r=3, \lambda=2$ 情况下 Durbin 趋势检验精确密度分布 (见图 4.9.1), 也给出了精确检验的 p 值为 0.0741.

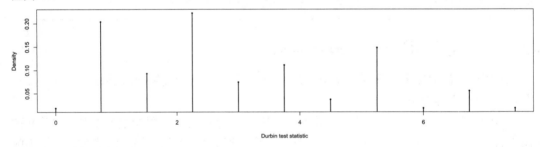

图 4.9.1 $k=4, t=3, b=4, r=3, \lambda=2$ 时 Durbin 检验的精确密度分布

本节软件的注

关于 Durbin 检验的 R 程序 (精确分布)

这里就例 4.3 中数据, 给出了求 p 值的 R 程序. 也给出了当 $k=4, t=3, b=4, r=3$ 和 $\lambda=2$ 时, Durbin 检验在零假设成立的条件下的精确分布.

```
Durbin=function(k=4,t=3,b=4,r=3,D0=6.75){
  B=cbind(c(1,2,3),c(1,3,2),c(2,1,3),c(2,3,1),c(3,1,2),c(3,2,1))
  nn=6^b
  Numfunc=function(r,b,nnum){
    ind=rep(0,b);temp=nnum
```

```
  for (i in 1:b){
    ind[i]=floor(temp/(6^(b-i)))
    temp=temp-ind[i]*6^(b-i)};ind}; #子程序
y=0;for (i in 0:(nn-1)){
  A=B[,Numfunc(r,b,i)+1]
  R=c(sum(A[1,1:3]),sum(A[2,1:2])+A[1,4],A[3,1]+sum(A[2,3:4]),
    sum(A[3,2:4]))
  y=c(y,12*(k-1)/(r*k*(t^2-1))*sum((R-r*(t+1)/2)^2))}
y=y[2:length(y)]
pvalue=sum(y>=D0)/nn;y0=sort(unique(y));ycnt=NULL
for (i in 1:length(y0)) ycnt=c(ycnt, length(y[y==y0[i]]))
plot(y0,ycnt/nn,cex=0.5,ylab="Density",
     xlab="Durbin test statistic")
for (i in 1:length(y0))
  points(c(y0[i],y0[i]),c(ycnt[i]/nn,0),type="l",lwd=2)
res=list(cbind("k"=k,"b"=b,"r"=r,"t"=t,"pvalue"=pvalue),
     cbind(y0,ycnt))
cat('p-value =',pvalue)
return(res)
}

Du=Durbin()
```

输出为:

```
p-value = 0.07407407
```

关于 Durbin 检验的 R 程序 (打结与否)

对于例 4.3 的数据, 用下面语句, 得到没打结 (默认 tie=FALSE) 情况下的 D 和 p 值.

```
durbinA=function(d,tie=FALSE){
  k=max(d[,2]);b=max(d[,3])
  t=length(d[d[,3]==1,1])
  r=length(d[d[,2]==1,1])
  R=d;for(i in 1:b)
    R[d[,3]==i,1]=rank(d[d[,3]==i,1])
  RV=NULL
  for(i in 1:k)
    RV=c(RV,sum(R[R[,2]==i,1]))
  if (tie){
    A=sum(R[,1]^2);C=b*t*(t+1)^2/4
    D=(k-1)*sum((RV-r*(t+1)/2)^2)/(A-C)
  } else{
    D=12*(k-1)/(r*k*(t^2-1))*sum((RV-r*(t+1)/2)^2)
```

```
    }
    pvalue_chi=pchisq(D,k-1,low=F)
    cat('p-value =',pvalue_chi)
    return(pvalue_chi)
}

d=read.table("mater.txt")
da=durbinA(d)
```

输出为:

```
p-value = 0.08030773
```

关于 Durbin 检验的 Python 程序 (打结与否)

对于例 4.3 的数据, 用下面语句, 得到没打结 (默认 tie=FALSE) 情况下的 D 和 p 值.

```
def durbinA(d,tie=False):
    from scipy.stats import rankdata,chi2
    k,b=d.max(axis=0)[1:]
    t=len(d['V1'][d['V3']==1])
    r=len(d['V1'][d['V2']==1])
    R=np.array(d)
    for i in range(1,b+1):
        R[d['V3']==i,0]=rankdata(d['V1'][d['V3']==i])
    RV=[]
    for i in range(1,k+1):
        RV.append(sum(R[R[:,1]==i,0]))
    RV=np.array(RV)
    if tie:
        A=sum(R[:,0]**2);C=b*t*(t+1)^2/4
        D=(k-1)*sum((RV-r*(t+1)/2)**2)/(A-C)
    else:
        D=12*(k-1)/(r*k*(t**2-1))*sum((RV-r*(t+1)/2)**2)
    pvalue_chi=1-chi2.cdf(D,k-1)
    print('p-value =',pvalue_chi)
    return pvalue_chi

d=pd.read_csv("mater.csv")
da=durbinA(d, )
```

输出为:

```
p-value = 0.08030772655502627
```

4.10　习题

1. (数据 4.10.1.txt, 4.10.1.csv) 对 3 种含有不同百分比棉花的纤维各作 8 次抗拉强度试验, 结果如下 (单位: g/cm^2):

15%棉花	1168	846	1057	918	1059	1127	879	934
25%棉花	939	1198	1139	1199	1039	916	1180	1268
35%棉花	886	975	1093	875	952	852	564	923

   试问不同棉花百分比的纤维的平均抗拉强度是否一样. 利用 Kruskal-Wallis 法和正态记分法进行检验. 在适当调换次序之后, 用 Jonckheere-Terpstra 法检验有序备选假设的情况. 写出上面检验的零假设和备选假设.

2. (数据 4.10.2.txt, 4.10.2.csv) 某计算机公司在一年中的生产力改进 (度量为从 0 到 100) 与在过去三年中的智力投资情况 (度量为: 低、中等、高) 数据如下表:

智力投资	生产力改进
低	7.3 6.1 7.5 6.8 7.8
中	8.7 6.6 7.9 8.5 9.8
高	9.2 9.6 9.9 10.1

   问这三种智力投资所对应的生产力改进是否相同? 智力投资越高, 对生产力改进越有帮助吗? 分别利用 Kruskal-Wallis 和 Jonkheere-Terpstra 检验给出零假设、备选假设、统计量、精确检验 p 值和大样本近似 p 值等.

3. (数据 4.10.3.txt, 4.10.3.csv) 一项关于销售茶叶的研究报告说明销售方式可能和售出率有关. 三种方式为: 在商店内等待, 在门口销售和当面表演炒制茶叶. 对一组商店在一段时间的调查结果列在下表中 (单位为购买者人数).

销售方式	购买率 (%)							
商店内等待	20	25	29	18	17	22	18	20
门口销售	26	23	15	30	26	32	28	27
表演炒制	53	47	48	43	52	57	49	56

   利用检验回答下面的问题. 是否购买率不同? 存在单调趋势吗? 如果只分成表演炒制和不表演炒制两种, 结论又如何?

4. (数据 4.10.4.txt, 4.10.4.csv) 根据 2022 年统计年鉴上 (8-17 主要城市空气质量 (2021 年)), 有如下北京、天津和上海三个城市的 4 个空气污染指标数据

城市	空气污染含量 (年平均浓度)$\mu g/m^3$			
	二氧化硫	二氧化氮	可吸入颗粒物 (PM10)	细颗粒物 (PM2.5)
北京	3	26	55	33
天津	8	37	69	39
上海	6	35	43	27

   如果把不同的污染物作为区组, 利用 Friedman 检验, 分析三个城市的空气质量是否相同? 用 Page 检验, 对三个城市的空气质量进行单边假设检验. 给出零假设和备选假设、检验统计量、精确检验 p 值和大样本近似 p 值.

5. (数据 4.10.5.txt, 4.10.5.csv) 下表是 3 个机构对 5 种彩电综合性能的排序结果. 检验这些排序是否产生较一致的结果? 写出零假设和备选假设, 给出检验统计量、精确检验

p 值和大样本近似 p 值.

评估机构	5 种彩电 (A-E) 的排名				
	A	B	C	D	E
I	2	3	5	4	1
II	1	3	5	4	2
III	4	2	5	3	1

6. (数据 4.10.6.txt, 4.10.6.csv) 下面是 10 个顾客对 12 种保健食品的作用的排序:

顾客	被评估的 12 个保健食品											
	A	B	C	D	E	F	G	H	I	J	K	L
1	11	7	12	8	3	4	2	9	5	6	1	10
2	5	9	8	11	2	7	1	12	10	4	6	3
3	10	2	6	1	7	3	4	5	11	9	12	8
4	10	6	9	4	8	12	7	3	11	2	1	5
5	10	7	5	8	9	2	4	1	3	11	12	6
6	8	3	12	10	11	4	5	7	2	9	1	6
7	9	8	1	2	10	11	5	7	3	4	12	6
8	8	2	7	9	5	12	4	10	3	6	11	1
9	11	7	8	3	5	4	10	2	9	12	6	1
10	5	9	4	1	8	3	11	12	7	6	2	10

根据这些评估结果, 利用大样本近似方法, 分析这些保健食品是否真的有区别?

7. (数据 4.10.7.txt, 4.10.7.csv) 按照一项调查, 15 名顾客对三种电信服务的态度 (" 满意 " 或 " 不满意 ") 为:

服务	15 个顾客的评价 (" 满意 " 为 1, " 不满意 " 为 0)														
A	1	1	1	1	1	1	1	0	1	1	1	1	1	0	
B	1	0	0	0	1	1	0	1	0	0	0	1	1	1	1
C	0	0	0	1	0	0	0	0	0	0	0	1	0	0	0

请检验顾客对这三种服务的表态是否是随机作出的. 写出零假设和备选假设, 给出检验统计量、精确检验 p 值和大样本近似 p 值.

8. (数据 4.10.8.txt, 4.10.8.csv) 调查 20 名选民对 3 位候选人的态度, 只有 " 赞同 " 或 " 不赞同 " 两种, 结果如下:

候选人	20 名选民的评价 (" 赞同 " 为 1, " 不赞同 " 为 0)																			
A	1	1	0	0	0	0	1	0	0	0	1	0	0	1	1	0	0	1	1	1
B	0	1	1	0	1	0	1	1	0	0	0	1	0	0	0	1	0	0	0	1
C	0	0	1	1	1	1	0	0	0	0	1	0	1	1	1	1	1	0	1	0

问这三个候选人在 20 位选民心中的态度是否不同? 写出零假设和备选假设, 给出检验统计量, 精确检验 p 值和大样本近似 p 值.

9. (数据 4.10.9.txt, 4.10.9.csv) 5 种路况和 5 种汽车的油耗如下表 (单位: 公里/升):

	汽车种类				
路况	I	II	III	IV	V
A		35	30	25	15
B	32	25		21	12
C	22		17	12	9
D	15	12	11	10	
E	9	9	8		5

汽车种类对油耗有没有影响? 路况类型对油耗有没有影响?

10. (数据 4.10.10.txt, 4.10.10.csv) 某养殖场用 4 种饲料饲养对虾, 在 4 种盐分不同的水质中同样面积的收入为 (单位: 千元):

饲料	盐分			
	I	II	III	IV
A	3.5	2.9	3.7	
B	3.7	3.1		4.4
C	4.1		4.9	5.8
D		4.5	5.7	5.9

请分析盐分和饲料如何影响 (有没有影响) 收入.

11. 请用 Cochran 检验分析第 3 章第 16 题, 并将结果与用 McNemar 检验结果进行比较.

第 5 章　再抽样方法

5.1　概论

再抽样是数据驱动避免了模型驱动的困境

虽然再抽样方法和 Monte Carlo 模拟有很多共同之处, 而且有些人把再抽样方法归类为某种 Monte Carlo 模拟. 然而, 再抽样所得到的模拟样本是从现有数据抽取的而不是从人们理论上定义的数据生成机制得到的. 因此, 再抽样对各个领域以及统计界来说在许多方面是革命性的, 使得人们重新理解了什么是可接受的精确性.

再抽样方法可以做诸如区间估计和显著性检验等经典统计通常做的事情, 但比经典方法需要较少的假定, 并且给出更加精确的结论. 此外, 很多传统方法无法实行的推断都可以通过再抽样方法来实现.

在传统统计中, 抽样分布仅仅是少数理论分布的延伸, 但再抽样中的自助法分布则看得见摸得着, 非常具体和直观. 置换检验中的置换分布则近似了零假设下的抽样分布.

总之, 再抽样方法不假定想象中的总体分布, 也不要求大的样本量等等无法核对或无法实现的条件. 再抽样对于每个统计量不要求新的公式, 不需要背诵和核对不同方法的数学公式. 在任何情况下, 再抽样方法在假定上更加自由, 因依赖于手中的数据而更合乎实际, 而且检验的有效性不受总体分布是否已知的影响. 如置换检验比经典方法有更好的精确性.

自助法和置换检验

再抽样方法主要有自助法、置换 (或重新随机化) 检验、符号检验等. 自助法和置换检验的区别在于是放回抽样还是不放回抽样, 自助法的最初目标是估计参数, 而置换检验只是做检验.

在自助法中, 首先确保你的样本是随机的, 不假定总体是某理论分布, 但把手中数据的经验分布看成总体分布. 而抽样分布为从数据做 N 次放回抽样来得到.

置换检验的哲学和自助法不同. 主要假定是在零假设下的可交换性, 即所有样本都是随机的. 置换检验聚焦在随机分配. 置换检验在哲学上和零假设显著性检验也不一样, 它不讨论参数或总体. 不谈论 " 不同的总体有同样的均值 ", 而考虑 " 不同的处理有同样的效果 ", 它利用所有置换来比较观测数据.

对于独立样本, 随机化认为: 如果零假设正确, 群体之间的差异仅仅在于随机分配. 它随机地对全样本的群体分配得分并计算某统计量之差, 重复成千上万次, 并根据这个随机分配的机会分布看观测的统计量有多么极端.

对于非独立样本, 要确保有随机样本, 比如零假设是两个处理无区别, 根据零假设, 处理得分之差应该为零, 因此得分差的非零数目的正负号应该是随机等概率的, 然后计算不同置换样本的实现值, 从样本中随机给得分加正负号, 在很多遍后看实际得分在这个模型中是否极端. 因此置换检验是利用矛盾证明的精确统计假设检验.

从原始样本而不是假定的总体作为出发点

在再抽样方法中, 人们不知道也不能控制数据生成机制, 但目的还是去理解数据生成机制. 首先假定总体的数据生成机制产生了手中的数据. 然后从该原始数据样本中重复抽取大量样本. 一个基本的假定是: 原始数据样本中所有的关于数据生成机制的信息也包括在这些模拟的样本中. 在这个假定下, 从一个原始样本的再抽样就等价于从总体数据生成机制中产生新的随机样本.

换言之, 如果你的原始样本能够在某种程度代表了总体, 那么由再抽样得到的某参数估计的分布很好地近似了总体中该统计量的分布. 我们宁愿完全从手中已有样本来对总体特征做出结论, 也不愿对整体做出不合实际的假定.

5.2 自助法

5.2.1 统计量的自助法分布

自助法 (bootstrap) 的最简单的情况为: 一般假定 $X_1, X_2, \ldots, X_n$ 为服从未知总体分布 F 的随机样本, 而该样本的一个实现为 $x_1, x_2, \ldots, x_n$. 但当我们把经验分布看成总体分布时, 总体分布就是实际上已知的了. 任何总体参数 θ 可看成 F 的一个算法函数 $\theta = t(F)$, 比如, 均值和方差分别为

$$t_1(F) = \int x dF(x) \text{ 和 } t_2(F) = \int (x - t_1(F))^2 dF(x). \tag{5.2.1}$$

在自助法中利用对 F 的基于样本 $\mathbf{x} = \mathbf{x_1}, \mathbf{x_2}, \ldots, \mathbf{x_n}$ 的经验分布 $\hat{F}(\mathbf{x})$ 来估计 θ: $\hat{\theta} = t(\hat{F}(\mathbf{x}))$. 这样, 所有参数的样本都是服从经验分布变量的统计量, 因而可以很容易计算其参数的抽样分布样本, 并且根据抽样分布样本来做点估计、区间估计及各种假设检验. 这里不涉及对总体的任何数学假定, 而且各种统计量都可以按照经典统计相应统计量的数学公式来定义和计算.

自助法主要是由三个步骤组成:

1. 从原始数据做放回的抽样 n 次: $\mathbf{X} = (X_1, \ldots, X_n) \Rightarrow \mathbf{X}^* = (X_1^*, \ldots, X_n^*)$, 得到 n 个经验分布 $\hat{F}_n^*$ 的随机样本 $\mathbf{X}^*$, 其实现为 $\mathbf{x}^* = (x_1^*, x_2^*, \ldots, x_n^*)$.

2. 基于 $\mathbf{X}^*$ 根据计算 B 个自助法样本统计量 $T(\mathbf{X}_i^*)$ $(i = 1, 2, \ldots, B)$, 其实现为 $T(\mathbf{x}_i^*) = T(x_{i1}^*, x_{i2}^*, \ldots, x_{in}^*,)$ $(i = 1, 2, \ldots, B)$. 比如 $\{T(\mathbf{X}_i^*)\}$ 可以为样本均值 $\{\bar{X}_i^*\}$. 这里 B 可以是 1000 或者更大. 这样就产生了统计量 $T(\mathbf{X}^*)$ 的自助法分布. 当 $B = \infty$ 时, 自助法分布也就是经验分布的抽样分布.

3. 利用统计量 $T(\mathbf{X}^*)$ 的自助法分布对 $T(\mathbf{X}^*)$ 所代表的参数做出推断.

例如, 按照式 (5.2.1), 第 i 个自助法均值为 $\bar{x}_i^* = t_1(\hat{F}(\mathbf{x}_i^*)) = \frac{1}{n} \sum_{j=1}^n x_{ij}^*$, 而其 B 个自助法样本均值和标准差可用通常的均值和标准差公式得到

$$\text{Mean}_{\bar{x}^*} = \frac{1}{B} \sum_{i=1}^B \bar{x}_i^*; \quad \text{SE}_{\bar{x}^*} = \sqrt{\frac{1}{B-1} \sum_{i=1}^B (\bar{x}_i^* - \text{Mean}(\bar{x}^*))^2}. \tag{5.2.2}$$

例 5.1 婴儿出生体重数据. (bwt.csv)[1] *该数据的变量有: id (婴儿代码), low (是 (1) 否 (0) 低体重), age (年龄), lwt (母亲最后一次月经期的重量, 磅), race (种族: 白人 (1), 黑人 (2), 其他 (3)), smoke (母亲是 (1) 否 (0) 吸烟), ptl(母亲是 (1) 否 (0) 有早产史), ht (母亲是 (1) 否 (0) 高血压), ui (母亲子宫是 (1) 否 (0) 不安), ftv (前三个月访问医生次数: 没有 (0), 一次 (1), 其他 (2)), bwt (婴儿出生体重, 克). 这个数据有 189 个观测值.*

自助法样本统计量的标准差也可以用普通标准差的公式得到. 比如, 拿例 5.1 的低出生体重的婴儿重量来说, 其自助法样本均值的标准差按照公式 (5.2.2), 可用 R 代码得到:

```
w=read.csv("bwt.csv")
x=w$bwt[w$low==1]
B=10000
m=numeric(B)
set.seed(1010)
for(i in 1:B)
  m[i]=mean(sample(x,r=T));sd(m)
```

得到 $SE_{\bar{x}^*} = 50.08195$. 图 5.2.1 为例 5.1 低出生体重婴儿重量自助法均值 $\bar{x}_1^*, \ldots, \bar{x}_B^*$ 的直方图和原始样本均值 $\bar{x}$ (中间竖直实线) 及距离均值三倍标准差 ($3 \times SE_{\bar{x}^*}$) 距离的两条竖直虚线. 图中的曲线为非参数估计的密度曲线. 自助法均值样本看上去有些像正态分布, 但左边尾巴有些长.

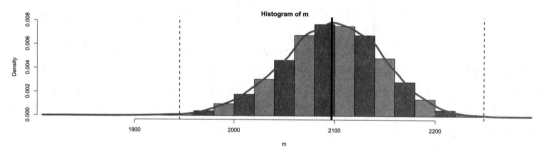

图 5.2.1 例 5.1 低出生体重婴儿重量自助法均值的直方图及样本均值和三倍标准差位置

图 5.2.1 是用下面 R 代码生成的:

```
hist(m,col=5:4,prob=T);lines(density(m),lwd=5,col=2)
abline(v=mean(x),lwd=5)
abline(v=mean(x)-3*sd(m),lty=2,lwd=2)
abline(v=mean(x)+3*sd(m),lty=2,lwd=2)
```

我们知道, 按照公式的 $\bar{x}$ 的标准误差为 $s/\sqrt{n}$, 对于婴儿体重, 它等于 50.88784 (用代码 `sd(x)/sqrt(length(x))`), 和上面自助法算的 50.08195 比较接近.

---

[1]该数据来自 Hosmer, D.W., Lemeshow, S. and Sturdivant, R.X. (2013) *Applied Logistic Regression*. Third Edition. John Wiley & Sons Inc. 可以从网址 http://www.umass.edu/statdata/statdata/stat-table.html 或者 https://github.com/bagusco/pemodelanklasifikasi/blob/master/lowbwt.csv下载.

5.2.2 自助法置信区间

假定 $\boldsymbol{X} = (X_1, \ldots, X_n)$ 为来自分布 F 的一个样本, $\theta = \theta(F)$ 是 F 的一个参数, 而 $\hat{\theta} = T(\boldsymbol{X})$ 为 θ 的一个估计.

平行地, 假定 $\hat{F}$ 为 F 的经验分布, $\boldsymbol{X}^* = (X_1^*, \ldots, X_n^*)$ 为来自经验分布 $\hat{F}$ 的一个样本, $\theta^* = \theta^*(\hat{F})$ 是 $\hat{F}$ 的一个参数, 而 $\hat{\theta}^* = T(\boldsymbol{X}^*)$ 为 θ 的自助法的复制品, 通常重复 B 次而得到 $\hat{\theta}_1^*, \ldots, \hat{\theta}_B^*$.

例 5.2 汽车耗油数据. (mpghwy.csv). 该数据是 toyota 和 honda 2.5 升以下排量汽车在公路上每加仑所能行驶的英里数. 该数据是程序包 ggplot2 [2] 中数据 mpg 中的一部分.[3] 可用代码 read.csv("mpghwy.csv") 读入. 该数据有两个变量: hwy (公路耗油, 单位 mpg——每加仑英里数), make (厂家: 丰田 (数据中为 toyota) 和本田 (数据中为 honda) 两个水平). 一共有 22 个观测值 (9 个 honda, 13 个 toyota).

自助法分位数区间

这个分位数区间 (percentile interval) 不需要正态性假定, $(1 - \alpha)$ 置信区间 $[C_\ell, C_u]$ 端点由自助法样本的经验分位数确定

$$\hat{P}^*(\theta^* \leqslant C_\ell) = \frac{1}{B} \sum_{i=1}^{B} I(\hat{\theta}_i^* \leqslant C_\ell) \approx \frac{\alpha}{2},$$

$$\hat{P}^*(\theta^* \geqslant C_u) = \frac{1}{B} \sum_{i=1}^{B} I(\hat{\theta}_i^* \geqslant C_u) \approx \frac{\alpha}{2}.$$

这个区间在前面例 5.1 已经出现过, 对于例 5.2 关于均值的 95% 置信区间, 所用的代码为:

```
set.seed(1010);B=999;theta=numeric(B)
for (i in 1:B) theta[i]=mean(sample(x,replace=T))
quantile(theta, c(0.025,0.975))
```

得到均值的 95% 分位数区间为 $(30.59091, 32.95455)$.

推广的偏倚纠正 (BCa) 分位数区间

标准置信区间构造基础是假定

$$\frac{\hat{\theta} - \theta}{\sigma} \sim N(0, 1).$$

而自助法区间不要求 $\hat{\theta}$ 的正态性, 但需要假定存在一个单调函数 $\phi = g(\theta)$, 使得

$$\frac{\hat{\phi} - \phi}{\tau} \sim N(0, 1).$$

但这还是需要存在一个单独的既能正态化又能稳定方差的变换, 其存在性常常成问题. Efron (1987) 给出了一个推广. 假定对某个单调递增变换 g, 某个便宜常数 z_0, 以及某加速常数 a, 下面的关系对 $\phi = g(\theta)$ 成立

$$\frac{\hat{\phi} - \phi}{\sigma} \sim N(-z_0, 1), \; \sigma = 1 + a\phi.$$

---

[2] H. Wickham. *ggplot2: elegant graphics for data analysis.* Springer New York, 2009.

[3] 更多的汽车数据可在下面网址获得: http://fueleconomy.gov.

Efron 称基于这个假定的置信区间为 BCa, 因为它能够纠正偏倚和方差的加速 (correct for bias and "acceleration" of the variance).

令 $\hat{G}(c)$ 为 B 次自助法 $\hat{\theta}^*$ 的累积分布函数

$$\hat{G}(c) = \frac{1}{B}\sum_{i=1}^{B} I(\hat{\theta}_i < c).$$

则单边 α 水平的 BCa 置信区间 $(-\infty, \hat{\theta}_{BCa}[\alpha])$ 的上端点 $\hat{\theta}_{BCa}[\alpha]$ 定义为

$$\hat{\theta}_{BCa}[\alpha] = \hat{G}^{-1}\left(\Phi\left(z_0 + \frac{z_0 + z^{(\alpha)}}{1 - a(z_0 + z^{(\alpha)})}\right)\right), \tag{5.2.3}$$

这里 Φ 为标准正态累积分布函数, 而 $z^{(\alpha)} = \Phi^{-1}(\alpha)$. 因此, 双边 95% BCa 置信区间为 $(\hat{\theta}_{BCa}[0.025], \hat{\theta}_{BCa}[0.975])$.

这里端点的定义有些古怪, 下面是变换和渐近的解释. 如果 $a = z_0 = 0$, 那么 $\hat{\theta}_{BCa}[\alpha] = \hat{G}^{-1}(\alpha)$, 为自助法的 α 分位数. 这时的分位数就是自助法分位数区间. 如果 $\hat{G}$ 正态, 那么 $\hat{\theta}_{BCa}[\alpha] = \hat{\theta} + z^{(\alpha)}\hat{\sigma}$ 为标准的置信区间端点. 一般来说, (5.2.3) 对标准置信区间做了三个不同的纠正, 改进了覆盖的精确性从一阶到二阶.

在实施 BCa 过程中, 必须要估计 z_0 和 a, 具体细节请看 Efron (1987).

对于例 5.2, 求样本均值的 95%BCa 置信区间的代码可以用程序包 boot [4]的现成的关于自助法的函数 boot() 及计算置信区间的函数 boot.ci:

```
x=read.csv("mpghwy.csv")[,2]
mean.boot=function(x,ind){
  return(c(mean(x[ind]),var(x[ind])/length(ind)))}
out=boot(x,mean.boot,999)#自助法结果
boot.ci(out,conf=0.95,type="bca")#求置信区间
```

上面代码输出了区间 (30.59, 32.86). 实际上, 可以根据函数 boot.ci() 的选项 type= 输出中有前面提到的包括经典区间在内的各种置信区间 (选项包括 "norm" "basic" "stud" "perc" "bca"). 如果不写 (默认值为 type="all" 及 conf=0.95), 则输出前面涉及的的和自助法有关的 5 个 95%置信区间以及经典 ("norm") 区间:

```
> boot.ci(out)
BOOTSTRAP CONFIDENCE INTERVAL CALCULATIONS
Based on 999 bootstrap replicates

CALL :
boot.ci(boot.out = out, conf = 0.95, type = "bca")

Intervals :
Level       BCa
95%    (30.59, 32.86 )
```

[4]Angelo Canty and Brian Ripley (2015). boot: Bootstrap R (S-Plus) Functions. R package version 1.3-16. Davison, A. C. & Hinkley, D. V. (1997) *Bootstrap Methods and Their Applications*. Cambridge University Press, Cambridge. ISBN 0-521-57391-2.

```
Calculations and Intervals on Original Scale
> boot.ci(out)
BOOTSTRAP CONFIDENCE INTERVAL CALCULATIONS
Based on 999 bootstrap replicates

CALL :
boot.ci(boot.out = out)

Intervals :
Level        Normal              Basic            Studentized
95%    (30.60, 32.96 )    (30.64, 32.91 )    (30.56, 33.15 )

Level       Percentile          BCa
95%    (30.64, 32.91 )    (30.59, 32.86 )
Calculations and Intervals on Original Scale
```

置信区间的精确性 *

用 $\hat{\theta}[\alpha]$ 表示单边置信区间的端点: $P(\theta \leq \hat{\theta}[\alpha]) \approx \alpha$. 如果

$$P(\theta \leq \hat{\theta}[\alpha]) = \alpha + O(n^{-1/2}),$$

则置信区间称为一阶精确 (first-order accurate) 的. 而如果

$$P(\theta \leq \hat{\theta}[\alpha]) = \alpha + O(n^{-1}),$$

则置信区间称为二阶精确 (second-order accurate) 的.

可以表明:

- 在某些正则条件下, 分位数置信区间为一阶精确, 而无论总体分布是什么, BCa 区间为二阶精确的.
- 有强有力的理论支持自助法 BCa 区间. 而且 BCa 区间一般更加稳定.
- BCa 区间还是变换不变及保持范围的, 这意味着如果统计量或其函数不可能在某区间之外, 那么 BCa 区间也一定在该区间内.

自助法的局限性 *

自助法置信区间在方法上有很大的优越性, BCa 区间体现了非参数置信区间目前的最高水平. 但自助法区间依赖于经验分布 $\hat{F}$ 的精确性, 而经验分布在一个分布的尾端都不大好. 因此对被分布末端严重影响的统计量构建置信区间就会有问题.

自助法置信区间的条件可能不一定被满足, 比如泰勒展开中的 Hadamard 可微性, 因此, 区间的精确性就无法被一些理论所保证.

5.2.3 自助法假设检验

考虑下面与例 5.2 同样来源的例子.

例 5.3 汽车耗油数据 2. (mpghford.csv). 该数据是 6 个气缸的福特车和非福特车在公路上每加仑所能行驶的英里数. 该数据是程序包 ggplot2 [5]中数据 mpg 中的一部分. [6] 可用代码 read.csv("mpgford.csv") 读入. 该数据有两个变量: hwy (公路耗油, 单位 mpg——每加仑英里数), make (厂家: 福特 (数据中为 ford) 和其他 (数据中为 others) 两个水平). 一共有 79 个观测值 (10 个 ford, 69 个 others).

用 $x_1, \ldots, x_{n_x}(n_x = 10)$ 和 $y_1, \ldots, y_{n_y}(n_y = 69)$ 分别表示福特汽车及其他汽车的公路耗油. 用 μ_X 和 μ_Y 分别表示福特汽车和其他汽车的油耗的总体均值, 我们希望检验:

$$H_0 : \mu_X = \mu_Y \Leftrightarrow H_1 : \mu_X < \mu_Y.$$

利用下面代码来读入数据, 得到福特车和其他车子耗油的样本均值之差为 -2.430435:

```
w=read.csv("mpgford.csv")
x=w[w[,1]=="ford",2];y=w[w[,1]!="ford",2]
mean(x)-mean(y)#-2.430435
```

问题是, 这个差别是否显著?

我们不考虑除了零假设之外的其他假定, 直接用自助法做检验. 把两个样本 (样本量分别为 n_X 和 n_Y) 的点放到一起, 然后做 B 次自助法抽样 (放回地抽样), 每次把前面 n_X 个值记为 $\boldsymbol{X}_i^* = (X_{i1}^*, \ldots, X_{in_X}^*), i = 1, \ldots, B$, 后面 n_Y 个值记为 $\boldsymbol{Y}_i^* = (Y_{i1}^*, \ldots, Y_{in_Y}^*), i = 1, \ldots, B$, 并且计算自助法均值之差 $\{\theta_i^* = \bar{X}_i^* - \bar{Y}_i^*\}_{i=1}^B$. 通过 $\boldsymbol{\theta}^*$ 的 (零假设下的) 分布得到 p 值或者临界值. 对于例 5.3, 代码如下:

```
w=read.csv("mpgford.csv")
x=w[w[,1]=="ford",2];y=w[w[,1]!="ford",2]
nx=length(x);ny=length(y);B=9999;set.seed(1010)
X=c(x,y);theta=vector()
for(i in 1:B){
  xb=sample(X,r=TRUE)
  theta[i]=mean(head(xb,nx))-mean(tail(xb,ny))}
mean(theta<=mean(x)-mean(y)) #p.value
quantile(theta,.05)
```

得到 p 值为 0.02720272, 而对于显著性水平 0.05 的临界值为 -2.084203 (注意, 观测的样本均值之差为 -2.430435). 看来, 对于不小于 p 值的显著性水平 (比如 0.03) 可以拒绝零假设.

当然, 可以利用置信区间和假设检验之间的关系. 首先可以通过自助法得到均值差的置信区间, 然后看它是否包含 0. 为得到均值差的自助法分位数区间, 可以用下面代码:

```
set.seed(1010);B=9999;theta=vector()
for(i in 1:B)
theta[i]=mean(sample(x,r=TRUE))-mean(sample(y,r=TRUE))
```

[5]H. Wickham. *ggplot2: elegant graphics for data analysis.* Springer New York, 2009.
[6]更多的汽车数据可在下面网址获得: http://fueleconomy.gov.

```
quantile(theta,prob=c(0.025,0.095))
```

得到均值差的自助法 95% 置信区间为 $(-4.830507, -4.110145)$, 显然区间端点均小于 0, 这说明可以拒绝均值差等于 0 的零假设.

注意, 使用置信区间来得到假设检验的结论没有利用零假设下的统计量的抽样分布. 这里完全用数据来说话了. 图 5.2.2 为例 5.3 均值差在 H_0 下的自助法 (右边) 和为得到置信区间 (不在 H_0 下) 的抽样分布密度估计图 (右).

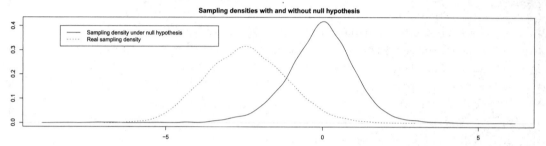

图 5.2.2　例 5.3 均值差在 H_0 下的自助法 (右) 和为得到置信区间 (不在 H_0 下) 的抽样分布密度估计图 (左)

本节软件的注

自助法置信区间和假设检验的统一函数

为单样本或两样本的 R 函数:

```
Boot=function(x,y=NULL,mu0=0,Q=10000,alpha=0.05,alt="less",seed=1010){
 nx=length(x)
 ny=length(y)
 MeanD=function(x1,x2) mean(x1)-mean(x2)
 SMean=ifelse (ny==0,mean(x),MeanD(x,y))
 bmean = vector()
 set.seed(seed)
 for(i in 1:Q){
  bmean[i]=ifelse(ny==0,
                  mean(sample(x,replace = TRUE)),
                  MeanD(sample(x,re = TRUE),sample(y,re = TRUE)))}
 # CI=function(df,alpha=alpha){return(quantile(df, c(alpha/2,1-alpha/2)))}
 ci=quantile(bmean, c(alpha/2,1-alpha/2)) # CI
 # testing
 if (ny==0){
  NX=x-SMean+mu0 # H0
  bmean0=vector()
  for(i in 1:Q){
   bmean0[i]=mean(sample(NX,replace = TRUE))}
  if(alt=="greater"){pval<-mean(bmean0>=SMean)}
  if(alt=="less"){pval<-mean(bmean0<=SMean)}
```

```
   if(alt=="not equal"){
     pval<-min(mean(bmean0>=SMean), mean(bmean0<=SMean))*2}
   } else {
     NX= x-mean(x)-mu0 # H0: m_x-m_y=mu0
     NY= y-mean(y)
     XY=c(NX,NY)
     bmean0=vector()
     for(i in 1:Q){
       xb=sample(XY,r=TRUE)
       bmean0[i]=np.mean(head(xb,nx))-mean(tail(xb,ny))}
     if(alt=="greater"){pval<-mean(bmean0>=SMean)}
     if(alt=="less"){pval<-mean(bmean0<=SMean)}
     if(alt=="not equal"){
       pval<-min(mean(bmean0>=SMean), mean(bmean0<=SMean))*2}
     }
   return(list(CI=ci,pval=pval,alt=alt))
}
# 两样本实践
w=read.csv('3.7.2.csv')
x=w[w[,2]==1,1]
y=w[w[,2]==2,1]
Boot(x1,x2,alt = 'greater')
# 单样本实践
A.set <- rnorm (100, mean = 10, sd = 9)
Boot(A.set,mu0=8,alt = 'greater')
```

为单样本或两样本的 Python 函数:

```
def Boot(x,y=[],mu0=0,Q=1000,alpha=0.05,alt="less",seed=1010):
    nx=len(x)
    ny=len(y)
    def MeanD(x,y):
        return np.mean(x)-np.mean(y)
    if ny==0:
        SMean=np.mean(x)
    else:
        SMean=MeanD(x,y)
    bmean = np.empty(Q)
    np.random.seed(seed)
    for i in range(Q):
        if ny==0:
            bmean[i]=np.mean(np.random.choice(x,len(x)))
        else:
            bmean[i]=MeanD(np.random.choice(x,len(x)),
```

```
                            np.random.choice(y,len(y)))
    ci=np.quantile(bmean, [alpha/2,1-alpha/2]) # CI
    # testing
    if ny==0:
        NX=x-SMean+mu0 # H0
        bmean0=np.empty(Q)
        for i in range(Q):
            bmean0[i]=np.mean(np.random.choice(NX,len(NX)))
        if alt=="greater":
            pval=np.mean(bmean0>=SMean)
        if alt=="less":
            pval=np.mean(bmean0<=SMean)
        if alt=="not equal":
            pval=np.min(np.mean(bmean0>=SMean), np.mean(bmean0<=SMean))*2
    else:
        NX= x-np.mean(x)-mu0 # H0: m_x-m_y=mu0
        NY= y-np.mean(y)
        XY=np.concatenate((NX,NY))
        bmean0=np.empty(Q)
        for i in range(Q):
            xb=np.random.choice(XY,len(XY))
            bmean0[i]=np.mean(xb[:nx])-np.mean(xb[-ny:])
        if alt=="greater":
            pval=np.mean(bmean0>=SMean)
        if alt=="less":
            pval=np.mean(bmean0<=SMean)
        if alt=="not equal":
            pval=np.min(np.mean(bmean0>=SMean), np.mean(bmean0<=SMean))*2
    return {'CI': ci,'pval':pval,'alt': alt}
# 两样本实践
w=pd.read_csv('3.7.2.csv')
x=w['V1'][w['V2']==1]
y=w['V1'][w['V2']==2]
Boot(x,y,alt = 'greater')
# 单样本实践
A = np.random.normal(loc = 10, scale = 9, size=100)
Boot(A,mu0=8,alt = 'greater')
```

例 5.1 数据自助法样本样本均值的标准差 Python 代码

```
w=pd.read_csv("bwt.csv")
x=w['bwt'][w['low']==1]
B=10000
m=np.empty(B);np.random.seed(1010)
```

```
for i in range(B):
    m[i]=np.mean(np.random.choice(x,len(x)))
np.std(m)
```

输出为:

```
50.715418520055536
```

例 5.2 数据的自助法分位数区间 Python 代码

```
x=pd.read_csv("mpghwy.csv").iloc[:,1]
np.random.seed(1010)
B=999;theta=np.empty(B)
for i in range(B):
    theta[i]=np.mean(np.random.choice(x,len(x)))
np.quantile(theta, (0.025,0.975))
```

输出为:

```
array([30.59090909, 32.95454545])
```

对例 5.3 直接用自助法做检验 Python 代码

```
w=pd.read_csv("mpgford.csv")
x=w['hwy'][w['make']=="ford"];y=w['hwy'][w['make']!="ford"]
nx=len(x);ny=len(y)
B=9999;np.random.seed(1010)
X=np.concatenate((x,y));theta=np.empty(B)
for i in range(B):
    xb=np.random.choice(X,len(X))
    theta[i]=np.mean(xb[:nx])-np.mean(xb[nx:])
print('p-value =',np.mean(theta<=np.mean(x)-np.mean(y))) #p.value
print('.05 quantile',np.quantile(theta,.05))
```

输出为:

```
p-value = 0.0259025902590259
.05 quantile -2.0711594202898578
```

5.3　置换检验

这是另一种再抽样, 和自助法的区别是这里的抽样是不放回的. 这在 1930 年代由 Fisher 引进的. 它常用于假设检验. 这里并不假定零假设的分布, 仅仅是利用大量的抽样如洗牌那样来打破原始数据样本中的关系.

假定要检验两个变量 X 和 Y 的均值差, 而它们的原始样本量分别为 n_X 和 n_Y, 那么所

有可能置换的总数为

$$\frac{(n_X + n_Y)!}{n_X! n_Y!}.$$

在这个数目不太大时, 可以得到所有的置换样本, 严格说来, 这不是随机再抽样了. 但当数目较大时, 只能抽取其中的一部分.

随机化检验假定可交换性. 以检验各种处理的效应为例, 在没有效应的零假设下, 对于所有观测值, 无论在什么处理的水平, 结果应该类似. 这比独立同分布的假定要弱得多. 如果考察所有可能的置换, 则称为置换检验 (permutation test), 或者精确检验 (exact test). 如果由于计算量太大, 仅仅做大量的不放回抽样, 则这种置换检验也称为随机化检验 (randomization test).

5.3.1 从实例引入置换检验

例 5.4 O 型密封圈数据. (Oring.csv) 该数据为美国宇航局 (NASA) 在 23 次航天飞机发射时 O 型密封圈经受热风险次数和温度关系的数据.[7] 该数据有 5 个变量, 其中 V1 (全部为 6) 是每次暴露的密封圈数目, V2 是经受热风险次数 (0, 1, 2 次), V3 是发射时温度 (华氏度), V4 是核对泄漏的压力 (单位 psi, 只有 50, 100, 200), V5 是飞行序号. 本数据主要关心经受热风险与否和温度的关系.

用 X 表示经受热风险时 (V2 > 0) 的温度, Y 表示没有经受热风险 (V2 = 0) 的温度. 下面是读入数据的代码:

```
w=read.csv("Oring.csv")
x=w$V3[w$V2!=0];nx=length(x)#7 个
y=w$V3[w$V2==0];ny=length(y)#16 个
```

现在的问题是两组的温度均值是否有显著差异.

考虑例 5.4 关于经受热风险时的温度 (样本为 $x_1, x_2, \ldots, x_{n_X}$) 与没有经受热风险时的温度 (样本为 $y_1, x_2, \ldots, y_{n_y}$) 是否有差异的检验

$$H_0 : \mu_X = \mu_Y \Leftrightarrow H_1 : \mu_X < \mu_Y.$$

在零假设下, 两个样本均值的差异完全是由随机性造成的. 因此, 把两个样本 (样本量分别为 n_X 和 n_Y) 的点放到一起, 记 $N = n_X + n_Y$, 然后从 N 个数中做所有可能的抽取 n_X 个数目作为 X^*, 而把剩下的 n_Y 作为 Y^* 的不放回抽样, 这种抽样共有

$$\binom{N}{n_X} = \binom{N}{n_Y} = \frac{N!}{n_X! n_Y!}$$

种可能. 得到 $\binom{N}{n_X}$ 个均值差 $\{\theta_i^* = \bar{X}_i^* - \bar{Y}_i^*\}$, 通过 θ^* 的 (零假设下的) 分布得到 p 值或者临界值. 对于例 5.4, 代码如下:

---

[7]数据在网页 https://archive.ics.uci.edu/ml/datasets/Challenger+USA+Space+Shuttle+O-Ring可以找到. Lichman, M. (2013). UCI Machine Learning Repository [http://archive.ics.uci.edu/ml]. Irvine, CA: University of California, School of Information and Computer Science.

```
N=nx+ny;X=c(x,y);
C=combn(N,nx);theta=vector()
for(i in 1:dim(C)[2]){
    xt=X[C[,i]];xc=X[-C[,i]]
    theta[i]=mean(xt)-mean(xc)
}


(d0=mean(x)-mean(y))
mean(theta<=d0)# 0.004491
quantile(theta, 0.0045)#-8.205357
```

得到 p 值为 0.004491, 而对于显著性水平 0.0045 的临界值为 -8.205357 (观测的样本均值之差为 -8.410714). 因此, 对于显著性水平 $\alpha = 0.0045$, 可以拒绝零假设.

由于在再抽样中用了所有可能的置换 (对例 5.4 共有 $\binom{N}{N_x} = \binom{23}{7} = 245157$ 种), 这就是置换检验名字的由来.

在上面的程序中由于采用了所有可能的 $\binom{23}{7} = 245157$ 种置换, 这里没有使用不放回随机抽样. 但是一般来说 $\binom{N}{N_x}$ 的数目可能很大, 不可能每个都计算, 这时就只能抽取比 $\binom{N}{N_x}$ 小的 (不放回) 随机样本产生的均值差. 下面就是这样做 (抽 50000 个样本) 的 R 代码:

```
X=c(x,y)
id=rep(0:1,c(nx,ny))
tt=function(id,X){
    idd=sample(id)
    mean(X[idd==0])-mean(X[idd==1])
}
set.seed(10)
theta2=replicate(50000,tt(id, X))
(sum(theta2<=d0)+1)/(length(theta2)+1)
```

得到 p 值等于 0.004339913, 与前面得到的 0.004491 差不多. 当然这个结果随着随机种子不同有一定的随机性.

图 5.3.1 为例 5.4 均值差在 H_0 下的完全置换和抽样 50000 次的抽样分布密度估计图. 可以看出两个密度非常接近.

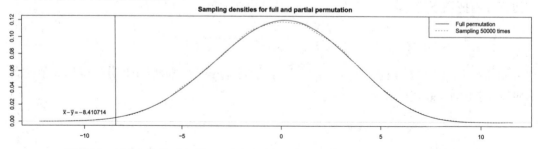

图 5.3.1　例 5.4 均值差在 H_0 下的完全置换和抽样 50000 次的抽样分布估计密度图

大家可能已经注意到, 在上面代码中计算 p 值的时候, 我们没有用精确检验时候的代码 mean(theta2<=d0) (等价于比例 sum(theta2<=d0)/length(theta2)), 而是比例中的分子分母都加了 1. 原因是原始样本的统计量的实现值及原始样本本身应该包含在分子和分母的计数中, 但抽样很有可能抽不到原始样本 (也可能抽到), 所以各自加 1, 这可能有些保守, 但至少不会出现 p 值为零的情况.

5.3.2 置换检验相应于 t 检验的优点

对例 5.4 问题的 t 检验 (t.test(x,y,alt="less")) 得到的 p 值等于 0.01753417, 是置换检验 p 值的 3.9 倍. 这两个 p 值差别那么大, 到底应该相信哪个呢?

如果均值差的抽样分布的确是正态的, 那么 t 检验给出精确的 p 值. 而对于均值差的抽样分布远不是正态时, 置换检验也仍然给出精确的 p 值.

置换检验给出了两样本均值检验一个黄金标准: 如果置换检验和 t 检验的 p 值显著不同, 则说明 t 检验的条件不满足. 因此, 当分布和正态分布很不一样时, 需要使用置换检验而不是 t 检验.

在置信检验和显著性检验之间的一个微妙区别在于置信检验对样本和总体有区别, 而假设检验没有. 比如有诸如两个班同学的全部总体, 我们可以计算两个班的精确均值差, 不需要两班学生成绩均值差的置信区间. 但还是可以做这个差异是否来自随机性这样的假设检验. 也就是说, 置换检验完全不用考虑手中数据是样本还是总体, 可以照做检验.

两样本 t 检验始于 $\bar{X} - \bar{Y}$ 的抽样分布为正态的情况, 两个总体都或者假定有正态分布或者样本足够大以可以使用中心极限定理. 两样本 t 检验对于两个总体分布对称, 或者在同样方向有轻微的倾斜而且样本量大体相同的情况很合适.

置换检验则完全不理会正态性条件. 但是要求两个总体分布在零假设下不仅仅均值相等, 而且有类似的分布, 以使得可以随机地在两组之间移动数目. 对于不同的分布, 置换检验很稳健, 除非由于样本量相差很大而造成散布有很大差异.

即使允许两总体有不同的标准差的那种 t 检验也并不一定合适, 因为两个样本标准差即使很不相同也不意味总体的标准差不同, 特别是对于偏态分布而言. 对于假设检验来说, 对不相同标准差的稳健性要求并不比置信区间更重要.

基于诸如 t 和 F 的标准分布的检验统计量必须标准化, 比如两样本 t 检验用

$$t = \frac{\bar{x} - \bar{y}}{\sqrt{\frac{s_X^2}{n_X} + \frac{s_Y^2}{n_Y}}}$$

而不是 $\bar{x} - \bar{y}$. 否则无法使用固定分布的程序或表格得到 p 值. 但置换检验则用不着这样. 它动态地根据数据和所选的统计量来产生抽样分布, 并得到 p 值, 完全不需要迎合某少数已知固定分布来设计人工味十足的统计量.

图 5.3.2 是例 5.4 全部数据以及 X 数据和 Y 数据的密度估计图. 可以看出两个样本的密度形状不但偏态而且差异很大, 但是从前面的图 5.3.1 可以看出最后的抽样分布非常对称.

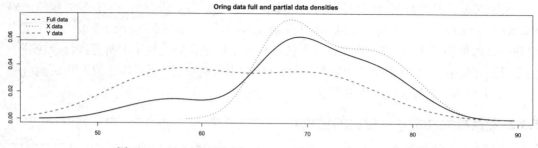

图 5.3.2   例 5.4 全部数据以及 X 数据和 Y 数据的密度估计图

5.3.3 置换检验的一般步骤和几个例子

基于度量某感兴趣效应的统计量的置换检验的一般操作步骤为:

1. 计算原始数据的该统计量.
2. 不放回地以符合零假设及研究的设计一致的方式从数据抽取置换样本. 从大量的再抽样本中构造该统计量的抽样分布.
3. 在抽样分布中, 找到原数据统计量的位置以求出 p 值.

下面考虑几个例子, 包括对应于 k 样本均值 F 检验的置换检验, 关于成对样本的置换检验, 以及交叉表检验的例子.

对应于 k 样本均值 F 检验的置换检验

假定 k 个总体分布为 $F_1(x), \ldots, F_k(x)$, 或者令观测值 $X_{ij} = \mu_i + \epsilon_{ij}$, 这里 $\epsilon_{ij} \overset{i.i.d}{\sim} F$. $F_i(x) = F(x - \mu_i)$. 我们要检验的是

$$H_0 : \mu_1 = \cdots = \mu_k \Leftrightarrow \text{至少有一对 } i, j, \mu_i \neq \mu_j,$$

或者

$$H_0 : F_1(x) = \cdots = F_k(x) \Leftrightarrow \text{存在 } x, \text{使得至少有一对 } i, j, F_i(x) \neq F_j(x)$$

的 k 样本均值问题, 采用的是方差分析中的 F 检验. F 检验是通过方差分析表 (ANOVA) 来显示的. 它给出了 F 统计量的实现值及 (在 F 抽样分布下的)p 值. 这在正态分布下是适宜的. 但是, 在正态性假定不成立的情况下, F 统计量的抽样分布是未知的, p 值因而无法用 F 分布作为抽样分布. 这时, 置换检验就可以提供 F 统计量的抽样分布, 从而得到 p 值.

假定 k 个样本量分别为 $n_1, \ldots, n_k$, $N = \sum_{i=1}^{k} n_i$. 置换检验则把这 N 个数目打乱, 任意地放到这 k 组中, 然后得到每种情况的 F 统计量的值, 通过这种置换的方式一共得到 $N!/(n_1! n_2! \cdots n_k!)$ 个统计量的值, p 值则为这些 F 值中大于原始统计量实现值的比例.

数目 $N!/(n_1! n_2! \cdots n_k!)$ 毕竟很大, 所以, 可以重复采取不放回地从 N 个观测值中随机抽取 N 个数目并分配到 k 个样本中来得到很多统计量的值, 进而得到抽样分布和 p 值.

例 5.5 四种饲料比较数据. (Chick.csv) 这个例子是来源于 R 程序包 `datasets` [8]的数据 ChickWeight, 关于 4 种不同鸡饲料和小鸡体重的关系. 原数据是个纵向数据, 这里仅仅取了第 21 天的体重 weight (单位克) 和饲料 Diet (哑元 1, 2, 3, 4 表示). 数据中有关四种饲料观

---

[8]R Core Team (2015). R: A language and environment for statistical computing. R Foundation for Statistical Computing, Vienna, Austria. URL http://www.R-project.org/.

测值个数为 $n_1 = 16, n_2 = 10, n_3 = 10, n_4 = 9$, 总共有 45 个观测值. 图 5.3.3 为这 4 个样本的盒形图.

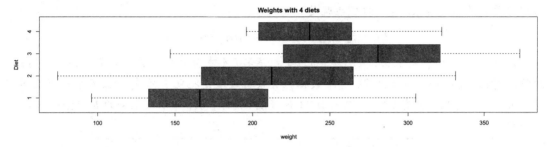

图 5.3.3 例 5.5 原始数据的 4 个样本的盒形图

原始数据的 F 统计量的值及正态假定下相应的 p 值用下面代码算出:

```
w=read.csv("Chick.csv");attach(w)
a=oneway.test(weight~Diet);a
```

得到统计量的实现值为 4.6618, 相应的 p 值为 0.01219.

如果用所有可能的置换, 则会有 $\frac{45!}{16!10!10!9!} = 9.616488 \times 10^{129}$ 种方式, 这个数目太大, 下面用不放回抽取 10000 个样本的置换检验方法, 代码为:

```
attach(w);f=vector()
set.seed(10);N=10000;for(i in 1:N)
f[i]=oneway.test(sample(weight)~Diet)[[1]]
(sum(f>=a[[1]])+1)/(N+1)# 0.01449855
```

得到 p 值等于 0.01449855. 这与正态假定下 F 检验的 p 差不太多.

图 5.3.4 为 F 统计量置换样本的抽样分布的直方图和密度估计图.

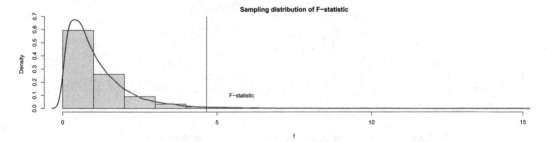

图 5.3.4 例 5.5 统计量置换样本的抽样分布的直方图和密度估计图

对于例 5.5 这种实际数据, 人们不可能知道统计量的分布, 因此也不可能得到 p 值, 用置换检验就保险多了.

成对样本均值的置换检验

对于成对数据, 令成对差 $D_i = (Y_i - X_i), i = 1, 2, \ldots, n$ 的总体均值为 μ_D, 要检验的零假设是 $H_0 : \mu_D = 0$, 备选假设为 $H_1 : \mu_D > 0$ (或者 $\mu_D < 0$, 或者 $\mu_D \neq 0$).

例 5.6 睡眠数据. (sleep.csv) 这个例子是来源于 R 程序包 datasets [9]的数据 sleep, 变量 extra 为额外多睡的时间, group 为给的两种药物 (哑元 1,2), ID 为 10 个患者的编号, 每个患者都有两种药物的结果. 这里的检验就是

$$H_0 : \mu_D = 0 \Leftrightarrow H_1 : \mu_D > 0.$$

记 $d_i = y_i - x_i \, (i = 1, \ldots, n)$, 这里 x_i 和 y_i 是第 i 个患者分别用第一和第二种药物的额外睡眠时间. 差的均值 $\bar{d} = 1.58$. 这个数据的置换检验就是把所有的 d_i 换上可能的正负号. 这里 $n = 10$, 因此一共有 $2^n = 2^{10} = 1024$ 种可能. 数目不大, 可以做完全的置换检验. 具体代码为:

```
w=read.csv('sleep.csv')
x=w[w[,2]==1,1]
y=w[w[,2]==2,1]
d=y-x
n=length(d)
b=c(-1,1)
D=list()
for(i in 1:10) D[[i]]=b
AP=as.matrix(expand.grid(D))
T=vector()
for(i in 1:nrow(AP))
    T[i]=mean(AP[i,]*d)
mean(T>=mean(d))
```

得到 p 值为 0.001953125. 这个结果是显然的, 因为这个数据所有的 d_i 都非负, 任何符号改变都使得均值小于等于原始样本均值, 而只有两个置换样本的统计量的值等于 $\bar{d} = 1.58$, 所以 p 值等于 2/1024=0.001953125. 图 5.3.5 显示了均值的抽样分布的直方图和密度估计.

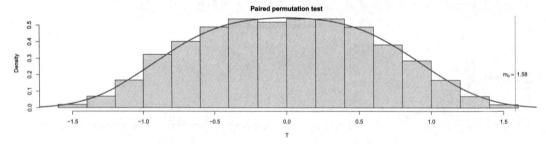

图 5.3.5 例 5.6 成对样本差的均值抽样分布直方图和密度估计图

对较大的 n, 可能 2^n 很大, 可以用下面的代码求 p 值 (适当选择 N 和随机种子):

```
T=replicate(N,mean(sample(c(-1,1),n,r=TRUE)*d))
(sum(T>=mean(d))+1)/(N+1)
```

对于例 5.6 的传统 t 检验 (代码 t.test(d,alt="greater")) 的 p 值为 0.001416445,

---

[9]R Core Team (2015). R: A language and environment for statistical computing. R Foundation for Statistical Computing, Vienna, Austria. URL http://www.R-project.org/.

这是假定了正态分布的结果.

二维列联表的检验

例 5.7 教育及信仰数据. (er.csv) 这个数据有 2 个分类变量, 第一个是: Highest Degree(最高学历), 有 3 个水平: "Less than high school"(中学以下), "High school or junior college"(中学或初级学院), "Bachelor or graduate" (大学以上); 第二个分类变量是: Religious Beliefs (宗教信仰), 有 3 个水平: "Fundamentalist" (原教旨主义), "Moderate" (温和), "Libral"(自由派). 由于文件是数据框格式, 还有一列为 Freq (两个分类变量水平组合的 $3 \times 3 = 9$ 个频数). 该数据来源于美国普查数据, 引自 Agresti (2007) [10]. 该列联表可以用下面 R 语句下载, 并转换成列联表形式:

```
w=read.csv("er.csv") #读入data.frame文件
er=xtabs(Freq~.,w) #产生列联表
addmargins(er) #展示包括行列总和的表
```

输出结果稍作转换后成为包括行列总和的表 5.3.1 (右下角为总人数).

表 5.3.1　例 5.7 2×2 列联表数据

Highest Degree	Religious Beliefs			Total
	Fundamentalist	Liberal	Moderate	
Bachelor or graduate	138.00	252.00	252.00	642.00
High school or junior college	570.00	442.00	648.00	1660.00
Less than high school	178.00	108.00	138.00	424.00
Total	886.00	802.00	1038.00	2726.00

我们希望做变量 Highest Degree 和 Religious Beliefs 的独立性检验. 零假设是它们独立.

独立性检验的传统方法为 Pearson χ^2 检验, 这在前面已经多次详尽讨论过. 对于例 5.7 数据 (利用 R 代码 chisq.test(er)) 可以得到 Pearson χ^2 检验的 p 值基本等于 0 (计算机输出为 3.42e-14).

下面做置换检验, 首先要把数据变成一行一个观测值的形式, 对于例 5.7 数据, 这样会产生 2726×2 的数据阵, 每行代表一个变量. 为此, 使用下面代码:

```
n=nrow(w); v=NULL
for(i in 1:n)
  for(j in 1:w[i,3])
    v=rbind(v,w[i,-3])
```

然后对第一个变量做不放回抽样, 产生许多 χ^2 统计量的值, 然后可以通过其分布和原始样本的统计量的实现值得到 p 值. 下面是代码:

```
chsq=function(tb){
    E=outer(rowSums(tb),colSums(tb))/sum(tb)
    sum((tb-E)^2/E) }
```

---

[10] Agresti, A. (2007) *An Introduction to Categorical Data Analysis (2nd edn)*, Wiley.

```
N=9999;X=vector()
set.seed(10)
for(i in 1:N) X[i]=chsq(table(sample(v[,1]),v[,2]))
(sum(X>=chsq(er))+1)/(N+1)
```

得到了 p 值为 0.0001. 注意, 这里每一个不放回抽样得到的列联表的行总和及列总和都是不变的.

关于置换检验的评论

置换检验问题

在单样本问题中变量有对称分布的情况, 或者两个以上样本问题中变量在样本间是可交换的情况下是精确的. 在比较两个总体均值时, 如果它们的方差和样本量类似, 置换检验是合适的 (Romano, 1990).

除非两个分布相同, 关于两个分布中位数的区别的置换检验是不精确的, 即使在渐近情况也是如此 (Romano, 1990). 对于检验不平衡设计的交互作用, 置换检验不合适 (Good, 1994).

再抽样置换检验和自助法比较

这里讲的再抽样置换检验不包括抽取所有可能样本的精确检验. 因此考虑的是再抽样的情况. 它从统计量的置换分布中做不放回的再抽样以得到检验统计量的值.

在自助法抽样中, 有两个误差来源, 一个是从最初样本经验分布再抽样所造成是误差, 另一个是再抽样次数的有限性造成的.

对于检验统计量有复杂的无法用分析方法描述的分布时, 置换检验可能有误, 而自助法会给出合理的结果.

置换检验方法仅仅能应用于有限范围的问题, 比如两样本的分布检验, 在没有参数分布假定时, 它能够给出精确的结果.

自助法是最灵活和最强大的方法. 它能够扩展到任何利用样本数据的统计计算上. 它不假定随机化检验所假定的可交换性.

本节软件的注

例 5.4 数据 Python 代码

完全置换代码:

```
from itertools import combinations
w=pd.read_csv("Oring.csv")
x=w['V3'][w['V2']!=0];nx=len(x)#7 个
y=w['V3'][w['V2']==0];ny=len(y)#16 个
N=nx+ny;X=np.concatenate((x,y))
comb=combinations(X,nx)
C=np.array([x for x in list(comb)])
theta=np.empty(len(C))
for i in range(len(C)):
    xt=C[i];xc=np.array(list(set(X)-set(C[i])))
    theta[i]=np.mean(xt)-np.mean(xc)
```

```
d0=np.mean(x)-np.mean(y)
print(np.mean(theta<=d0))
print(np.quantile(theta, 0.0045))
```

输出为

```
0.008329356290050865
-9.155844155844164
```

不放回抽样代码:

```
ID=np.repeat([0,1],[nx,ny])

def tt(ID,X):
    idd=np.random.choice(ID,len(ID))
    return np.mean(X[idd==0])-np.mean(X[idd==1])

np.random.seed(1010)
B=50000;theta2=np.empty(B)
for i in range(B):
    theta2[i]=tt(ID, X)
print((sum(theta2<=d0)+1)/(len(theta2)+1))
```

输出为:

```
0.007779844403111938
```

例 5.5 数据 Python 代码

输入的代码为:

```
from scipy.stats import f_oneway
w=pd.read_csv("Chick.csv")
S=[w['weight'][w['Diet']==k] for k in np.unique(w['Diet'])]
f_oneway(S[0],S[1],S[2],S[3])
```

输出为:

```
F_onewayResult(statistic=4.6547131777896, pvalue=0.006857958840608343)
```

输入的代码为:

```
from scipy.stats import f_oneway
w=pd.read_csv("Chick.csv")
S=[w['weight'][w['Diet']==k] for k in np.unique(w['Diet'])]
a=f_oneway(S[0],S[1],S[2],S[3])
```

```
print(a)
```

输出为:

```
F_onewayResult(statistic=4.6547131777896, pvalue=0.006857958840608343)
```

　　输入的代码为:

```
y=w['weight'].values
x=w['Diet'].values
B=10000
f=np.empty(B)
np.random.seed(1010)
for i in range(B):
    y1=np.random.choice(y,len(y),replace=False)
    S=[y1[x==k] for k in np.unique(x)]
    f[i]=f_oneway(S[0],S[1],S[2],S[3])[0]
print((sum(f>=a[0])+1)/(B+1))
```

输出为:

```
0.006999300069993001
```

例 5.6 数据 Python 代码

```
w=pd.read_csv('sleep.csv')
x=w['extra'][w['group']==1].values
y=w['extra'][w['group']==2].values

d=y-x
n=len(d)
import itertools
b=[-1,1]
gg=list(itertools.product(b,b,b,b,b,b,b,b,b,b))
AP=pd.DataFrame(gg)

T=np.empty(AP.shape[0])
for i in range(AP.shape[0]):
    T[i]=np.mean(AP.loc[i]*d)
np.mean(T>=np.mean(d))
```

输出为:

```
0.001953125
```

例 5.7 数据的二维列联表检验的 Python 代码

```
from scipy.stats.contingency import crosstab
w=pd.read_csv("er.csv") #读入data.frame文件

er=pd.crosstab(w['Highest Degree'],[w['Religious Beliefs']],
            values=w['Freq'],aggfunc=lambda x: x)

w=np.array(w)

n=w.shape[0];v=np.empty(2,dtype=object)
for i in range(n):
    for j in range(w[i,-1]):
        v=np.vstack((v,w[i,:-1]))
v=v[1:,:]

def chsq(tb):
    E=np.outer(tb.sum(axis=1),tb.sum(axis=0))/tb.sum()
    return np.sum((tb-E)**2/E)
N=9999;X=np.empty(N);np.random.seed(1010)
for i in range(N):
    tb=crosstab(np.random.choice(v[:,0],len(v[:,0]),replace=False),
                v[:,1]).count
    X[i]=chsq(tb)

(np.sum(X>=chsq(np.array(er)))+1)/(N+1)
```

输出为:

```
0.0001
```

5.4　习题

1. 在第 2 章所有习题中随意选择数题使用再抽样的自助法和置换检验.
2. 在第 3 章所有习题中随意选择数题使用再抽样的自助法和置换检验.
3. 在第 4 章所有习题中随意选择数题使用再抽样的自助法和置换检验.

第6章　列联表

6.1　二维列联表的齐性和独立性的 χ^2 检验

在前面的中位数检验中的 χ^2 检验统计量实际上和一般的 $r \times c$ 维列联表的 χ^2 检验统计量是一样的. 但是对不同的目的和不同的数据结构, 解释不一样. 先看两个例子:

例 6.1　疾病不同处理数据. (wid.txt, wid.csv) 对于某种疾病有三种处理方法. 某医疗机构分别对 22, 15 和 19 个病人用这三种方法处理, 结果分"改善"和"没有改善"两种, 并且列在下表中:

	改善	没有改善	合计
处理 A	10	12	22
处理 B	7	8	15
处理 C	6	13	19
合计	23	33	56

我们希望知道不同处理的改善比例是不是一样.

例 6.2　商场选择数据. (shop.txt, shop.csv, shopA.txt) 在一个有三个主要百货商场的商贸中心, 调查者问 479 个不同年龄段的人首先去三个商场中的哪个. 结果如下:

年龄段	商场 1	商场 2	商场 3	总和
$\leqslant 30$	83	70	45	198
$31 \sim 50$	91	86	15	192
> 50	41	38	10	89
总和	215	194	70	479

问题是想知道人们对这三个商场的选择和他们的年龄是否独立.

这两个例子的数据都有表 6.1.1 的两因子列联表形式:

表 6.1.1　两因子列联表

	B_1	B_2	$\cdots$	B_c	总和
A_1	n_{11}	n_{12}	$\cdots$	n_{1c}	$n_{1\cdot}$
$\vdots$	$\vdots$	$\vdots$	$\vdots$	$\vdots$	$\vdots$
A_r	n_{r1}	n_{r2}	$\cdots$	n_{rc}	$n_{r\cdot}$
总和	$n_{\cdot 1}$	$n_{\cdot 2}$	$\cdots$	$n_{\cdot c}$	$n_{\cdot\cdot}$

这里, 行频数总和 $n_{i\cdot} = \sum_j n_{ij}$, 列频数总和 $n_{\cdot j} = \sum_i n_{ij}$, 频数总和 $n_{\cdot\cdot} = \sum_i n_{i\cdot} = \sum_j n_{\cdot j}$, 而 $A_1, A_2, \ldots, A_r$ 为行因子的 r 个水平, $B_1, B_2, \ldots, B_c$ 为列因子的 c 个水平. 用 p_{ij} 表示第 ij 个格子频数占总频数的理论比例 (概率). 显然, $p_{ij} = \mathrm{E}(n_{ij})/n_{\cdot\cdot}$, 这里 $\mathrm{E}(n_{ij})$ 为对 n_{ij} 的数学期望, 而相应的第 i 行的理论比例 (概率) $p_{i\cdot}$ 及第 j 列的理论比例 (概率)$p_{\cdot j}$ 分别为 $p_{i\cdot} = \sum_{j=1}^c p_{ij}$ 和 $p_{\cdot j} = \sum_{i=1}^r p_{ij}$.

关于齐性的检验. 对于例 6.1 所代表的那一类问题, 要检验的是行分布的齐性 (homogeneity). 一般来说, 对齐性的检验就是检验 H_0: "对给定的行, 条件列概率相同". 或者, 用数学语言, 记 (给定第 i 行后) 第 j 列条件概率为 $p_{j|i} = p_{ij}/p_i.$, 零假设则为

$$H_0 : p_{j|i} = p_{j|i^*}, \text{对于所有不同的 } i \text{ 和 } i^* \text{ 及所有的 } j \text{ 成立.}$$

而备选假设为 H_1: "零假设中的等式至少有一个不成立". 在零假设下, 我们可以记上面的条件概率为统一的 $p_{.j}$, 它对于所有的行都是一样的.

对于例 6.1 关于不同处理下患者状况的改善情况的具体问题, 零假设为: 对于各种不同的处理, 改善的比例 (或概率) 相同. 注意, 这里因为只有两种结果, 所以, 对不同处理改善的比例相同就意味着对各种处理没有改善的比例也相同. 这种关于齐性的检验的数据获取, 一般都类似于例 6.1, 对行变量的每一水平 i 都事先 (试验前) 选定一定数目 ($n_i.$) 的对象, 然后在试验时观测并记录下在列变量的不同水平所得到的相应频数.

在零假设之下, 第 ij 个格子的期望值 E_{ij} 应该等于 $p_{.j}n_i.$, 但 $p_{.j}$ 未知, 在零假设下, 可以用其估计 $\hat{p}_{.j} = n_{.j}/n_{..}$ 代替. 这样期望值

$$E_{ij} = \hat{p}_{.j}n_i. = \frac{n_i. n_{.j}}{n_{..}}.$$

而观测值 O_{ij} 记为 n_{ij}. 如此, 所谓的 Pearson χ^2 统计量和似然比检验统计量分别为:

$$Q = \sum_{i=1}^{r}\sum_{j=1}^{c} \frac{(O_{ij} - E_{ij})^2}{E_{ij}} \quad \text{和} \quad G = \sum_{i=1}^{r}\sum_{j=1}^{c} 2O_{ij}\ln(\frac{O_{ij}}{E_{ij}})$$

它们在样本量较大时 (比如每个格子的期望频数 E_{ij} 大于等于 5 时) 近似地服从自由度为 $(r-1)(c-1)$ 的 χ^2 分布.

对于例 6.1, 可以用 R 语句 y=matrix(scan("wid.txt"),3,2,b=T) 读入数据, 然后用语句 chisq.test(y) 得到 $Q = 1.076$, 自由度为 2, 而 p 值 =0.5839. 也可用 loglin(d,margin=c(1,2)) 得到似然比检验统计量等于 1.0942, 而 p 值可以用代码 1-pchisq(1.0942,df=2) 得到, 等于 0.5786. 这说明我们没有理由认为各种处理的结果有所不同.

关于独立性的检验. 而对于例 6.2 那一类问题, 要检验的是行和列变量的独立性 (independence). 当行列变量独立时, 一个观测值分配到第 ij 个格子的理论概率 p_{ij} 应该等于行列两个概率之积 $p_i.p_{.j}$, 即零假设为:

$$H_0 : p_{ij} = p_i.p_{.j}.$$

这时, 在零假设下, 它的估计值为 $\hat{p}_{ij} = \hat{p}_i.\hat{p}_{.j} = \frac{n_i.}{n_{..}}\frac{n_{.j}}{n_{..}}$, 而第 ij 格子的期望值为

$$E_{ij} = \hat{p}_{ij}n_{..} = \frac{n_i. n_{.j}}{n_{..}}.$$

这和前面检验齐性时零假设下的期望值一样. 利用与前面齐性检验一样的统计量 Q 和 G. 当然也有同样的渐近 $\chi^2((r-1)(c-1))$ 分布. 这类关于独立性的问题的数据获取, 通常是随机选取一定数目的样本, 然后记录这些个体分配到各个格子的数目 (频数). 它并不事先固定某变量各水平的观测对象数目, 这和齐性问题有所区别.

对于例 6.2, 用 y=matrix(scan("shop.txt"),3,3,b=T) R 语句读入数据, 然后用语句 chisq.test(y) 得到 $Q = 18.65$, 自由度为 4, 而 p 值为 0.0009. 也可用对数线性模型

的代码 `loglin(y,margin=c(1,2))` 得到似然比检验统计量为 **18.69**, 最终的 p 值可以用代码 `1-pchisq(18.69,df=4)` 得到 (等于 **0.0009**). 这说明在显著性水平不小于 **0.001** 时, 我们可以拒绝零假设, 即认为, 顾客的年龄与去哪个商场的选择是相关的.

本节软件的注

关于二维列联表的齐性和独立性的 χ^2 检验的 R 程序

对于这两种检验, 都可以在输入数据后 (假定数据矩阵为 x) 用 `chisq.test(x)` 语句得到 Q, 自由度和 p 值. 二者也都可以用 `a=loglin(x,list(1,2))` 语句, 这里的输出包含 Pearson 统计量 Q (pearson) 和似然比统计量 T (lrt) 以及自由度, 但没有给出 p 值, 必须要用

`pchisq(a$pearson,a$df,low=F)` 或 `pchisq(a$lrt,a$df,low=F)`

得到所需要的 p 值. 也就是, 例 6.2 数值可通过运行下面程序得到.

```
d2=scan("shop.txt")
Ex=function(d){
  d=matrix(d,nrow=3,byrow=T)
  fm=loglin(d,margin=c(1,2))
  P_pval=pchisq(fm$pearson,fm$df,lower.tail = FALSE)
  LR_pval=pchisq(fm$lrt,fm$df,lower.tail = FALSE)
  res=list(d=d,Q=fm$pearson,P_p=P_pval,T=fm$lrt,LR_p=LR_pval)
  cat('Pearson test\nQ =', res$Q,'p-value =', P_pval,
      '\nLR test\nT =', res$T, 'p-value =', LR_pval)
  return(res)
  }
res2=Ex(d2)
```

输出为:

```
> res2=Ex(d2)
Pearson test
Q = 18.65077 p-value = 0.0009203281
LR test
T = 18.69061 p-value = 0.000903918
```

关于二维列联表的齐性和独立性的 χ^2 检验的 Python 程序

对于例 6.2 数据, 可用下面代码:

```
def Ex(d):
    from scipy.stats import chi2_contingency
    d=np.array(d2).reshape(3,3)
    res = chi2_contingency(d)
    print(f'Test stat = {res.statistic}, p-value ={res.pvalue}')
    return(res)
```

```
d2=pd.read_csv('shop.csv')
res=Ex(d2)
```

输出为:

```
Test stat = 18.650771600637388, p-value =0.0009203281225871962
```

6.2　低维列联表的 Fisher 精确检验

对于观测值数目不大的低维列联表的齐性和独立性问题还可以不用近似的 χ^2 统计量来检验. 这就是所谓 Fisher 精确检验 (Fisher's exact test 或 Fisher-Irwin test 及 Fisher-Yates test (Fisher, 1935ab; Yates, 1934). 我们以 2×2 列联表为例来讨论. 假如列联表为

	B_1	B_2	总和
A_1	n_{11}	n_{12}	$n_1.$
A_2	n_{21}	n_{22}	$n_2.$
总和	$n_{.1}$	$n_{.2}$	$n_{..}$

在这里, 假定边际频数 (行和列的频数总和) $n_1., n_2., n_{.1}, n_{.2}$ 及 $n_{..}$ 都是固定的. 在 A 和 B 独立或没有齐性的零假设下, 在给定边际频率时, 这个具体的列联表的条件概率只依赖于四个频数中的任意一个 (因为由给定的边际频数可以得到另外三个). 在零假设下, 该概率满足超几何分布, 它可以写成 (对任意的 $i = 1, 2$ 和 $j = 1, 2$)

$$P(n_{ij}) = \binom{n_1.}{n_{11}}\binom{n_2.}{n_{21}} \Big/ \binom{n_{..}}{n_{.1}} = \binom{n_1.}{n_{11}}\binom{n_2.}{n_{12}} \Big/ \binom{n_{..}}{n_1.} = \frac{n_{.1}!n_1.!n_{.2}!n_2.!}{n_{..}!n_{11}!n_{12}!n_{21}!n_{22}!}.$$

(6.2.1)

举一个简单例子来说明这一点. 比如行总和为 1, 3, 列总和为 2, 2 时, 所有可能产生的列联表实现只有两种:

$$\begin{bmatrix} 0 & 1 \\ 2 & 1 \end{bmatrix} \quad 和 \quad \begin{bmatrix} 1 & 0 \\ 1 & 2 \end{bmatrix}$$

显然每一个的概率都是二分之一. 当行和列的总和增加时, 情况就复杂一些. 比如行总数为 5, 3, 列总数为 5, 3 时, 所有可能产生的列联表实现只有四种:

$$\begin{bmatrix} 2 & 3 \\ 3 & 0 \end{bmatrix} \quad \begin{bmatrix} 3 & 2 \\ 2 & 1 \end{bmatrix} \quad \begin{bmatrix} 4 & 1 \\ 1 & 2 \end{bmatrix} \quad \begin{bmatrix} 5 & 0 \\ 0 & 3 \end{bmatrix}$$

容易通过代码 dhyper(2:5,5,3,5) 用上面公式 (6.2.1) 算出它们的概率, 输出为:

```
[1] 0.17857143 0.53571429 0.26785714 0.01785714
```

上面代码中的 2:5 为 n_{11} 取值 2, 3, 4, 5. 这里 R 函数 dhyper(x,m,n,k) 对应于公式

$$\binom{m}{x}\binom{n}{k-x} \Big/ \binom{m+n}{k}.$$

其中变元 m, n 相应于公式 (6.2.1) 的两个行 (或列) 的总和, x 相应于式 (6.2.1) 的 n_{11}, 而 k 相应于第一列 (行) 总和. 当然, 上面 4 个概率数目的和为 1. 由此很容易得到在零假设下的各

种有关的概率. 比如可以求尾概率

$$P(n_{11} \leqslant 3) = P(n_{11} = 2) + P(n_{11} = 3) = 0.1785714 + 0.5357143 = 0.7142857.$$

等价地, 这个尾概率也可用 R 语句 phyper(3,5,3,5) 得到, 或尾概率 (可以用超几何分布 R 语句 dhyper(5,5,3,5) 或 1-phyper(4,5,3,5))

$$P(n_{11} \geqslant 5) = P(n_{11} = 5) = 0.01785714.$$

如果零假设 (无论是齐性或独立性) 正确, 任何一个与 n_{ij} 的实现值有关的尾概率不应该太小. 因此, 如果与 n_{11}(或任何一个 n_{ij}) 的实现值相关的尾概率过小都可能导致拒绝零假设. 由此可以做各种检验. 看一个医学例子.

例 6.3 中风数据. (stroke.txt, strokeA.txt, stroke.csv) 要研究目前的中风和以前中风的关系, 零假设可以为: "目前的中风和以前的中风病史没有关系" (即独立性). 下面是 113 个人按照目前和过去中风状况的 2×2 分类表.

	以前中风过	以前未中风过	总和
目前中风	35	15	50
目前未中风	25	38	63
总和	60	53	113

可以算得 $P(n_{11} \geqslant 35) = P(n_{12} \leqslant 15) = 0.001$, 因此, p 值为 0.001 (单边检验) 或 0.002 (双边检验). 此问题如果用 χ^2 检验, 则 Pearson 统计量为 10.288 而 p 值为 0.0024. 在大样本时, 精确分布不易计算, 可以用正态近似. 在零假设下

$$z = \frac{\sqrt{n_{..}}(n_{11}n_{22} - n_{12}n_{21})}{\sqrt{n_{1.}n_{2.}n_{.1}n_{.2}}}$$

有渐近标准正态分布. 在 $n_{1.}$ 和 $n_{2.}$ 几乎相等时, 该近似和精确分布对于单边检验比较一致. 当然用 R 语句 fisher.test, 可以直接得到 p 值 =0.002242.

Fisher 精确检验假设了双边固定, 但实际列联表也可能是单边固定或总和固定, 要根据具体情况进行分析.

本节软件的注

关于 Fisher 检验的 R 程序

对于例 6.3 数据可用下面 R 语句实现:

```
x=scan("stroke.txt")
x=matrix(x,nrow=2,byrow=T)
res=fisher.test(x)
cat('Fisher test p-value =',res$p.value)
```

输出 p 值为 0.00224.

关于 Fisher 检验的 Python 程序

对于例 6.3 数据可用下面语句实现:

```
from scipy.stats import fisher_exact
d=pd.read_csv('stroke.csv')
d=np.array(d).reshape(2,2)
res = fisher_exact(d, alternative='two-sided')
res.pvalue
```

输出 0.00224.

6.3 对数线性模型与高维列联表的独立性检验简介 *

列联表的独立性检验问题与对数线性模型的交互项系数是否显著不为零有联系, 而对数线性模型是广义线性模型中的一种. 列联表和对数线性模型的内容十分丰富, 但大部分超出了本书范围 (可参见例如: 张尧庭, 1991; Bishop et al, 1975; McCullagh and Nelder, 1989; Rao and Toutenburg, 1995, Fienberg, 1980 等). 这里仅仅引进对数线性模型的概念, 而且仅考虑和独立性问题有关的检验. 注意, 严格地说, 这一节内容不属于非参数统计范畴.

6.3.1 处理三维表的对数线性模型

假定列联表的的三个变量是 X_1, X_2 和 X_3, 它们分别有 I, J 和 K 个水平, 列联表的第 (i, j, k) 个格子上的频数是 n_{ijk}, 其中 $i = 1, \ldots, I, j = 1, \ldots, J, k = 1, \ldots, K$ (本节其余部分出现 i, j 和 k 时也有这样的值域). 采用下面的记号: $n_{.jk} = \sum_{i=1}^{I} n_{ijk}, n_{..k} = \sum_{j=1}^{J} n_{.jk}$.

定义期望频数 $m_{ijk} = E(n_{ijk})$; 则 $p_{ijk} = m_{ijk}/n_{...}$. 以类似的记号, 有 $m_{.jk} = \sum_{i=1}^{I} m_{ijk}$, $m_{..k} = \sum_{j=1}^{J} m_{.jk}$ 等等, 以及 $p_{.jk} = \sum_{i=1}^{I} p_{ijk}, p_{..k} = \sum_{j=1}^{J} p_{.jk}$ 等等. 定义长度为 IJK 的向量 $\boldsymbol{n}, \boldsymbol{m}$ 和 $\boldsymbol{p}$, 它们的元素分别为 n_{ijk}, m_{ijk} 和 p_{ijk}.

考虑固定样本总量 $n_{...}$ 的完全随机抽样, 在总体很大的情况下, 这 $n_{...}$ 个观测值之一落入第 (i, j, k) 个格子的概率应等于 p_{ijk}. 那么 $\boldsymbol{n} \sim M(n_{...}, \boldsymbol{m}/n_{...})$ (其中 $M(N, \boldsymbol{\pi})$ 表示参数为 N 和 $\boldsymbol{\pi}$ 的多项分布, N 是样本总量, $\boldsymbol{\pi}$ 的元素相加之和等于 1).

定义 $\boldsymbol{\mu} = \log \boldsymbol{m}$, 有

$$\mu_{ijk} = \lambda + \lambda_i^{(1)} + \lambda_j^{(2)} + \lambda_k^{(3)} + \lambda_{ij}^{(12)} + \lambda_{jk}^{(23)} + \lambda_{ik}^{(13)} + \lambda_{ijk}^{(123)} \tag{6.3.1}$$

显然, 式 (6.3.1) 中的系数不能唯一确定, 也就是说, 这些系数不可估计, 为了得到具体的数值结果, 必须对 $\boldsymbol{\beta}$ 作某种约束, 有很多约束方法 (在软件中, 这属于各种选项). 例如, 选定下面的约束

$$\begin{cases} \sum_{i=1}^{I} \lambda_i^{(1)} = \sum_{j=1}^{J} \lambda_j^{(2)} = \sum_{k=1}^{K} \lambda_k^{(3)} = 0, \\ \sum_{j=1}^{J} \sum_{i=1}^{I} \lambda_{ij}^{(12)} = \sum_{k=1}^{K} \sum_{i=1}^{I} \lambda_{ik}^{(13)} = \sum_{k=1}^{K} \sum_{j=1}^{J} \lambda_{jk}^{(23)} = 0, \\ \sum_{k=1}^{K} \sum_{j=1}^{J} \sum_{i=1}^{I} \lambda_{ijk}^{(123)} = 0. \end{cases} \tag{6.3.2}$$

就可以计算这些系数 (换言之, 在 (6.3.2) 的条件下, (6.3.1) 的模型定义了一个 1-1 映射).

考虑假设检验问题, 零假设 $H_0 : m_{ijk}m_{...} = m_{i.k}m_{.j.}$, 这等价于 $p_{ijk} = p_{i.k}p_{.j.}$, 也就是说 X_2 和 (X_1, X_3) 独立. 在零假设成立的条件下, 式 (6.3.1) 退化成

$$\mu_{ijk} = \lambda + \lambda_i^{(1)} + \lambda_j^{(2)} + \lambda_k^{(3)} + \lambda_{ik}^{(13)} \tag{6.3.3}$$

对其系数做适当的约束, 也可以计算出这些值 (计算机软件的输出). 对不同的约束, 计算出来的系数的值也不同, 但是, 在不同约束下 (这也是一些统计软件的选项), 这些变量水平的线性组合结果 μ_{ijk} 保持不变, 即可以估计的.

表 6.3.1 给出了在不同的假设检验条件下, 对应的对数线性模型. 表中的 "记号" 是和 R 的函数 loglin 的选项 margin 的形式 (那里用的是整数 1, 2, 3 而不是字母 X, Y, Z. 在文献中, 也可以用其他字母表示 3 个维度, 如 A, B, C 等等) 对应的.

表 6.3.1   不同检验条对应的对数线性模型

编号	记号	相应模型 $\mu_{ijk} =$	统计意义
(8)	(X_1, X_2, X_3)	$\lambda + \lambda_i^{(1)} + \lambda_j^{(2)} + \lambda_k^{(3)}$	X_1, X_2, X_3 相互独立
(7)	(X_3, X_1X_2)	$\lambda + \lambda_j^{(1)} + \lambda_j^{(2)} + \lambda_k^{(3)} + \lambda_{ij}^{(12)}$	$(X_1, X_2), X_3$ 相互独立
(6)	(X_2, X_1X_3)	$\lambda + \lambda_i^{(1)} + \lambda_j^{(2)} + \lambda_k^{(3)} + \lambda_{ik}^{(13)}$	$(X_1, X_3), X_2$ 相互独立
(5)	(X_1, X_2X_3)	$\lambda + \lambda_i^{(1)} + \lambda_j^{(2)} + \lambda_k^{(3)} + \lambda_{jk}^{(23)}$	$(X_2, X_3), X_1$ 相互独立
(4)	(X_1X_3, X_2X_3)	$\lambda + \lambda_i^{(1)} + \lambda_j^{(2)} + \lambda_k^{(3)} + \lambda_{ik}^{(13)} + \lambda_{jk}^{(23)}$	给定 X_3, X_1, X_2 相互独立
(3)	(X_1X_2, X_2X_3)	$\lambda + \lambda_i^{(1)} + \lambda_j^{(2)} + \lambda_k^{(3)} + \lambda_{ij}^{(12)} + \lambda_{jk}^{(23)}$	给定 X_2, X_1, X_3 相互独立
(2)	(X_1X_2, X_1X_3)	$\lambda + \lambda_i^{(1)} + \lambda_j^{(2)} + \lambda_k^{(3)} + \lambda_{ij}^{(12)} + \lambda_{ik}^{(13)}$	给定 X_1, X_2, X_3 相互独立
(1)	(X_1X_2, X_2X_3, X_1X_3)	$\lambda + \lambda_i^{(1)} + \lambda_j^{(2)} + \lambda_k^{(3)} + \lambda_{ij}^{(12)} + \lambda_{ik}^{(13)} + \lambda_{jk}^{(23)}$	各种优比分类取相同的值

表中的模型统计意义是根据前面的模型对应的假设检验问题而来. 上面的模型被称作分层 (hierachical) 对数线性模型, 因为模型中只要有交互效应项, 例如 $\lambda_{jk}^{(23)}$, 那么一定就会有 $\lambda_j^{(2)}, \lambda_k^{(3)}$, 而式 (6.3.1) 定义的模型被称作饱和模型 (saturate model), 它的自由参数的个数等于列联表格子的数目, 它的自由参数的数目不能再增加了.

6.3.2 假设检验和模型的选择

有了某个模型下的 $\hat{m}$, 通常选用两个统计量: Pearson 统计量

$$X^2 = \sum \frac{(n_{ijk} - \hat{m}_{ijk})^2}{\hat{m}_{ijk}}$$

和似然比统计量

$$G^2 = -2 \sum n_{ijk} \log\left(\frac{\hat{m}_{ijk}}{n_{ijk}}\right)$$

来判断能否拒绝这个模型, 或者其对应的零假设.

一般情况下, 可能同时有多个模型不能被拒绝, 可有两个方法来选择模型. 其一为进行检验: 如果一个模型包含另一个模型, 例如上表中编号为 (4) 的模型就包含编号为 (7) 的模型. 我们建立零假设: "模型 (7) 和模型 (4) 没有区别". 这时检验统计量可解释为模型 (4) 和模型 (7) 的 G^2 之差, 这个差在模型 (7) 成立的条件下服从 χ^2 分布 (自由度为模型 (7) 和模型 (4) 的自由度之差). 如果该检验显著, 就认为两个模型有差异, 较大的模型 (4) 可能更为适合, 如果不显著, 则两个模型类似, 选择简单的模型 (7). 这可以通过编写简单的 R 软件程序来实现, 感兴趣的读者请自己实践. 其二为利用 AIC: 如果两个模型的参数空间没有互相包含的关系, 那么可以通过 AIC 等来选择模型, 或者两个模型都不拒绝.

例 6.4 洗衣机调查数据. (wmq.txt, wmq.csv) 下面是对三种品牌的洗衣机的需要的问卷调查结果:

	城乡因素 (Y)			
	城市		农村	
地域因素 (X)	南方	北方	南方	北方
品牌因素 (Z)				
A(大容量)	43	45	51	66
B(中等容量)	51	39	35	32
C(小容量)	67	54	32	30

目的要想看这些变量哪些独立, 哪些不独立.

下面是就例 6.4 可能涉及的某些独立性问题所做的检验结果:

模型	d.f	LRT T	p 值	Pearson Q	p 值	结论
(X,Y,Z)	7	26.57	0.0004	27.29	0.0003	X,Y,Z 不独立
(XY,Z)	5	22.80	0.0004	22.61	0.0004	(X,Y) 和 Z 不独立
(X,YZ)	6	24.70	0.0004	24.52	0.0004	X 和 (Y,Z) 不独立
(XZ,Y)	5	4.87	0.4324	4.86	0.4336	Y 和 (X,Z) 独立
(XZ,XY)	3	1.10	0.7772	1.10	0.7771	给定 X,Y 和 Z 独立
(XY,YZ)	4	20.93	0.0003	20.79	0.0003	给定 Y,X 和 Z 不独立
(XZ,YZ)	4	3.00	0.5579	3.00	0.5580	给定 Z,X 和 Y 独立

上表中给出的模型 (XZ,XY), 模型 (XZ,YZ) 和模型 (XZ,Y) 都是没有被拒绝的模型. 采用前面的第一个方法来进行模型选择. 模型 (XZ,XY) 和模型 (Y,XZ) 的 G^2 (对应表中的第三列 LRT) 的差是 3.77, 模型 (XZ,Y) 和模型 (XZ,XY) 的自由度之差是 2, 而自由度是 2 的 χ^2 分布随机变量大于等于 3.77 的概率是 0.1518, 也即模型 (XZ,XY) 和模型 (XZ,Y) 的差异不显著. 同样, 模型 (XZ,YZ) 和模型 (XZ,Y) 的差异也不显著. 所以可以认为 (XZ,Y) 较为适合数据. 也就是说, 地域因素对洗衣机的容量要求是不同的, 因此对数线性模型应该加上 X 和 Z 的交互作用项.

本节软件的注

关于多项分布对数线性模型有关检验的 R 程序

就例 6.4 数据 (wmq.txt) 来描述如何使用 R 中关于对数线性模型的函数 loglin. 首先输入 data.frame 形式的数据 wmq.txt, 然后转换成列联表形式, 读入数据和转换成列联表是由下面两个语句完成的:

```
x=read.table("wmq.txt",header=T)
xt=xtabs(Count~.,x)
```

下面的表给出了与前面各种模型的检验对应的 R 语句.

模型记号	可作的检验	R 语句
(X,Y,Z)	X,Y,Z 互相独立	loglin(xt,list(1,2,3))
(XY,Z)	(X,Y) 与 Z 独立	loglin(xt,list(1:2,3))
(X,YZ)	X 与 (Y,Z) 独立	loglin(xt,list(1,2:3))
(Y,XZ)	(X,Z) 与 Y 独立	loglin(xt,list(2,c(1,3)))
(XY,XZ)	给定 X 时 Y 与 Z 独立	loglin(xt,list(1:2,c(1,3)))
(XY,YZ)	给定 Y 时 X 与 Z 独立	loglin(xt,list(1:2,2:3))
(XZ,YZ)	给定 Z 时 X 与 Y 独立	loglin(xt,list(c(1,3),2:3))

如果在使用 loglin 语句时进行赋值, 比如 a=loglin(xt,list(1:2,c(1,3))), 那么相应的数值结果可以从下面表中的语句得到:

自由度 (d.f.)	a\$df
似然比检验统计量 (LRT)T	a\$lrt
似然比检验统计量 (LRT)T 的 p 值	pchisq(a\$lrt,a\$df,low=F)
Pearson 检验统计量 Q	a\$pear
Pearson 检验统计量 Q 的 p 值	pchisq(a\$pear,a\$df,low=F)

如要输出对数线性模型 (有约束) 的各种效应的参数估计, 可以用 para=T 加到 loglin 函数之中, 比如 a=loglin(xt,list(1:2,c(1,3)),para=T).

关于多项分布对数线性模型有关检验的 Python 程序

就例 6.4 数据 (wmq.txt) 来描述. 用 A, B, C 分别表示例 6.4 数据中的变量 Area, Location 和 Capacity. 表 6.3.2 显示模型和公式.

表 6.3.2 关于例 6.4 数据的对数线性模型

记号	模型 $\log \mu_{ijk}$	意义
(A, B, C)	$\lambda + \lambda_i^A + \lambda_j^B + \lambda_k^C$	完全独立
(B, AC)	$\lambda + \lambda_i^A + \lambda_j^B + \lambda_k^C + \lambda_{ik}^{AC}$	$B \perp\!\!\!\perp AC$
(C, AB)	$\lambda + \lambda_i^A + \lambda_j^B + \lambda_k^C + \lambda_{ij}^{AB}$	$C \perp\!\!\!\perp AB$
(AC, BC)	$\lambda + \lambda_i^A + \lambda_j^B + \lambda_k^C + \lambda_{ij}^{AB} + \lambda_{jk}^{BC}$	$AC \perp\!\!\!\perp BC$
(AB, BC)	$\lambda + \lambda_i^A + \lambda_j^B + \lambda_k^C$	$AB \perp\!\!\!\perp BC$
(AB, AC)	$\lambda + \lambda_i^A + \lambda_j^B + \lambda_k^C + \lambda_{ij}^{AB} + \lambda_{ik}^{AC}$	$AB \perp\!\!\!\perp AC$
(AB, AC, BC)	$\lambda + \lambda_i^A + \lambda_j^B + \lambda_k^C + \lambda_{ij}^{AB} + \lambda_{ik}^{AC} + \lambda_{jk}^{BC}$	饱和模型

使用下面代码以得到每个模型的离差 (deviance), 以供检验:

```
d=pd.read_csv('wmq.csv') # 输入数据
# 下面展示列联表形式 (这里不显示)
pd.crosstab(d['Capacity'],[d['Area'],d['Location']],
            values=d['Count'],aggfunc=lambda x: x)
from patsy import dmatrices
import statsmodels.api as sm
def get_deviance(m, f):
    y, X = dmatrices(f, d, return_type='dataframe')
    r = sm.GLM(y, X, family=sm.families.Poisson()).fit()

    return {'model': m, 'df': r.df_resid, 'deviance': r.deviance}
formulas = {
'(A, B, C)': 'Count~Area+Location+Capacity',
'(A, BC)': 'Count~Area+Location+Capacity+Location*Capacity',
'(B, AC)': 'Count~Area+Location+Capacity+Area*Capacity',
'(C, AB)': 'Count~Area+Location+Capacity+Area*Location',
'(AC, BC)': 'Count~Area+Location+Capacity+Area*Capacity+Location*Capacity',
'(AB, BC)': 'Count~Area+Location+Capacity+Area*Location+Location*Capacity',
'(AB, AC)': 'Count~Area+Location+Capacity+Area*Location+Area*Capacity',
'(AB, AC, BC)': 'Count ~ (Area + Location + Capacity)**2'
```

```
}

result_df = pd.DataFrame([get_deviance(m, f)
                          for m, f in formulas.items()]).set_index('model')
print(result_df)
```

输出为:

```
              df   deviance
model
(A, B, C)      7  26.568231
(A, BC)        5   4.866786
(B, AC)        5  22.800778
(C, AB)        6  24.700757
(AC, BC)       3   1.099333
(AB, BC)       4   2.999312
(AB, AC)       4  20.933303
(AB, AC, BC)   2   0.021265
```

假定要检验:
$$H_0 : (AB, BC) \ \Leftrightarrow \ H_a : (AB, AC, BC),$$

可以用下面代码:

```
from scipy.stats import chi2

chi_sq = result_df.loc['(AB, BC)'].deviance - result_df.loc['(AB, AC, BC)'].deviance
dof = result_df.loc['(AB, BC)'].df - result_df.loc['(AB, AC, BC)'].df

print(f'p-value = {1 - chi2.cdf(chi_sq, dof)}')
```

输出为:

```
p-value = 0.22559288773219577
```

6.4 基于相对风险和胜算比的方法 *

本节的内容严格上不属于非参数统计范畴, 因为涉及了总体参数 (比例)p 及其函数 (相对风险和胜算比) 的推断. 但还是保留在此, 供有需求的读者参考.

6.4.1 两个比例的比较

人们可能会关心比较 2×2 列联表中的两个比例. 如果按行 (变量) 结果固定, 用例 6.3 中的变量, 我们可以比较

$$p_1 = (\text{以前中风过}|\text{目前中风}) \text{ 和 } p_2 = (\text{以前中风过}|\text{目前未中风})$$

如按列变量结果固定, 可以比较

$$p_1 = (目前中风|以前中风过) \text{ 和 } p_2 = (目前中风|以前未中风过)$$

在对两个比例进行比较时, 零假设可以写为 $H_0 : p_1 = p_2$, 双边备择假设为 $H_1 : p_1 \neq p_2$ (单边备择 $H_1 : p_1 > p_2$ 或 $H_1 : p_1 < p_2$).

下面介绍三种通常使用的比较方法: 两个比例之差, 相对风险 (relative risk) 和胜算比 (odds ratio, 也译为 优势比 或 优比).

经典统计的两比例之差方法

按行变量结果固定, 两个比例之差 $p_1 - p_2$ 的点估计为

$$\hat{p}_1 - \hat{p}_2 = n_{11}/n_{1+} - n_{21}/n_{2+}.$$

$\hat{p}_1 - \hat{p}_2$ 的标准差为

$$SE = \sqrt{\frac{\hat{p}_1(1-\hat{p}_1)}{n_{1+}} + \frac{\hat{p}_2(1-\hat{p}_2)}{n_{2+}}}.$$

按列变量结果固定, 两个比例之差 $p_1 - p_2$ 的点估计为

$$\hat{p}_1 - \hat{p}_2 = n_{11}/n_{+1} - n_{12}/n_{+2}.$$

$\hat{p}_1 - \hat{p}_2$ 的标准差为

$$SE = \sqrt{\frac{\hat{p}_1(1-\hat{p}_1)}{n_{+1}} + \frac{\hat{p}_2(1-\hat{p}_2)}{n_{+2}}}.$$

两比例之差的点估计取值范围在 -1 和 $+1$ 之间, 两个比例之差 $p_1 - p_2$ 的 $100(1-\alpha)\%$ 置信区间为

$$(\hat{p}_1 - \hat{p}_2 - z_{\alpha/2}SE, \hat{p}_1 - \hat{p}_2 + z_{\alpha/2}SE).$$

实践中要根据具体问题决定是按行结果还是列结果固定计算两比例之差. 这个方法是传统统计的典型内容, 不属于非参数统计.

对于例 6.3 中数据, 如果数据是对某个群体抽样调查的结果, 不管是按行结果还是列结果固定, 分析方法和得到的结论都有意义. 按行变量结果固定, $p_1 - p_2$ 的点估计和 95%置信区间分别为 0.303 和 (0.128, 0.478), 拒绝零假设. 按列结果固定, $p_1 - p_2$ 的点估计和 95%置信区间分别为 0.300 和 (0.126, 0.474), 拒绝零假设.

相对风险方法

按行结果固定, 相对风险的定义为 p_1/p_2, 其点估计为

$$RR = \hat{p}_1/\hat{p}_2 = \frac{n_{11}/n_{1+}}{n_{21}/n_{2+}}.$$

$\hat{p}_1/\hat{p}_2$ 的方差不容易计算, 但 $\ln(\hat{p}_1/\hat{p}_2)$ 的均方差估计为

$$SE = \sqrt{Var(\ln(\hat{p}_1/\hat{p}_2))} = \sqrt{\frac{1 - n_{11}/n_{1+}}{n_{11}} + \frac{1 - n_{21}/n_{2+}}{n_{21}}}.$$

按列结果固定, 相对风险 p_1/p_2 的点估计为

$$\hat{p}_1/\hat{p}_2 = \frac{n_{11}/n_{+1}}{n_{12}/n_{+2}}.$$

$\ln(\hat{p}_1/\hat{p}_2)$ 的均方差估计为

$$SE = \sqrt{Var(\ln(\hat{p}_1/\hat{p}_2))} = \sqrt{\frac{1-n_{11}/n_{+1}}{n_{11}} + \frac{1-n_{12}/n_{+2}}{n_{12}}}$$

相对风险 p_1/p_2 的 $100(1-\alpha)\%$ 置信区间为

$$(\hat{p}_1/\hat{p}_2 \exp(-z_{\alpha/2}SE), \hat{p}_1/\hat{p}_2 \exp(z_{\alpha/2}SE)).$$

相对风险取值范围在 0 到 $+\infty$ 之间; 当两个比例相等时, 相对风险为 1.

对于例 6.3 中数据, 如果按行变量结果固定, 相对风险的点估计和 95%置信区间分别为 1.764 和 (1.238, 2.514), 拒绝零假设. 按列变量结果固定, 相对风险的点估计和 95%置信区间分别为 2.061 和 (1.277, 3.327), 拒绝零假设.

胜算比方法

胜算比的定义为

$$OR = \frac{p_1/(1-p_1)}{p_2/(1-p_2)},$$

不管是按行 (变量) 结果固定还是列 (变量) 结果固定, 其点估计均为

$$\hat{OR} = \frac{n_{11}/n_{21}}{n_{12}/n_{22}} = \frac{n_{11}n_{22}}{n_{12}n_{21}}.$$

胜算比的取值范围在 0 到 $+\infty$ 之间. 当两个比例相等时, 胜算比为 1. 胜算比的 $100(1-\alpha)\%$ 置信区间为

$$(\hat{OR} \times \exp(-z_{\alpha/2}SE), \hat{OR} \times \exp(z_{\alpha/2}SE))$$

其中

$$SE = \sqrt{Var(\ln(\hat{OR}))} = \sqrt{\frac{1}{n_{11}} + \frac{1}{n_{12}} + \frac{1}{n_{21}} + \frac{1}{n_{22}}}.$$

易见, 无论是按行结果固定还是列结果固定, 得到的均方差结果相同. 换句话, 将行列变量置换位置, 并不影响胜算比的点估计和区间估计.

对于例 6.3 中数据, 胜算比的点估计为 3.547, 其 95%置信区间为 (1.613,7.797), 拒绝零假设.

前面介绍了比例之差、相对风险和胜算比的定义、估计和统计推断方法. 实践中, 对于一个具体的问题到底用哪种方法更合适, 用行结果固定还是列结果固定, 要看情况而定. 如果例 8.3 中数据是对某人群的抽样调查结果, 即横断面研究 (cross-sectional study), 三种比较方法都有意义. 一般地, 在流行病学中, 胜算比方法多用于病例对照研究 (case-control study), 相对风险方法多用于群组研究 (cohord study), 详见 Agresti (2002).

6.4.2 Cochran-Mantel-Haenszel 估计

应用中有很多 $2 \times 2 \times K$ 的列联表数据, 见例 6.5.

例 6.5 药物试验数据. (hospital.txt, hospital.csv) 四个医院参加了同一项医学实验. 每个医院都随机地将两种药 A 和 B 给病人服用, 之后记录下是否有效, 具体数据见下表.

	药 A($X = 1$)		药 B($X = 2$)	
	有效 ($Y = 1$)	无效 ($Y = 0$)	有效 ($Y = 1$)	无效 ($Y = 0$)
医院 I ($Z = 1$)	8	21	2	35
医院 II ($Z = 2$)	11	10	2	13
医院 III($Z = 3$)	4	7	1	22
医院 IV ($Z = 4$)	19	7	2	4

这里每个医院的数据都可以放入一个 2×2 的列联表, 我们想通过分析这 4 个按 Z 取值分层的 2×2 列联表, 研究药 A 和药 B 的有效比例是否相等, 或药品种类 (X) 和药效 (Y) 是否独立. 这里的情况类似于第 4 章中的区组数据, 不能按 (X,Y) 的边际分布构成的 2×2 列联表分析.

按上面 (X, Y, Z) 顺序构成的 $2 \times 2 \times K$ 列联表数据可以记为 $(n_{ijk}, i = 1, 2, j = 1, 2, k = 1, 2, \ldots, K)$. 假设每个医院的胜算比都相等, 那么这个公共的胜算比可以用下式估计

$$OR_{MH} = \frac{\sum_{k=1}^{K} n_{11k} n_{22k} / n_{++k}}{\sum_{k=1}^{K} n_{12k} n_{21k} / n_{++k}}.$$

此胜算比的 $100(1 - \alpha)\%$ 置信区间为

$$(OR_{MH} \times \exp(-z_{\alpha/2}\hat{\sigma}), OR_{MH} \times \exp(z_{\alpha/2}\hat{\sigma})),$$

其中

$$\hat{\sigma}^2 = Var(\ln(OR_{MH})) = \frac{\sum_{k=1}^{K}(n_{11k} + n_{22k})(n_{11k}n_{22k})/n_{++k}^2}{2(\sum_k n_{11k}n_{22k}/n_{++k})^2} +$$

$$\frac{\sum_{k=1}^{K}[(n_{11k} + n_{22k})n_{12k}n_{21k} + (n_{12k} + n_{21k})n_{11k}n_{22k}]/n_{++k}^2}{2(\sum_k n_{11k}n_{22k}/n_{++k})(\sum_k n_{12k}n_{21k}/n_{++k})} +$$

$$\frac{\sum_{k=1}^{K}(n_{12k} + n_{21k})(n_{12k}n_{21k})/n_{++k}^2}{2(\sum_k n_{12k}n_{21k}/n_{++k})^2},$$

如果每个 2×2 列联表的相对风险都相等, 那么这个公共的相对风险可用下式估计

$$RR_{MH} = \frac{\sum_k n_{11k} n_{2+k} / n_{++k}}{\sum_k n_{21k} n_{1+k} / n_{++k}}.$$

此相对风险的 $100(1 - \alpha)\%$ 置信区间为

$$(RR_{MH} \times \exp(-z_{\alpha/2}\hat{\sigma}), RR_{MH} \times \exp(z_{\alpha/2}\hat{\sigma})),$$

其中

$$\hat{\sigma}^2 = Var(\ln(RR_{MH})) = \frac{\sum_k (n_{1+k} n_{2+k} n_{+1h} - n_{11k} n_{21k} n_{++h})/n_{++k}^2}{(\sum_k n_{11k} n_{2+k}/n_{++k})(\sum_k n_{21k} n_{1+k}/n_{++k})},$$

上述胜算比和相对风险的计算公式由 Cochran (1954) 和 Mantel and Haenszel (1959) 提出, 被称 Mantel-Haenszel 估计, 也称 Cochran-Mantel-Haenszel 估计, 上面置信区间和方差的计算公式由 Greenland and Robins (1985) 给出.

用 Cochran-Mantel-Haenszel 检验统计量检验 (X, Y, Z) 三维数据中 X 和 Y 关于 Z 条件独立性

$$CMH = \frac{(\sum_k n_{11k} - \sum_k E(n_{11k}))^2}{\sum_k Var(n_{11k})},$$

其中 $E(n_{11k}) = n_{1+k}n_{+1k}/n_{++k}$; $Var(n_{11k}) = n_{1+k}n_{2+k}n_{+1k}n_{+2k}/(n_{++k}^2(n_{++k} - 1))$.

CMH 在零假设下渐近服从自由度为 1 的 χ^2 分布.

要检验 K 个胜算比相等的零假设, 可用 Breslow-Day 检验统计量

$$Q_{BD} = \frac{\sum_k (n_{11k} - E(n_{11k}|OR_{MH}))^2}{Var(n_{11k}|OR_{MH})}$$

其中 $E(n_{11k}|OR_{MH})$ 和 $Var(n_{11k}|OR_{MH})$ 是零假设成立时的期望值和方差值. 在零假设下, Q_{BD} 近似服从自由度为 $k-1$ 的 χ^2 分布, 详见 Breslow and Day (1980).

对于例 6.5 中数据, 利用本节注中的软件得到药 A 和药 B 之间治疗有效的胜算比和 95%置信区间分别为 7.180 和 (2.849,18.094). 由此得到, 药 B 和药 A 之间治疗有效的胜算比是 1/7.180=0.139, 其 95%置信区间分别为 (1/18.094,1/2.849)= (0.055,0.351). 拒绝药 A 和药 B 之间治疗效果相等的零假设.

本节软件的注

关于相对风险和胜算比的 R 程序

下载 spsurvey 程序包, 用 relrisk 可以计算相对风险的点估计和置信区间. 也可以利用下面的 R 程序直接计算.

```
x=read.table("stroke.txt")
p1=x[1,1]/sum(x[1,]);p2=x[2,1]/sum(x[2,]);pdif1=p1-p2
se1=sqrt(p1*(1-p1)/sum(x[1,])+p2*(1-p2)/sum(x[2,]))
pdifc1=c(p1-p2-1.96*se1,p1-p2+1.96*se1)
rr1=p1/p2;ser1=sqrt((1-p1)/x[1,1]+(1-p2)/x[2,1])
rrc1=c(rr1*exp(-1.96*ser1),rr1*exp(1.96*ser1))
or1=(p1/(1-p1))/(p2/(1-p2));seor1=sqrt(sum(1/x))
orc1=c(or1*exp(-1.96*seor1),or1*exp(1.96*seor1))
list(dif=pdif1,difCI=pdifc1,RR=rr1,RRCI=rrc1,OR=or1,ORCI=orc1)
```

这个程序是按行变量结果固定计算的三种比例比较方法的点估计和区间估计. 如果想得到列变量结果固定的相应结果, 可以在读入 x 之后, 添加 x=t(x).

关于 Cochran-Mantel-Haenszel 的 R 程序

利用 R 中 mantelhaen.test 可用得到药 A 和药 B 之间治疗有效的胜算比和 95%置信区间分别为 7.180 和 (2.849, 18.094).

```
x=read.table("hospital.txt");
tmp=array(c(x[,4]),dim=c(2,2,4),dimnames=list(effect=c("Y","N"),
med=c("A","B"),hosptl=c("I", "II","III","IV")));
tab=ftable(. ~ med+effect,tmp);list(tab,mantelhaen.test(tmp))
```

6.5 习题

1. (数据 8.6.1.txt, 8.6.1a.txt, 8.6.1.csv, 8.6.1a.csv) 美国在 1995 年因几种违法而被捕的人数按照性别为:

性别	犯罪种类						
	谋杀	抢劫	恶性攻击	偷盗	非法侵占	盗窃机动车	纵火
男	13927	116741	328476	236495	704565	119175	11413
女	1457	12068	70938	29866	351580	18058	2156

从这些罪行的组合看来, 是否与性别无关? 如果只考虑谋杀与抢劫罪, 结论是否一样?

2. (数据 8.6.2.txt, 8.6.2a.txt, 8.6.2.csv, 8.6.2a.csv) 一项是否应提高小学生的计算机课程的比例的调查结果如下:

年龄	同意	不同意	不知道
55 岁以上	32	28	14
36-55 岁	44	21	17
18-35 岁	47	12	13

年龄因素是否影响了对问题的回答? 如何影响的?

3. (数据 8.6.3.txt, 8.6.3a.txt, 8.6.3.csv, 8.6.3a.csv) 某家电企业为其出口产品用不同的语言为各地顾客提供说明书. 它为葡萄牙和巴西的顾客用葡萄牙文, 为德国和瑞士顾客用德文, 英国和美国顾客用英国英文. 但是人们认为巴西的葡萄牙文和葡萄牙本土的语言习惯不尽相同, 美国英语和英国英语也很有区别, 瑞士人学的是德国德语但口语大不一样. 到底是否应对这些讲"同样"语言的国家用不同的说明书呢? 该公司进行了问卷调查, 对其说明书的评价按国别列于下表:

顾客所属国家	对说明书的评价		
	很好	可以	很不好
葡萄牙	20	35	23
巴西	34	40	5
德国	21	34	10
瑞士	27	25	13
英国	45	34	30
美国	17	38	20

对评价和国别的独立性进行检验. 同时对于说"同样"语言的国家的评价的 3 个 2×3 表分别作 3 个检验. 你的结论是什么? 在对 2×3 表作检验时, 比较 χ^2 检验和 Fisher 精确检验的结果.

4. (数据 8.6.4.txt, 8.6.4a.txt, 8.6.4.csv, 8.6.4a.csv) 某报社的 6 个不同性别和年龄的记者在同一城区各采访 100 个行人, 问他们对是否应该建立社区养老中心以减轻年轻一代的负担. 这六个人的采访结果如下:

采访者	A	B	C	D	E	F
回答同意者人数	30	40	55	33	32	18

问: 受采访者回答结果是否与记者不同有关? 举例说明哪两个采访者的结果可能类似, 用检验来验证. 如果把被采访人分类, 结果是否更加说明问题?

5. (数据 8.6.5.txt, 8.6.5.csv) 关于儿童在医院里喜欢何种衣着和性别的医务人员, 不同性别的 99 名儿童作了选择, 列在下面 $2 \times 2 \times 2$ 表中:

	女护士		男护士	
儿童性别	女	男	女	男
医务人员衣服颜色				
花衣	36	8	25	13
白衣	12	4	1	0

检验这三个变量之间哪些是独立的. 哪些不能说是独立的.

6. (数据 8.6.6.txt, 8.6.6.csv) 在关于一项议案的调查中, 得到 $2 \times 2 \times 3$ 列联表:

态度	支持		反对		不知道	
工种	蓝领	白领	蓝领	白领	蓝领	白领
性别						
男	60	50	95	40	34	45
女	80	45	105	41	44	53

请检验哪些因素和态度有关. 是否有的因素和态度无关.

7. 利用本章 6.4.1 和 6.4.2 两节介绍的方法分析前面第 5 题中数据, 写出分析报告.

8. 利用本章 6.4.1 和 6.4.2 两节介绍的方法分析前面第 6 题中数据, 写出分析报告.

第 7 章　单调相关性 *

7.1　引言

7.1.1　关于 " 相关 "

在日常用语中, 相关是一个非常广泛的词. 然而, 在经典统计中, 人们往往把 Pearson 线性相关当成相关的代名词, 虽然在本章非参数相关 (或关联) 把两个变量的相关从线性相关拓展到单调相关, 也就是一个变量增加 (或减少) 导致另一个变量也有增加 (或减少) 的趋势. 因此, 我们必须清醒地认识到, 这里的相关仅仅是单调相关, 并不是人们头脑中可能想象的那种更广义的相关.

举例来说, 由公式 $y = x^2$ $(x \in (-\infty, +\infty))$ 界定的 x 和 y 显然是相关的, 但下面计算代码表明, 符合该公式的数据很有可能不是单调相关. 这里的三个相关系数全部是 0.

```
x=-100:100;y=x^2
p=cor(x,y,method = "pearson")
k= cor(x,y,method = "kendall")
s= cor(x,y,method = "spearman")
cat('Pearson rho =',round(p,10),
    '\nKendall tau =',k,
    '\nSpearman rho =',s)
```

输出为:

```
Pearson rho = 0
Kendall tau = 0
Spearman rho = 0
```

因此, 本章的所有 " 相关 "" 关联 " 以及 " 关系 " 都是指的单调关系.

7.1.2　问题的提出

人们经常想知道两个变量之间的关系, 比如出生率和教育程度的关系, 寿命和海拔高度的关系, 入学成绩和后来表现的关系, 吸烟和某种疾病的关系等等. 这时的样本往往是成对的. 下面看一个例子:

例 7.1　儿童和产妇数据. (DM.txt, DM.csv) 利用世界 168 个地区的每一千个儿童五岁前死亡人数 Y 和每十万个临产母亲死亡人数 X, 可以画散点图, 见图 7.1.1. 左边图中的坐标是原始数据 X 和 Y, 右边图中的坐标是 $\ln(X)$ 和 $\ln(Y)$, 均取了自然对数.

这里我们关心儿童死亡率和产妇死亡率有没有关系, 是什么样的关系. 图 7.1.1 的右图取自然对数的散点图让大家对两变量的线性关系看得比较清楚, 但是如果基于两变量的秩进行分析, 自然对数变换就不再必要了.

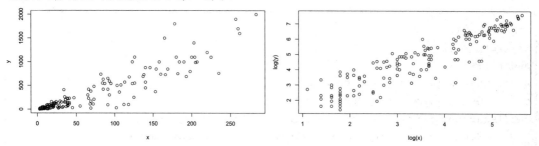

图 7.1.1 例 7.1 数据散点图: 原始数据 (左) 和两变量均取了自然对数 (右)

在传统的统计方法中, 变量 X 和 Y 的相关性大小是由线性相关系数 $\mathrm{Corr}(X, Y)$ 来定义的, 这里

$$\mathrm{Corr}(X, Y) = \frac{\mathrm{Cov}(X, Y)}{[\mathrm{Var}(X)\mathrm{Var}(Y)]^{\frac{1}{2}}},$$

式中 $\mathrm{Cov}(X, Y) = \mathrm{E}[(X - \mathrm{E}(X))(Y - \mathrm{E}(Y))]$ 为 X 和 Y 的协方差. 在不会混淆的情况下, 相关系数通常用 ρ 表示. 显然 $|\rho| \leqslant 1$. 如果 $|\rho| = 1$, 则存在 α 和 $\beta \neq 0$ 使得关系

$$Y = \alpha + \beta X$$

以概率 1 成立. 如果 X 和 Y 独立, 则 X 和 Y 的相关系数 $\rho = 0$, 但反之不然.

记两变量 (X, Y) 的一组观测为 $(x_1, y_1), (x_2, y_2), \cdots, (x_n, y_n)$, 则 Pearson 相关系数

$$r = \frac{\sum\limits_{i=1}^{n}(x_i - \bar{x})(y_i - \bar{y})}{\sqrt{\sum\limits_{i=1}^{n}(x_i - \bar{x})^2 \sum\limits_{i=1}^{n}(y_i - \bar{y})^2}}.$$

如果样本中的 n 个观测值是独立的, 则 r 是 ρ 的相容估计量和渐近无偏估计量. 如果再假定 (X, Y) 为二元正态分布, 则 r 为 ρ 的最大似然估计量.

对于假设检验问题

$$H_0 : \rho = 0; H_1 : \rho \neq 0,$$

在零假设下,

$$r\sqrt{\frac{n-2}{1-r^2}} \sim t(n-2),$$

关于这个检验有两点说明: (1) 这个检验与两变量之间做简单回归再对回归系数是否为零所做的检验等价; (2) 即使在显著性水平 α 很小的情况下拒绝零假设, 接受 $\rho \neq 0$, 两个变量的相关系数也可能很小, 因为不为零的 ρ 取值范围很大, 覆盖了所有 (0,1] 区间, 比如: ρ 仅是 0.2 或 0.3, 但由于样本量比较大, 导致拒绝零假设. 因此, 对相关系数是否为零的检验和两个变量是否相关不是一回事.

例 7.2 相关系数检验显著不意味线性或单调相关. (ass.csv) 下面举例说明相关 (关联) 系数检验的 p 值小, 仅仅说明相关系数 (或其他后面要介绍的关联度量) 不为 0, 而不是线性或单调相关 (关联).

```
w=read.csv('ass.csv')
x=w[,1];y=w[,2]
p=cor.test(x,y,method = "pearson")
k=cor.test(x,y,method = "kendall")
s=cor.test(x,y,method = "spearman")
cat('Pearson: p-value =',p$p.value,', cor =', p$estimate,
    '\nKendall: p-value =',k$p.value,', tau =', k$estimate,
    '\nSpearman: p-value =',s$p.value,', r =', s$estimate)
```

输出为:

```
Pearson: p-value = 0.005908929, cor = 0.1985021
Kendall: p-value = 0.03532736, tau = 0.1024525
Spearman: p-value = 0.03938573, r = 0.1492715
```

这里的 Pearson 线性相关系数检验 p 值约为 0.006, 能说它显著吗? 如果显著, 那线性相关系数等于 0.1985021 能认为相关吗? 上面输出还有后面要介绍的 Spearman' r_s 及 Kendall's τ, 它们的检验似乎都显著 (至少在人们常用的 $\alpha = 0.05$ 水平), 但关联都不强.

本章介绍几种常用的关于两个变量之间相关性 (correlation) 或关联性 (association) 大小的度量. 除了前面提到的 Pearson 相关系数 r 之外, 还有 Spearman 秩相关系数 r_s, Kendall's τ (包括 τ_a, τ_b, τ_c), Goodman-Kruskal's γ, Somers' $d(C|R)$, Somers' $d(R|C)$ 和 Somers' d 等. 严格说来, 传统的相关系数 r 是用来度量 X 和 Y 的线性关系的, 而后面几种是非参数的方法, 度量了更加广义的单调 (不一定线性) 的关系. 这是因为变量的秩不会被变量的任何严格单调递增变换所改变. 因此, 近年来人们多称这些秩相关方法度量了两个变量之间的关联性, 而不是相关性 (correlation). 下面两节所说的 "相关性" 也指单调关联性, 而不是 Pearson 意义下的线性相关.

7.2 Spearman 秩相关检验

下面引进的 Spearman 检验统计量, 由 Spearman (1904) 提出, 是普遍应用的秩统计量. 和传统的 Pearson 相关系数的记号 ρ 对应, Spearman 检验统计量也被称为 Spearman ρ.

考虑两变量 (X, Y) 一些观测数对 $(x_1, y_1), (x_2, y_2), \cdots, (x_n, y_n)$, 我们要检验 X 和 Y 是否相关. 假设检验问题中零假设为 $H_0 : X$ 和 Y 不相关 ($\rho = 0$); 备选假设有三种选择: X 和 Y 相关 ($\rho \neq 0$), X 和 Y 正相关 ($\rho > 0$), X 和 Y 负相关 ($\rho < 0$).

记 x_i 在 X 样本中的秩为 R_i, y_i 在 Y 样本中的秩为 S_i, 那么, $d_i^2 = (R_i - S_i)^2$ 则度量了某种距离. 显然, 如果这些 d_i^2 很大, 说明两个变量可能是负相关, 而如果它们很小, 则可能是正相关. 记 $\bar{R} = E(R) = \frac{1}{n}\sum_{i=1}^n R_i$ 及 $\bar{S} = E(S) = \frac{1}{n}\sum_{i=1}^n S_i$, 则

$$E(R) = E(S) = (n+1)/2, \quad Var(R) = Var(S) = (n^2 - 1)/12.$$

在没有打结的情况下, Spearman 检验统计量定义为

$$r_s = \frac{\sum_{i=1}^{n}(R_i - \bar{R})(S_i - \bar{S})}{\sqrt{\sum_{i=1}^{n}(R_i - \bar{R})^2 \sum_{i=1}^{n}(S_i - \bar{S})^2}} = \frac{\sum_{i=1}^{n}(R_i S_i)}{n(n^2-1)/12} - \frac{n(n+1)^2/4}{n(n^2-1)/12}$$

$$= \frac{n(n^2-1) - 6\sum_{i=1}^{n}(R_i^2 + S_i^2 - 2R_i S_i)}{n(n^2-1)} = 1 - \frac{6\sum_{i=1}^{n}d_i^2}{n(n^2-1)}.$$

与 Pearson 相关系数一样, Spearman 检验统计量满足 $-1 \leqslant r_s \leqslant 1$.

在没有打结而且样本量不大 ($n \leqslant 10$) 时, 可以考虑用精确检验. 首先, 让 $(R_i, S_i)(i = 1, 2, \ldots, n)$ 中 R_i 的取值为从小到大的顺序, S_i 为按 R_i 顺序做了相应调整的取值. 不失一般性, 假设 $(R_i, S_i)(i = 1, 2, \ldots, n)$ 符合这种排序要求. 固定 R_i 的取值为从小到大之后, S_i 的排序共有 $n!$ 种可能; 对每一种可能计算 r_s, 再将所有 $n!$ 个 r_s 从小到大排列, 并查看观测样本所对应的 r_s^0 有多么极端, 即按 $n!$ 种可能中每一种等可能发生的假设计算概率 $Pr(r_s \geqslant r_s^0)$ 或 $Pr(r_s \leqslant r_s^0)$ 得到 p 值.

在没有打结, 但样本量大于 10 时, 可以考虑用 Monte Carlo 模拟, 在固定随机种子的情况下给出有估计的 p 值.

在 X 或 Y 有打结时, 应该使用平均秩. 令 $u_1, u_2, \ldots, u_p$ 和 $v_1, v_2, \ldots, v_q$ 分别代表 X 和 Y 的各个结的观测值数目, 记

$$U = \sum_{j=1}^{p}(u_j^3 - u_j), V = \sum_{j=1}^{q}(v_j^3 - v_j).$$

调整过的 Spearman 统计量为

$$r_s = \frac{n(n^2-1) - 6\sum_i (R_i - S_i)^2 - 6(U+V)}{\sqrt{\{n(n^2-1) - 12U\}\{n(n^2-1) - 12V\}}}.$$

当样本量比较大时, 有

$$Z = r_s \sqrt{n-1} \to N(0, 1).$$

在有打结时, 没有精确分布, 只能用大样本近似.

例 7.3 (例 7.1 续) (DM1.txt, DM1.csv) 现讨论上面关于儿童死亡率和母亲死亡率之间的关系. 为了方便展示, 我们从那 168 个观测值中随机取出如下 30 个.

X	13	17	100	31	360	880	61	5	110	32	54	78	110	1600	230
Y	12	5	112	17	106	146	13	4	68	45	8	21	39	262	38
X	300	55	510	5	550	130	480	260	170	15	14	56	230	760	10
Y	93	21	108	6	84	22	73	35	29	3	8	37	41	235	4

把计算的 R_i, S_i 及 d_i 列在下表:

R_i	4	7	15	8	24	29	13	1.5	16.50	9	10.00	14.00	16.50	30	20.50
S_i	8	4	27	10	25	28	9	2.5	21.00	20	6.50	11.50	18.00	30	17.00
d_i^2	16	9	144	4	1	1	16	1.0	20.25	121	12.25	6.25	2.25	0	12.25
R_i	23	11.00	26	1.50	27	18	25	22	19	6	5.00	12	20.50	28	3.00
S_i	24	11.50	26	5.00	23	13	22	15	14	1	6.50	16	19.00	29	2.50
d_i^2	1	0.25	0	12.25	16	25	9	49	25	25	2.25	16	2.25	1	0.25

用本节软件的注中 R 语句得到 $n = 30, U = 18, V = 18, r_s = 0.8765$, 单边 p 值

为 1.177×10^{-6}. 如用 cor.test(x,y,meth="spearman"), 得到 Spearman 相关系数为 0.877, 双边 p 值 2×10^{-10}. 因有打结, 两者有打结时的大样本正态近似公式略有不同, 结果也略有不同.

本节软件的注

关于 Spearman 秩相关系数 (有打结) 及其显著性检验的 R 程序

对于例 7.1 的 **DM1.txt** 数据, 可用下面语句, 得到结果包括 $R_i, S_i, d_i^2, U, V, r_s$ 及 p 值等.

```
d=read.table("DM1.txt")
n=nrow(X)
x=X[,1];y=X[,2]
rx=rank(x);ry=rank(y)
rxy2=(rx-ry)^2
rsd=rbind(rx,ry,rxy2)
u=unique(x);v=unique(y);ui=vi=NULL
for (i in u) ui=c(ui,sum(x==i))
for (i in v) vi=c(vi,sum(y==i))
U=sum(ui^3-ui)
V=sum(vi^3-vi)
Md=(n^3-n-12*U)*(n^3-n-12*V)
Rs=n^3-n-6*sum(rxy2)-6*(U+V)
Rs=Rs/sqrt(Md);z=Rs*sqrt(n-1)
side1p=pnorm(-abs(z))
out=cor.test(x,y,meth="spearman")
list(rsd,cbind(n,U,V,Rs,z,side1p),out)
```

对于没有打结, 且 n 很小 (小于 10), 可以利用 cor.test 的下面选项,

```
x=c(4.2,4.3,4.4,4.5,4.7,4.6);y=c(2.6,2.8,3.1,3.8,3.6,4.0);
cor.test(x,y,exact=T,method="spearman")
```

得到 Spearman 秩相关系数为 0.8286, 精确双边检验 p 值为 0.0583.

7.3　Kendall τ 相关检验

Spearman 秩相关检验模仿了 Pearson 相关的思想, 而 Kendall's τ 相关的定义则完全不同. 本节考虑的假设检验问题与上节一样, 零假设为 $H_0: X$ 和 Y 不相关 ($\rho = 0$), 而备选假设有三种选择: X 和 Y 相关 ($\rho \neq 0$), X 和 Y 正相关 ($\rho > 0$), X 和 Y 负相关 ($\rho < 0$).

先引进协同的概念. 如果乘积 $(X_j - X_i)(Y_j - Y_i) > 0$, 称对子 (X_i, Y_i) 及 (X_j, Y_j) 为<u>协同的</u> (concordant). 或者说, 它们有同样的倾向. 反之, 如果乘积 $(X_j - X_i)(Y_j - Y_i) < 0$, 则称该对子为<u>不协同的</u> (disconcordant). 令

$$\Psi(X_i, X_j, Y_i, Y_j) = \begin{cases} 1 & \text{如果 } (X_j - X_i)(Y_j - Y_i) > 0; \\ 0 & \text{如果 } (X_j - X_i)(Y_j - Y_i) = 0; \\ -1 & \text{如果 } (X_j - X_i)(Y_j - Y_i) < 0. \end{cases}$$

定义 Kendall τ(Kendall's τ_a) 相关系数为

$$\tau_a = \frac{2}{n(n-1)} \sum_{1 \leqslant i < j \leqslant n} \Psi(X_i, X_j, Y_i, Y_j) = \frac{K}{\binom{n}{2}} = \frac{n_c - n_d}{\binom{n}{2}},$$

式中, n_c 表示协同对子的数目, 而 n_d 表示不协同对子的数目. 显然, 没有打结时, 即没有 $(X_j - X_i)(Y_j - Y_i) = 0$ 的情况时,

$$K \equiv \sum \Psi = n_c - n_d = 2n_c - \binom{n}{2}.$$

在没有打结的情况下, 计算中可以先把一组数据 (X_i, Y_i), 按第一个变量从小到大排序之后利用第二个变量的秩来计算 n_c 和 n_d. 具体地, 在第一个变量满足 $X_1 < X_2 < \cdots < X_n$ 的情况下, 记 h_i 为 Y_i 的秩, 定义

$$p_i = \sum_{i<j} I(h_i < h_j), \; q_i = \sum_{i<j} I(h_i > h_j),$$

则

$$p_i = \sum_{i<j} I(h_i < h_j) = \sum_{i<j} I(X_i < X_j) I(Y_i < Y_j),$$

$$q_i = \sum_{i<j} I(h_i > h_j) = \sum_{i<j} I(X_i < X_j) I(Y_i > Y_j) = n - i - p_i,$$

$$n_c = \sum_{i=1}^{n} p_i, \; n_d = \sum_{i=1}^{n} q_i = \binom{n}{2} - n_c.$$

另外, 前面定义的 τ_a 为概率差

$$P\{(X_j - X_i)(Y_j - Y_i) > 0\} - P\{(X_j - X_i)(Y_j - Y_i) < 0\}$$

的一个估计. 容易看出 $-1 \leqslant \tau_a \leqslant 1$, 在没有打结时, 如果所有的对子都是协同的, 则 $K = \binom{n}{2}$, 此时 $\tau_a = 1$. 反之, 如果所有的对子都是不协同的, 则 $K = -\binom{n}{2}$, 此时 $\tau_a = -1$.

不言而喻, 对于该检验来说, 检验统计量 $\tau_a = 0$ 和 $K = 0$ 是等价的. 当 $|K|$ 很大时, 应拒绝不相关的零假设; 不同的 K 的符号, 可以对应于不同的备选假设. 如 K 大于 0, 则对应于正相关的备选假设, 而如 K 小于 0, 则对应于负相关的备选假设. 在不相关 $K = 0$ 的零假设下, 当 $n \to \infty$ 时, 有

$$z = K \sqrt{\frac{18}{n(n-1)(2n+5)}} \longrightarrow N(0,1),$$

这可用于大样本近似的计算.

对于有打结情况, Kendall (1945) 给出调整后的检验统计量

$$\tau_b = \frac{n_c - n_d}{\sqrt{[n(n-1)/2 - \sum_i u_i(u_i - 1)/2][n(n-1)/2 - \sum_j v_j(v_j - 1)/2]}},$$

其中, u_i 是 X 观测中第 i 组打结的个数, v_j 为 Y 观测中第 j 组打结的个数. 相应的大样本近似公式为

$$z = \frac{n_c - n_d}{\sqrt{[n(n-1)(2n+5) - t_u - t_v]/18 + t_1 + t_2}} \longrightarrow N(0,1),$$

其中

$$t_u = \sum_i u_i(u_i - 1)(2u_i + 5),$$

$$t_v = \sum_j v_j(v_j - 1)(2v_j + 5),$$

$$t_1 = \sum_i u_i(u_i - 1) \sum_j v_j(v_j - 1)/(2n(n-1)),$$

$$t_2 = \sum_i u_i(u_i - 1)(u_i - 2) \sum_j v_j(v_j - 1)(v_j - 2)/(9n(n-1)(n-2)).$$

容易验证, 在没有打结的情况, $\tau_b = \tau_a$, 且大样本正态近似的公式也一样.

在样本量小且没有打结的情况下, 类似于前面介绍的 Spearman 精确检验, 仅把统计量由 r_s 换成 τ_a 或 K, 即可得到相应的精确检验. 这可由软件得到. 在样本量较大或者有打结的时候, 各种统计软件都会自动转换成大样本近似计算.

下面将通过例子计算介绍前面的概念.

例 7.4 CPI 数据. (CPIESI.txt, CPIESI.csv) 数据是关于 43 个国家的 CPI (Corruption Perceptions Index, 腐败感知指数) 和 ESI (Environmental Sustainability Index, 环境可持续指数). 图 7.3.1 显示, CPI 越高说明腐败问题越少, 而 EPI 越高说明环境可持续发展的前景越好. 例 7.4 数据所对应的前面介绍的概念有表 7.3.1.

表 7.3.1　43 个国家的腐败感知指数 (CPI) 和环境可持续指数 (ESI)

CPI	CPI 秩	ESI	ESI 秩	p_i	q_i	CPI	CPI 秩	ESI	ESI 秩	p_i	q_i
1.2	1	44.1	4	39	3	4.8	23	46.2	8	19	1
1.6	2	45.4	7	36	5	4.9	24	52.0	20	16	3
1.7	3	59.7	35	8	32	5.1	25	71.8	41	2	16
1.9	4	45.3	6	35	4	5.2	26	50.1	14	16	1
2.1	5	51.2	18	24	14	5.7	27	56.7	26	10	6
2.2	6	34.8	1	37	0	6.0	28	57.5	28	8	7
2.3	7	48.6	11	30	6	6.3	29	55.2	24	10	4
2.4	8	51.5	19	23	12	6.4	30	55.9	25	9	4
2.5	9	48.1	10	29	5	6.9	31	59.2	32	6	6
2.6	10	51.1	17	23	10	7.1	32	44.4	5	11	0
2.7	11	50.3	16	23	9	7.3	33	56.9	27	7	3
2.9	12	49.3	12	26	5	7.5	34	53.6	23	7	2
3.0	13	57.7	29	13	17	7.7	35	52.9	22	7	1
3.2	14	49.7	13	24	5	7.8	36	62.7	38	4	3
3.4	15	43.8	3	27	1	8.5	37	73.4	42	1	5
3.5	16	37.9	2	27	0	8.6	38	61.0	36	3	2
3.6	17	58.9	31	11	15	8.7	39	50.2	15	4	0
3.7	18	46.6	9	23	2	9.0	40	64.4	39	2	1
3.8	19	59.5	33	9	15	9.3	41	71.7	40	1	1
3.9	20	52.8	21	18	5	9.5	42	58.2	30	1	0
4.0	21	62.2	37	6	16	9.7	43	75.1	43	0	0
4.5	22	59.6	34	7	14						

用本节软件的注中的 R 程序, 得到 $n = 43, n_c = 642, n_d = 261, K = 381, \tau_a = \tau_b = 0.4219, z = 3.987, t_u = t_v = t_1 = t_2 = 0$, 数据没有打结, 双边检验 p 值为 6.682×10^{-5}. 如果直接用 R 函数 cor.test(x,y,meth="kendall"), 得到这两个指数的 Kendall τ_b 为

0.4219, 双边检验 p 值为 4.199×10^{-5}. 用这个 R 函数得到的 τ_b 与前面结果相同, 但 p 值与前面结果略有不同, 因为所用的大样本正态近似公式略有不同. 如换用 meth="pearson", 得到 Pearson 相关系数为 0.5973, 双边 p 值为 2.357×10^{-5}. 如换用 meth="spearman", 得到 Spearman 相关系数为 0.5891, 双边 p 值为 4.565×10^{-5}, 与用上节公式得到的 Spearman 相关系数相同. 即用这三种相关系数, 都拒绝了零假设 ($H_0 : \rho = 0$, 即两指数不相关).

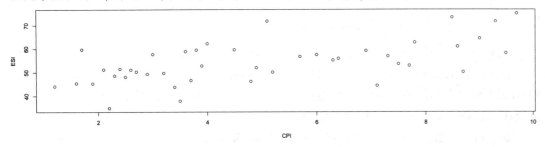

图 7.3.1 例 7.4 数据散点图

如果考虑 Pitman 的 ARE, 则对所有的总体分布 $ARE(r_s, \hat{\tau}) = 1$. Lehmann (1975) 发现, 对于所有的总体分布有 $0.746 \leqslant ARE(r_s, r) \leqslant \infty$. 而对于一种形式的备选假设, Konijn (1956) 发现如下表中结论:

总体分布	正态	均匀	抛物	重指数
$ARE(r_s, r)$	0.912	1	0.857	1.266

对于两个有序分类变量, 记 $n_{ij}, i = 1, 2, \ldots, r, j = 1, 2, \ldots, c$ 为对应的列联表中的元素. 这里的零假设为: 两变量不相关 ($H_0 : \rho = 0$). 我们可以用 Kendall's τ_b 对这两变量的相关性进行假设检验. 但当列联表中行列数目 r 和 c 差别较大时, 使用 Kendall's τ_c (也称 Stuart's τ_c) 更适合, 参见 Brown and Benedetti (1977).

Kendall's τ_c 的定义和渐近均方差为

$$\tau_c = \frac{2q(n_c - n_d)}{n^2(q-1)},$$

$$ASE = \frac{2q}{(q-1)n^2} \sqrt{\sum_{ij} n_{ij}(C_{ij} - D_{ij})^2 - 4(n_c - n_d)^2/n},$$

其中 $q = min(r, c)$,

$$C_{ij} = \sum_{i'>i}\sum_{j'>j} n_{i'j'} + \sum_{i'<i}\sum_{j'<j} n_{i'j'}, \quad D_{ij} = \sum_{i'>i}\sum_{j'<j} n_{i'j'} + \sum_{i'<i}\sum_{j'>j} n_{i'j'}.$$

Kendall's τ_c 的取值范围在 -1 和 1 之间, 而且 $\tau_c/ASE \sim N(0, 1)$.

如果也用上述列联表数据形式, τ_b 的定义和渐近均方差为

$$\tau_b = \frac{P - Q}{\sqrt{D_r D_c}},$$

$$\sigma_{\tau_b} = \frac{1}{D_r D_c} \sqrt{\sum_{i,j} n_{ij}(2\sqrt{D_r D_c}(C_{ij} - D_{ij}) + \tau_b v_{ij})^2 - n^3 \tau_b^2 (D_r + D_c)^2}$$

其中 $v_{ij} = R_i D_r + C_j D_c$. 同样, 统计量 $\tau_b/\sigma_{\tau_b} \sim N(0, 1)$ 分布.

下面将通过例子计算介绍前面的概念.

例 7.5 工作满意度数据. (incsat.txt, incsat.csv) 不同年收入水平对工作满意程度:

收入	对工作的满意度			
	很不满意	不满意	满意	很满意
<3 万	1	3	10	6
3~6 万	1	6	14	12
>6 万	0	1	9	11

问收入和对工作的满意度是否不相关?

此例子的零假设: 收入和对工作满意度两变量不相关 ($H_0 : \rho = 0$). 用本节软件的注中的 R 程序得到 Kendall τ_b 和 τ_c 的点估计分别为 0.1792 和 0.1715, 渐近均方差分别为 0.0955 和 0.0923, 95%置信区间分别为 ($-0.0081, 0.3664$) 和 ($-0.0094, 0.3523$), 由于 95%置信区间包含 0, 所以按水平 0.05, 不能拒绝零假设.

Kendall's τ_b, Kendall's τ_c 还有下节将要介绍的 Goodman-Kruskal's γ 是三个经常用于度量两个有序变量的相关性的统计量.

本节软件的注

关于 Kendall's τ_b 相关检验的 R 程序

对于例 7.4 的 **CPIESI.txt** 数据, 可以用下面语句输入数据, 得到 τ_b 及 p 值等.

```
X<-read.table("DM1.txt");
n=nrow(X);x=X[,1];y=X[,2];
nc=nd=0
for (i in 1:(n-1))
  for(j in (i+1):n){
    nc=nc+((x[j]-x[i])*(y[j]-y[i])>0)
    nd=nd+((x[j]-x[i])*(y[j]-y[i])<0)};
K=nc-nd;taua=K/choose(n,2);u=unique(x);v=unique(y);
ui=vi=NULL
for (i in u) ui=c(ui,sum(x==i))
for (i in v) vi=c(vi,sum(y==i))
Md1=n*(n-1)/2-sum(ui*(ui-1))/2
Md2=n*(n-1)/2-sum(vi*(vi-1))/2
taub=K/sqrt(Md1*Md2)
tu=sum(ui*(ui-1)*(2*ui+5));tv=sum(vi*(vi-1)*(2*vi+5))
t1=sum(ui*(ui-1))*sum(vi*(vi-1))/(2*n*(n-1))
t2=sum(ui*(ui-1)*(ui-2))*sum(vi*(vi-1)*(vi-2))/(9*n*(n-1)*(n-2))
Md=(n*(n-1)*(2*n+5)-tu-tv)/18+t1+t2;z=K/sqrt(Md);
side1pval=pnorm(-abs(z));out=cor.test(x,y,meth="kendall")
list(cbind(n,nc,nd,K,taua,taub,z,side1pval),
cbind(tu,tv,t1,t2),out)
```

在 R 的 cor.test 函数中, 对于 $n < 50$, 当观测值有限而且没有打结的情况下, 选 meth="kendall", 会自动给出精确检验结果, 否则, 给出正态近似结果. 当然, 也可以用 exact=F, 函数会直接给出正态近似结果.

关于 Kendall's τ_c 相关检验的 R 程序

对于列联表格式数据, 如例 7.5 中数据, 下面给出了计算 Kendall τ_b 和 τ_c 的 R 程序.

```
X=read.table("incsat.txt")

x=X[,1];y=X[,2]; w=X[,3]
n1=max(x);n2=max(y)
n=sum(w);q=min(n1,n2)
WW=matrix(w,byrow=T,nrow=n1)
Dc=n^2-sum((apply(WW,2,sum))^2)
Dr=n^2-sum((apply(WW,1,sum))^2)
Vij=DD=CC=matrix(0,nrow=n1,ncol=n2)

for (i in 1:n1){
  for (j in 1:n2){
    CC[i,j]=sum((x>i)*(y>j)*w)+sum((x<i)*(y<j)*w)
    DD[i,j]=sum((x>i)*(y<j)*w)+sum((x<i)*(y>j)*w)
    Vij[i,j]=Dr*sum(WW[i,])+Dc*sum(WW[,j])}}

nc=sum(WW*CC)/2
nd=sum(WW*DD)/2
taub=2*(nc-nd)/sqrt(Dc*Dr)
temp=sum(WW*(2*sqrt(Dc*Dr)*(CC-DD)+taub*Vij)^2)-
   n^3*taub^2*(Dr+Dc)^2
sigtaub=1/(Dc*Dr)*sqrt(temp)
tauc=q*(nc-nd)/(n^2);
sigtauc=2*q/((q-1)*n^2)*sqrt(sum(WW*(CC-DD)^2)-(nc-nd)^2*4/n);
list(taub=c(taub=taub,sigtaub=sigtaub,
    CI95=c(taub-1.96*sigtaub,taub+1.96*sigtaub)),
    tauc=c(tauc=tauc,sigtauc=sigtauc,
    CI95=c(tauc-1.96*sigtauc,tauc+1.96*sigtauc)))
```

输出中有 Kendall τ_b 和 τ_c 的点估计、渐近均方差和95%置信区间.

7.4 Goodman-Kruskal's γ 相关检验

前面提到的 Spearman 和 Kendall's τ_b 都可以用于分析两个连续变量 X 和 Y 的相关性. 假设 X 和 Y 都是有序变量, 分别有 r 和 c 个有序水平, 而且观测数据 $(X_i, Y_i), i = 1, 2, \ldots, n$ 能放入一个 $r \times c$ 的列联表, 记表中元素为 $n_{ij}, i = 1, 2, \ldots, r, j = 1, 2, \ldots, c$. 与 X 和 Y 是连续变量情况相比, 这类数据有大量的打结 (ties). 针对这类数据, 如需检验 X 和 Y 是否不相关, 即零假设: 两变量不相关 ($H_0 : \gamma = 0$). 我们可以按照 Goodman and Kruskal (1954, 1959, 1963, 1972) 提出了相关系数的计算方法,

$$G = \frac{P - Q}{P + Q} = \frac{n_c - n_d}{n_c + n_d},$$

这里的 n_c 和 n_d 分别是上一节定义的协同和不协同对子数目, 即

$$n_c = \sum_{i,j} n_{ij} \sum_{i'>i} \sum_{j'>j} n_{i'j'} = \sum_{i,j} n_{ij} \sum_{i'<i} \sum_{j'<j} n_{i'j'},$$

$$n_d = \sum_{i,j} n_{ij} \sum_{i'>i} \sum_{j'<j} n_{i'j'} = \sum_{i,j} n_{ij} \sum_{i'<i} \sum_{j'>j} n_{i'j'}.$$

在 X 和 Y 不相关的零假设下, $n_c - n_d$ 应该比较小, 且

$$\frac{G}{\sqrt{Var(G)}} \sim N(0,1),$$

式中,

$$Var(G) \approx \frac{16}{(P+Q)^4} \sum_{i,j} n_{ij}(PC_{ij} - QD_{ij})^2$$

$$P = \sum_{i,j} n_{ij}C_{ij} = 2n_c, \quad Q = \sum_{i,j} n_{ij}D_{ij} = 2n_d,$$

$$C_{ij} = \sum_{i'>i} \sum_{j'>j} n_{i'j'} + \sum_{i'<i} \sum_{j'<j} n_{i'j'}, \quad D_{ij} = \sum_{i'>i} \sum_{j'<j} n_{i'j'} + \sum_{i'<i} \sum_{j'>j} n_{i'j'}.$$

如果记 P_c 和 P_d 分别是随机抽取两对观测得到协同和不协同对子的概率, 前面定义的 G 是

$$\gamma = \frac{P_c - P_d}{P_c + P_d}$$

的一个估计. 与 Kendall's τ 相比, Goodman-Kruskal's γ 的分母不包含打结, 即统计量 G 的分母中没有 $(X_j - X_i)(Y_j - Y_i) = 0$ 的对子数. 换句话说, Goodman-Kruskal's γ 的点估计不会小于 Kendall's τ 的点估计.

下面继续用例 7.5 中的数据说明前面的概念.

例 7.6 (例 7.5 续) 不同年收入水平对工作满意程度的列联表数据:

收入	对工作的满意度			
	很不满意	不满意	满意	很满意
<3 万	1	3	10	6
3 万~6 万	1	6	14	12
>6 万	0	1	9	11

此问题的零假设与前面一样, 即 H_0: 收入高低与对工作满意度无关.

此列联表的协同对子总数为: $n_c = 1(6+14+12+1+9+11) + 3(14+12+9+11) + 10(12+11) + 1(1+9+11) + 6(9+11) + 14(11) = 716$; 不协同对子总数为: $n_d = 6(1+6+14+0+1+9) + 10(1+6+0+1) + 3(1+0) + 12(0+1+9) + 14(0+1) + 6(0) = 403$. 代入公式计算得到 Goodman-Kruskal 相关系数为 $G = (716-403)/(716+403) = 0.2797$. 利用下面本节注中的 R 程序, 得到样本均方差为 0.1455, 双边 p 值为 0.0546, G 的 95% 置信区间为 $(-0.0055, 0.5650)$. 按水平 0.05, 不能拒绝零假设.

当 $r = c = 2$ 时, Goodman-Kruskal's γ 退化成 Yule's Q, 其定义为

$$Q = \frac{n_{11}n_{22} - n_{12}n_{21}}{n_{11}n_{22} + n_{12}n_{21}}.$$

当然 Yule's Q 不仅适用于两个有序分类变量, 也可以用于分析两个无序分类变量的相关性.

本节软件的注

关于 Goodman-Kruskal's γ 相关检验的 R 程序

目前的 R 软件包中没有直接计算 Goodman-Kruskal's γ 的模块, 对于例 7.5 的 incsat.txt 数据, 可以用下面语句输入数据, 得到 G 及其 95% 置信区间等.

```
X=read.table("incsat.txt")
x=X[,1]; y=X[,2]; w=X[,3]
n1=max(x);n2=max(y);
WW=matrix(w,byrow=T,nrow=n1)
DD=CC=matrix(0,nrow=n1,ncol=n2);
for (i in 1:n1){
  for (j in 1:n2){
    CC[i,j]=sum((x>i)*(y>j)*w)+sum((x<i)*(y<j)*w)
    DD[i,j]=sum((x>i)*(y<j)*w)+sum((x<i)*(y>j)*w)}}
nc=sum(WW*CC)/2; nd=sum(WW*DD)/2
G=(nc-nd)/(nc+nd)
ASE=1/(nc+nd)^2*sqrt(sum(WW*(2*nd*CC-2*nc*DD)^2))
side2p=2*pnorm(-abs(G/ASE))
CI95=c(G-1.96*ASE,G+1.96*ASE)
list(cbind(G,ASE,side2p),CI95=CI95)
```

7.5 Somers' d 相关检验

在 Kendall's τ_b 的表达式中, 两个有序变量的位置是对称的. 为了度量自变量对因变量的影响或者体现用自变量预测因变量的效果, Somers (1962) 对 Kendall's τ_b 进行非对称化处理, 提出 Somers' $d(C|R)$ 和 Somers' $d(R|C)$, 前者将行变量 X 视为自变量, 列变量 Y 视为因变量, 后者将行列位置颠倒. Somers' $d(C|R)$ 定义为

$$d(C|R) = \frac{n_c - n_d}{n(n-1)/2 - \sum_i^r R_i(R_i-1)/2} = \frac{P-Q}{D_r},$$

其渐近均方差为

$$ASE = \frac{2}{D_r^2} \sqrt{\sum_{i,j} n_{ij}[D_r(C_{ij} - D_{ij}) - (P-Q)(n-R_i)]^2}.$$

式中, $D_r = n^2 - \sum_{i=1}^r R_i^2$, $R_i = \sum_{j=1}^c n_{ij}$, $n = \sum_{i=1}^r R_i$, n_{ij} 是 $r \times c$ 列联表中的元素, n_c, n_d, C_{ij}, D_{ij}, P 和 Q 与上一节定义的一样.

如果不分自变量和因变量, 下面的表达式是行列变量对称形式的 Somers' d 统计量:

$$d = \frac{P-Q}{(D_c + D_r)/2},$$

其渐近均方差为

$$ASE = \sigma_{\tau_b} \sqrt{\frac{2\sqrt{D_c D_r}}{(D_c + D_r)}},$$

其中 $D_c = n^2 - \sum_{j=1}^c C_j^2$, $C_j = \sum_{i=1}^r n_{ij}$, σ_{τ_b} 是 Kendall's τ_b 的均方差的估计表达式.

下面继续用例 7.5 中的数据说明前面的概念.

例 7.7 (例 7.5 续) 不同年收入水平对工作满意程度的列联表数据:

收入	对工作的满意度			
	很不满意	不满意	满意	很满意
<3 万	1	3	10	6
3-6 万	1	6	14	12
>6 万	0	1	9	11

此问题的零假设与前面一样, 即 H_0: 收入高低与对工作满意度无关.

对于例 7.5 中的数据, 利用本节软件的注中程序, 得到 Somers' $d(Y|X)$ 的点估计, 均方差, Z 值和单边 P 值分别为 0.177, 0.095, 1.868 和 0.031. Somers' $d(X|Y)$ 的点估计, 均方差, Z 值和单边 P 值分别为 0.182, 0.097, 1.868 和 0.031. 两者的 Z 值和单边 P 值完全一致. 对称的 Somers' d 的点估计, 均方差, Z 值和单边 P 值分别为 0.179, 0.096, 1.875 和 0.030.

本节软件的注

关于 Somers' d 相关检验的 R 程序

对于例 7.5 的数据, 可以用下面 R 语句得到 Somers' $d(C|R)$, Somers' $d(R|C)$ 和 Somers' d 的点估计, 渐近均方差及各自的 95%置信区间等.

```
X=read.table("incsat.txt")
x=X[,1];y=X[,2];w=X[,3];n1=max(x);n2=max(y);n=sum(w);
WW=matrix(w,byrow=T,nrow=n1)
Dc=n^2-sum((apply(WW,2,sum))^2);
Dr=n^2-sum((apply(WW,1,sum))^2);
Vij=DD=CC=nRi=nCj=matrix(0,nrow=n1,ncol=n2)
for (i in 1:n1){
  for (j in 1:n2){
    CC[i,j]=sum((x>i)*(y>j)*w)+sum((x<i)*(y<j)*w)
    DD[i,j]=sum((x>i)*(y<j)*w)+sum((x<i)*(y>j)*w)
    Vij[i,j]=Dr*sum(WW[i,])+Dc*sum(WW[,j])
    nRi[i,j]=n-sum(WW[i,]);nCj[i,j]=n-sum(WW[,j])}}
nc=sum(WW*CC)/2;nd=sum(WW*DD)/2;taub=2*(nc-nd)/sqrt(Dc*Dr)
temp=sum(WW*(2*sqrt(Dc*Dr)*(CC-DD)+taub*Vij)^2)-
    n^3*taub^2*(Dr+Dc)^2;
sigtaub=1/(Dc*Dr)*sqrt(temp);
dCR=2*(nc-nd)/Dr;dRC=2*(nc-nd)/Dc;d=4*(nc-nd)/(Dc+Dr);
sigdCR=2/Dr^2*sqrt(sum(WW*(Dr*(CC-DD)-2*(nc-nd)*nRi)^2))
sigdRC=2/Dc^2*sqrt(sum(WW*(Dc*(CC-DD)-2*(nc-nd)*nCj)^2))
sigd=sqrt(2*sigtaub^2/(Dc+Dr)*sqrt(Dc*Dr));
ZCR=dCR/sigdCR;pCR=pnorm(-abs(ZCR));
ZRC=dRC/sigdRC;pRC=pnorm(-abs(ZRC));Z=d/sigd;p=pnorm(-abs(Z))
list(cbind(dCR,sigdCR,ZCR,pCR),cbind(dRC,sigdRC,ZCR,pCR),
cbind(d,sigd,Z,p))
```

7.6 习题

1. (数据 6.6.1.txt, 6.6.1.csv) 30 个地区的文盲率 (单位: 千分之一) 和人均 GDP(单位: 元) 的数据为:

文盲率	7.33	10.80	15.60	8.86	9.70	18.52	17.71	21.24	23.20	14.24
人均 GDP	15044	12270	5345	7730	22275	8447	9455	8136	6834	9513
文盲率	13.82	17.97	10.00	10.15	17.05	10.94	20.97	16.40	16.59	17.40
人均 GDP	4081	5500	5163	4220	4259	6468	3881	3715	4032	5122
文盲率	14.12	18.99	30.18	28.48	61.13	21.00	32.88	42.14	25.02	14.65
人均 GDP	4130	3763	2093	3715	2732	3313	2901	3748	3731	5167

利用 Pearon, Spearman 和 Kendall 检验统计量来检验文盲率和人均 GDP 之间是否相关? 是正相关还是负相关?

2. (数据 6.6.2.txt, 6.6.2.csv) 一个公司准备研究服务和销售额之间的关系, 这里是月销售额 (单位: 万元) 和顾客投诉的数目:

销售额	452	318	310	409	405	332	497	321	406	413	334	467
投诉数目	107	147	151	120	123	135	100	143	117	118	141	97

利用各种检验确认在投诉量和销售额之间是否可能存在某种相关.

3. (数据 6.6.3.txt, 6.6.3.csv) 在美国 1920 — 1980 年间拥有拖拉机和拥有马匹的农场的百分比为:

年份	1920	1930	1940	1950	1960	1970	1980
拥有拖拉机的 (%)	9.2	30.9	51.8	72.7	89.9	88.7	90.2
拥有马匹的 (%)	91.8	88.0	80.6	43.6	16.7	14.4	10.5

是否这二者之间有某种相关? 何种相关?

4. (数据 6.6.4.txt, 6.6.4.csv) 在对 13 个非同卵孪生兄弟所做的一个心理测验的记分如下:

```
218 139 178 189 46 166 237 254 145 211 157 167 175
378 122 200  92 40 217 170 181  34 229  43 193 110
```

检验这些孪生兄弟的分数是否相关.

5. (数据 6.6.7.txt, 6.6.7.csv) 分别给 12 个图片 (A-L) 予两个同卵孪生兄弟, 并让他们把这些图片按照喜欢程度排序, 然后比较结果. 看是否有相关. 下面为这两个兄弟的排序:

图片	A	B	C	D	E	F	G	H	I	J	K	L
兄弟 A	10	7	9	11	4	2	3	1	5	6	8	12
兄弟 B	12	6	10	8	3	2	1	4	7	5	11	9

利用各种检验得出你的结论.

6. (数据 6.6.9.txt, 6.6.9.csv) 一位妇产科医生想利用如下 311 个新生婴儿体重和胎次数据, 研究婴儿体重和胎次是否有关.

婴儿体重	婴儿胎次			
	一胎	二胎	三胎	4 胎及以上
低于平均水平	71	15	10	6
平均水平	10	62	21	12
高于平均水平	11	16	37	40

你能否利用 Kendall's τ_b, τ_c, Goodman-Kruskal's γ, Somers' $d(C|R)$, Somers' $d(R|C)$ 和 Somers' d 等, 帮他写出分析报告?

第 8 章　分布检验 *

8.1　问题的提出

对于一列数据, 人们总希望知道它的总体分布是不是来自一个已知的分布, 或两列数据是否来自同一分布. 本章介绍常见的几种有关的方法, 包括直观比较的 Q-Q 图, 量化分析的 Kolmogorov-Smirnov 检验和其对于正态分布的改进型 Lilliefors 检验, Shapiro-Wilk 正态检验, 历史悠久的 χ^2 检验等.

查看一组样本 $x_1, x_2, \ldots, x_n$ 是否来自一个已知分布的最直观方法是 Q-Q 图. 如果把这组数据有序化, 得到经验分布的分位数点 $x_{(1)}, x_{(2)}, \ldots, x_{(n)}$, 用它和一个已知分布的相应分位数点, 画出散点图, 那么, 当这组样本真的来自这个已知分布时, 散点图中的点应该近似地在一条直线上. 这种图被称为 Q-Q 图 (quantile-quantile plot). 如果这个已知分布是正态分布, 可以计算标准正态分布的 $(i - 1/2)/n$ 分位数点 $(i = 1, 2, \ldots, n)$.

例 8.1 轴承数据. (ind.txt, ind.csv) 按设计要求, 某车间生产的轴承外座圈的内径应为 $15 \pm 0.2mm$, 下面是抽取其中 20 件得到的数据 (单位: mm):

$$15.04 \quad 15.36 \quad 14.57 \quad 14.53 \quad 15.57 \quad 14.69 \quad 15.37 \quad 14.66 \quad 14.52 \quad 15.41$$

$$15.34 \quad 14.28 \quad 15.01 \quad 14.76 \quad 14.38 \quad 15.87 \quad 13.66 \quad 14.97 \quad 15.29 \quad 14.95$$

现在希望检验一下这个数据是否来自 $N(15, 0.04)$ (即 $\mu = 15, \sigma^2 = 0.04$) 的正态分布.

画了两个 Q-Q 图, 如图 8.1.1 所示. 这两个图的形状除了量纲之外, 完全相同. Q-Q 图中只能大致看看这些散点是否在一条直线上, 不能给出量化分析结果. 这也说明从形状上, 正态分布族内不同成员的正态 Q-Q 图无区别.

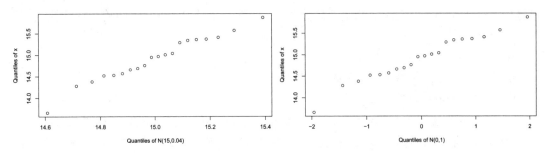

图 8.1.1　左边是 x 的分位点对 $N(15, 0.04)$ 分布的分位点, 右边是 x 的分位点对 $N(0,1)$ 分布的分位点

图 8.1.1 的左边是该数据排序后的分位点 $x_{(1)}, x_{(2)}, \ldots, x_{(n)}$ 对相应的 $N(15, 0.04)$ 分位数点所作的 Q-Q 图, 右边是 $x_{(1)}, x_{(2)}, \ldots, x_{(n)}$ 对相应的 $N(0,1)$ 分位数点所作的 Q-Q 图. 这两个图可以由下面的 R 语句产生. 注意: 代码中正态函数尺度选项是标准差, 而不是方差, 因此, 在 qnorm(x,mean=0,sd=1,\dots) 函数的选项 sd 中, 填写 0.2, 而不是 0.04, 即代

码不能用 qnorm((1:n-0.5)/20,15,0.04),而是 qnorm((1:n-0.5)/20,15,0.2).

```
x=scan("ind.txt")
n=length(x)
par(mfrow=c(1,2));
qqplot(qnorm((1:n-0.5)/20,15,0.2),x,
       xlab='Quantiles of N(15,0.04)',
       ylab='Quantiles of x')
qqnorm(x,xlab='Quantiles of N(0,1)',
       ylab='Quantiles of x',main = '')
```

注意, 在 R 的 Q-Q 图中, 通常可由 $(i-1/2)/n$, $i=1,2,\ldots,n$ 的递增数列来产生分位点. 当 $n \leqslant 10$ 时, 默认的产生分位点的递增数列为 $(i-3/8)/(n+1/4)$, $i=1,2,\ldots,n$.

8.2 Kolmogorov-Smirnov 单样本分布及一些正态性检验

8.2.1 Kolmogorov-Smirnov 单样本分布检验

由于 Kolmogorov-Smirnov 单样本分布检验的重要历史地位和影响, 我们对它的介绍比其他检验更加详细. 但是, 对于正态性的检验, 它并不比其他检验更有效.

一般来说, 要检验手中的样本是否来自某一个已知累计分布 $F_0(x)$, 假定它的真实累计分布为 $F(x)$, 有几组假设问题 (A 是双边检验, B 和 C 是单边检验):

A. H_0: 对所有 x 值:$F(x)=F_0(x)$; H_1: 对至少一个 x 值:$F(x) \neq F_0(x)$;

B. H_0: 对所有 x 值:$F(x)=F_0(x)$; H_1: 对至少一个 x 值:$F(x) < F_0(x)$;

C. H_0: 对所有 x 值:$F(x)=F_0(x)$; H_1: 对至少一个 x 值:$F(x) > F_0(x)$.

令 $S(x)$ 表示该组数据的经验分布. 一般来说随机样本 $X_1, X_2, \ldots, X_n$ 的经验分布函数 (empirical distribution function), 简称 EDF, 定义为阶梯函数

$$S(x) = \frac{X_i \leqslant x \text{ 的个数}}{n}.$$

它是小于等于 x 的值的比例. 它是总体分布 $F(x)$ 的一个估计. 对于上面的三种检验, 检验统计量分别为

A. $D = \sup_x |S(X) - F_0(X)|$;

B. $D^+ = \sup_x (F_0(X) - S(X))$;

C. $D^- = \sup_x (S(X) - F_0(X))$.

统计量 D 的分布实际上在零假设下对于一切连续分布 $F_0(x)$ 是一样的, 所以是与分布无关的. 由于 $S(x)$ 是阶梯函数, 只取离散值, 考虑到跳跃的问题, 在实际运作中, 如果有 n 个观测值, 则用下面的统计量来代替上面的 D(对 D^+ 和 D^- 也一样):

$$D_n = \max_{1 \leqslant i \leqslant n} \{\max(|S(x_i) - F_0(x_i)|, |S(x_{i-1}) - F_0(x_i)|)\}.$$

称它为 Kolmogorov 或 Kolmogorov-Smirnov 统计量 (Kolmogorov,1933). 在许多书上, 该统计量并没有考虑 $|S(x_{i-1}) - F_0(x_i)|$ 的值. 容易验证, 这种欠缺可能使 D_n 并不表示 S 和 F_0 的最大距离. 统计量 D_n 在零假设下的分布有表可查, 大样本的渐近分布也有表可查. 大样本

的渐近公式为: 在零假设下当 $n \to \infty$,

$$P(\sqrt{n}D_n < x) \longrightarrow K(x),$$

这里分布函数 $K(x)$ 有表达式

$$K(x) = \begin{cases} 0 & x < 0; \\ \sum_{j=-\infty}^{\infty}(-1)^j \exp(-2j^2x^2) & x > 0. \end{cases}$$

对于上面的例子, $F_0(x)$ 为正态分布 $N(15, 0.04)$. $F_0(x)$ 和 $S(x)$ 的图形在图 8.2.1 中.

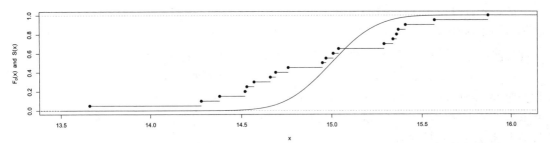

图 8.2.1　例 8.1 的经验累积分布函数和正态 $N(15, 0.04)$ 的累积分布函数

为了比较, 原数据按自小到大的次序排列. 下表为数据及有关的一些计算结果. 可以看出, 最后两列的绝对值最大的为 $D_{20} = 0.339$. 根据软件得到, 对于水平 $\alpha = 0.02$, 临界值为 $d_\alpha = 0.32866$ (满足 $P(D_n \geqslant d_\alpha) = \alpha$). 因此, 在水平 0.02 时, 可以拒绝零假设.

x_i	$F_0(x_i)$	$S(x_i)$	$F_0(x_i) - S(x_i)$	$F_0(x_i) - S(x_{i-1})$
13.66	0.000	0.05	-0.050	0.000
14.28	0.000	0.10	-0.100	-0.050
14.38	0.001	0.15	-0.149	-0.099
14.52	0.008	0.20	-0.192	-0.142
14.53	0.009	0.25	-0.241	-0.191
14.57	0.016	0.30	-0.284	-0.234
14.66	0.045	0.35	-0.305	-0.255
14.69	0.061	0.40	-0.339	-0.289
14.76	0.115	0.45	-0.335	-0.285
14.95	0.401	0.50	-0.099	-0.049
14.97	0.440	0.55	-0.110	-0.060
15.01	0.520	0.60	-0.080	-0.030
15.04	0.579	0.65	-0.071	-0.021
15.29	0.926	0.70	0.226	0.276
15.34	0.955	0.75	0.205	0.255
15.36	0.964	0.80	0.164	0.214
15.37	0.968	0.85	0.118	0.168
15.41	0.980	0.90	0.080	0.130
15.57	0.998	0.95	0.048	0.098
15.87	1.000	1.00	-0.000	0.050

许多计算机软件的 Kolmogorov-Smirnov 检验无论样本大小都用大样本近似的公式, 很不准确 (偏于保守, 即 p 值偏大). 使用 R 时, 输入 x 后用 `ks.test(x,"pnorm",15,0.2)` 就可得 $D = 0.3394$, 相应的精确双边检验的 p 值为 0.01470.

如果样本量小于 100, 而且没有结的数据, 可以利用精确检验. 在 R 软件中, 双边精确检验的 p 值按 Marsaglia et al (2003) 得到, 但是由于这个检验在 p 值很小时做单边检验比较费时, 因此单边的精确检验的 p 值按照 Birnbaum and Tingey (1951) 得到.

8.2.2 关于正态分布的一些其他检验和相应的 R 程序

正态分布是许多检验的基础, 对一组样本是否来自正态总体的检验是至关重要的. 当然, 我们无法证明某个数据的确来自正态总体, 但如果使用效率高的检验还无法否认总体是正态的零假设时, 我们就没有理由否认那些和正态分布有关的假设检验有意义. 下面介绍一系列对于正态分布零假设的检验和有关的 R 程序. 这些假设检验的方法很多并不是非参数统计的内容, 除了 Pearson χ^2 检验会在下节中介绍外, 我们不做详细讨论.

在使用 Kolmogorov-Smirnov 检验做关于正态分布的检验方面, 前面提到了大样本近似和按照 Marsaglia et al (2003) 及 Birnbaum and Tingey (1951) 的公式得到的精确检验 (包含在 R 的 ks.test 函数), Lilliefors (1967) 提出的 (对 Kolmogorov-Smirnov) 修正, 这可以从从网上下载的 R 软件包 nortest 中的 lillie.test 函数). 在 R 的软件包 nortest 中还有 Anderson-Darling 正态性检验 (ad.test), Cramér-von Mises 正态性检验 (cvm.test), Pearson χ^2 正态性检验 (pearson.test), 以及 Shapiro-Francia 正态性检验 (sf.test). 在 R 本身固有的软件包中还有关于正态分布的 Shapiro-Wilk 正态性检验 (shapiro.test).

这些检验的效率如何, 或者说它们的势如何? 我们不做一般的理论上的讨论, 但给出一些模拟结果, 让读者一起判断哪个检验更有效. 简单地说, 一个检验的效率高, 或者势高, 是在零假设不正确时, 该检验否定零假设时所需要的样本量比其他检验要少, 或者说, 对于不正确的零假设, 在同样样本量时, 效率高的检验往往给出较小的 p 值. 注意, 效率是对特定的零假设和特定的备选假设而言. 绝对不能笼统地说, 某个检验的效率一定都比另外一个检验要高.

下面我们进行 200 次模拟, 每次模拟分别产生出正态 $N(0,1)$ 分布, 指数 $Exp(1)$ 分布, $Gamma(1,2)$ 分布, 均匀 $U(1,2)$ 分布, $t(1)$ 分布, $\chi^2(1)$ 分布和 $F(1,2)$ 分布的 30 个随机数 [1], 并且用上面谈到各种检验进行零假设为正态分布的检验. 我们把这 200 次对不同分布作出的模拟结果进行的各种检验的 p 值作出均值, 以进行比较. R 软件计算的结果在下面表中.

对于各种分布的不同分布样本 (样本量均为 30) 检验所得的 200 次 p 值的均值

检验	$N(0,1)$	$Exp(1)$	$Gamma(1,2)$	$U(1,2)$	$t(1)$	$\chi^2(1)$	$F(1,2)$
K-S(Marsaglia)	0.948	0.802	0.786	0.948	0.572	0.685	0.454
K-S(Lilliefors)	0.535	0.057	0.057	0.324	0.011	0.004	2.54e-04
Pearson χ^2	0.476	0.054	0.060	0.363	0.021	0.005	2.23e-04
Cramér-von Mises	0.516	0.031	0.027	0.259	0.005	0.002	9.69e-06
Anderson-Darling	0.509	0.022	0.015	0.215	0.005	0.001	3.30e-06
Shapiro-Francia	0.511	0.019	0.011	0.257	0.004	0.001	1.61e-05
Shapiro-Wilk	0.517	0.013	0.007	0.152	0.007	0.000	5.82e-06

可以看出, 当随机数产生于正态总体时, 所有检验的 p 值都大于或接近 0.5, 不能拒绝零假设. 当随机数产生于 $Exp(1)$ 和 $Gamma(1,2)$ 分布时, Cramér-von Mises, Anderson-Darling, Shapiro-Francia, Shapiro-Wilk 四种检验可在水平 0.05 时拒绝零假设, 而 Kolmogorov-Smirnov

---

[1] 注意: 最后三种分布不是自然界中常出现的分布, 这里仅仅为了参考而列出.

检验 (K-S) 的两种修正及 Pearson χ^2 检验都无法拒绝零假设; 当随机数产生于均匀分布 $U(1,2)$ 时, 所有检验都无法在即使显著性水平 0.1 的情况下拒绝零假设; 当随机数产生于 $t(1)$, $\chi^2(1)$ 和 $F(1,2)$ 分布时, 除了 K-S(Marsaglia) 检验之外, 其他检验都能够在 0.02 水平拒绝零假设. 总起来说, 对于正态性的检验, Shapiro-Wilk 检验表现最好, 而 Kolmogorov-Smirnov 检验和 Pearson χ^2 检验表现最差. 因此, 在处理实际问题时, 如果需要检验正态性, 应该避免使用 Kolmogorov-Smirnov 检验和 Pearson χ^2 检验, 而应该常规地使用 Shapiro-Wilk 等表现好的检验.

本节软件的注

关于 Kolmogorov-Smirnov 单样本分布检验的 R 程序

对于本节例 8.1, 零假设为 $N(15, 0.04)$, 为得到精确的检验结果 (不是大样本近似), 在 R 中把 x 输入后用语句 `ks.test(x,"pnorm",15,0.2)` 就可以了. 如果不是和正态分布比较, 则可以在分布选项中选 `pexp`, `pgamma` 等其他分布, 并且后面加上相应的零假设时的参数. 如果需要用大样本近似则加上选项 `exact=F` 等等 (默认值是 `exact=T`). 前面已经提到关于正态性的各种检验的 R 语句, 这里不再重复.

关于正态性的其他检验的 R 程序

R 软件包 `nortest` 中的 `lillie.test` 实行更精确的 Kolmogorov-Smirnov 检验. 在此软件包中还有各种正态性检验: Anderson-Darling 检验 (`ad.test`), Cramér-von Mises 检验 (`cvm.test`), Pearson χ^2 检验 (`pearson.test`), 以及 Shapiro-Francia 检验 (`sf.test`). 在 R 本身固有的软件包中的正态性检验包括: Shapiro-Wilk 检验 (`shapiro.test`). 在软件包 `fBasics` 中的正态性检验有 `normalTest` (Kolmogorov-Smirnov 检验), `ksnormTest` (Kolmogorov-Smirnov 检验), `shapiroTest` (Shapiro-Wilk 检验), `jarqueberaTest` (Jarque-Bera 检验), `dagoTest` (D'Agostino 检验). 而 `gofnorm` 则可打印出 13 种关于正态性检验的结果.

关于 Kolmogorov-Smirnov 单样本分布检验的 Python 操作

对于本节例 8.1, 零假设为 $N(15, 0.04)$, 可用下面代码实现:

```
x=pd.read_csv('ind.csv')
from scipy import stats
stats.ks_1samp(x['x'],stats.norm.cdf,(15,0.2))
```

输出为:

```
KstestResult(statistic=0.339429, pvalue=0.014702, statistic_location=14.69,
             statistic_sign=1)
```

8.3　Kolmogorov-Smirnov 两样本分布检验

在查看两组样本是否来自同一个总体时, 有 Smirnov 检验 (Smirnov, 1939), 它的基本思想和做法和 Kolmogorov 检验一样, 因此经常通称这两个检验为 Kolmogorov-Smirnov 拟合优度检验.

假定样本 $x_1, x_2, \ldots, x_m$ 来自 $F(x)$ 分布, 而样本 $y_1, y_2, \ldots, y_n$ 来自 $G(y)$ 分布. 这里的检验问题是类似的 (A 是双边检验, B 和 C 是单边检验):

A. $H_0:$ 对所有 x 值:$F(x) = G(x)$; $H_1:$ 对至少一个 x 值:$F(x) \neq G(x)$;

B. $H_0:$ 对所有 x 值:$F(x) \geqslant G(x)$; $H_1:$ 对至少一个 x 值:$F(x) < G(x)$;

C. $H_0:$ 对所有 x 值:$F(x) \leqslant G(x)$; $H_1:$ 对至少一个 x 值:$F(x) > G(x)$.

令 $F_m(x)$ 和 $G_n(y)$ 表示这两组样本的经验分布. 对于上面的检验 A, 实用的检验统计量为 (令 $N = m + n$)

$$D_N = \max\{\max_i(|F_m(x_i) - G_n(x_i)|), \max_j(|F_m(y_j) - G_n(y_j)|)\}.$$

其余的对 B 和 C 的统计量的表达式也类似 (作为练习留给读者). 关于统计量 D_N 有表可查, 也有零假设下的大样本近似公式:

$$\lim_{\min(m,n)\to\infty} P\left(\sqrt{\frac{mn}{m+n}}D_N < x\right) = \begin{cases} 0 & x \leqslant 0; \\ \sum_{j=-\infty}^{\infty}(-1)^j \exp(-2j^2 x^2) & x > 0. \end{cases}$$

这里两个分布不同的原因可以是多种多样的. 和前面一节一样, **Kolmogorov-Smirnov** 两样本分布检验也用 R 中的 ks 来实现.

例 8.2 非洲和欧洲酒精消费数据. (ks2.txt, ks2.csv) 下面是 13 个非洲地区和 15 个欧洲地区的人均酒精年消费量 (合纯酒精, 单位升):

13 个非洲	5.38	4.38	9.33	3.66	3.72	1.66	0.23	0.08	2.36	1.71	2.01	0.90	1.54
15 个欧洲	6.67	16.21	11.93	9.85	10.43	13.54	2.40	12.89	9.30	11.92	5.74	14.45	1.99	9.14	2.89

想要看这两个地区的酒精人均年消费量是否分布相同.

就例 8.2 数据, 有下面分别关于非洲和欧洲的经验累计分布函数 (图 8.3.1):

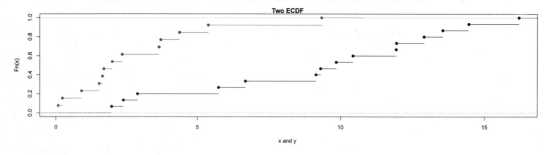

图 8.3.1 例 8.2 的两个经验累积分布函数的比较

用下面 R 语句

```
z=read.table("ks2.txt",header=F);
x=z[z[,2]==1,1];y=z[z[,2]==2,1];ks.test(x,y)
```

就可以得到 $D = 0.7231$ 和精确的双边检验 p 值 (=0.00047). 因此我们可以在显著性水平不小于 0.00048 时, 拒绝两样本有同样分布的零假设. 只要两样本量的乘积不超过 10000, 该函数对于两样本就能给出精确的 p 值.

本节软件的注

关于 Kolmogorov-Smirnov 两样本分布检验的 R 程序

用下面 R 程序可以生成图 8.3.1:

```
x=read.table('ks2.txt')
plot(ecdf(x[,1][x[,2]==2]),xlim=c(min(x[,1]),max(x[,1])),
     main='Two ECDF',xlab='x and y')
lines(ecdf(x[,1][x[,2]==1]),col=4)
```

下面 R 代码可得到文中相关结果:

```
ch7.2=function(){
  d=read.table("ks2.txt");x=d[d[,2]==1,1];y=d[d[,2]==2,1]
  xi=sort(unique(x));yj=sort(unique(y));m=length(xi);n=length(yj)
  Fx=rep(0,m);Fy=rep(0,n)
  for (i in 1:m) Fx[i]=sum(x<=xi[i])/length(x)
  for (j in 1:n) Fy[j]=sum(y<=yj[j])/length(y)
  Fmxi=Gnxi=rep(0,m);Fmyj=Gnyj=rep(0,m)
  for (i in 1:m) {
    Fmxi[i]=sum(x<xi[i])/length(x)
    Gnxi[i]=sum(y<xi[i])/length(y)}
  for (j in 1:n) {
    Gnyj[j]=sum(y<yj[j])/length(y)
    Fmyj[j]=sum(x<yj[j])/length(x)}
  D=c(Fmxi-Gnxi,Fmyj-Gnyj)
  list("Fmxi"=Fmxi,"Gnxi"=Gnxi,"Fmyj"=Fmyj,"Gnyj"=Gnyj,
       "c(Fmxi-Gnxi,Fmyj-Gnyj)"=D,max(D),ks.test(x,y))}
ch7.2()
```

在下载的软件包 fBasics 之中, ks2Test 可以计算产生对于两样本的各种备选假设的检验的 p 值.

关于 Kolmogorov-Smirnov 两样本分布检验的 Python 操作

对于例 8.2 数据, 代码为:

```
x=pd.read_csv('ks2.csv')
from scipy import stats
stats.ks_2samp(x['V1'][x['V2']==1], x['V1'][x['V2']==2])
```

输出为:

```
KstestResult(statistic=0.7230769, pvalue=0.0004714,
             statistic_location=5.38, statistic_sign=1)
```

8.4   分布检验的局限性

分布检验绝对不能用来证明数据来自某个分布

很多人都用分布检验不显著来证明数据来自某分布. 特别是想要使用正态分布相关的 t 检验和导出的 χ^2 检验和 F 检验时, 往往对数据做正态性检验, 当 p 值较大时, 就说 "通过了正态性检验". 这种做法极其荒谬的, 不但逻辑错误, 而且是反科学的. 检验最多只能在假定条件满足时拒绝零假设, 如果不能拒绝, 最多只能说证据不足以拒绝零假设, 而不能说 "接受" 零假设. 这与科学上永远只能证伪一样.

下面用代码说明这一点, 我们对一串从 1 到 40 的不间断自然数列做 Shapiro 正态性检验, 得到下面结果:

```
> shapiro.test(1:40)

Shapiro-Wilk normality test

data:  1:40
W = 0.95621, p-value = 0.1241
```

这显然不显著 (即使显著性水平取 $\alpha = 0.1$), 能不能证明这个自然数列就是正态分布了? 是不是可以对这个数列做诸如 t 检验等操作了?

用分布检验不显著来证明数据来自某分布的奇葩做法出现在各个领域的论文中, 这是因为一些统计学家对其他领域做出了误导.

分布检验的应用范围

如果分布检验的目的是核对一个数据是否来自某一个分布 (记为 F), 那么, 潜在的假定是:

1. 默认该数据来自一个分布, 但需要注意的是, 这个默认是永远无法核对的.
2. 分布 F 必须是一个数学公式可以描述的分布, 那么为什么在无穷多的 (远多于 $\aleph$ 基数所能描述的) 可能分布中寻找某一个来否定呢? (注意上面谈到的假设检验不能证明只能拒绝的原则)

人们不禁要问, 这种做法会带来多少更多的知识和行动指导呢?

如果分布检验是比较两个数据样本的分布, 则潜在的假定是:

1. 这两个数据都各自具有一个总体分布, 这也是无法核对的假定.
2. 检验结果也是只能拒绝不能接受, 那目的何在?

8.5   习题

1. (数据 7.4.1.txt, 7.4.1.csv) 从一个空气严重污染的工业城市某观测点测得的臭氧数据如下 (单位: 毫克/立方米):

    7.50 6.10 10.70 9.20 13.80 12.80 15.70 11.80 15.20 9.50 10.20 10.60 11.70 9.20 11.60
    8.50 12.90 10.00 11.50 8.30 12.10 12.10 17.40 6.00 7.50 11.60 15.30 2.60 11.60 4.80

    能否表明臭氧分布为正态分布. 利用各种方法来检验, 并比较结果.

2. (数据 7.4.2.txt, 7.4.2.csv) 下面是某车间生产的一批轴的实际直径 (单位:mm):

    9.967　10.001　9.994　10.023　9.969　9.965　10.013　9.992　9.954　9.934

能否表明该尺寸服从均值为 10, 标准差为 0.022 的正态分布? 利用各种方法来检验, 并比较结果.

3. (数据 7.4.3.txt, 7.4.3.csv) 某日观测到的流星出现的 30 个时间间隔为 (单位: 分钟):

1.289 0.102 1.206 3.120 1.278 0.020 0.783 0.603 1.048 0.011 0.389 0.141 1.640 0.787 0.338
0.336 0.288 1.226 0.227 0.018 2.433 0.150 0.005 1.481 0.311 0.100 1.171 0.079 0.216 2.056

能否表明该间隔服从指数分布?

4. (数据 7.4.4.txt, 7.4.4.csv) 某种岩石中的一种元素的含量在 25 个样本中为:

    0.32　0.25　0.29　0.25　0.28　0.30　0.23　0.23　0.40　0.32　0.35　0.19　0.34
    0.33　0.33　0.28　0.28　0.22　0.30　0.24　0.35　0.24　0.30　0.23　0.22

有人认为该样本来自对数正态总体. 请设法检验.

5. (数据 7.4.5.txt, 7.4.5.csv) 两个工人加工零件. 质量管理人员想知道他们的加工误差是否有同样的分布. 在测量了两个工人的 (分别为 20 个和 15 个) 加工完的产品时, 记录了如下的误差值 (两行分别代表两个工人的数据):

    0.05 2.51 -0.56 -0.18 0.36 1.76 0.70 -1.53 1.02 1.25 0.12 0.34 0.83 0.87 0.60 2.74 1.18 -0.08 1.43 0.71
    1.09 1.12 0.44 -0.09 -0.31 -1.59 -0.30 -0.92 0.93 -0.59 -0.07 -1.06 0.06 -2.04 -0.61

请检验这两组样本是否来自一个总体分布.

6. (数据 7.4.6.txt, 7.4.6.csv) 某商业中心有 5000 部电话, 在上班的第一小时内打电话的人数和次数记录在下表中:

打电话次数 (x)	0	1	2	3	4	5	6	7	$\geqslant 8$
相应的人数 (N_i)	1875	1816	906	303	82	15	1	2	0

请检验打电话的次数是否符合 Poisson 分布.

第 9 章 非参数密度估计和非参数回归简介 *

非参数回归和密度估计问题在许多方面和前面讨论的基于秩的统计问题很不一样, 需要的数学方法也不相同. 由于非参数回归和密度估计需要大量的计算, 只有在近些年来计算机飞速发展之后, 才得到长足的进展. 这方面有不少专著. 本书仅通过两个著名例子来介绍一些典型的方法和思路, 以使读者对此方向有些直观印象. 想了解本节方法细节的读者, 请阅读有关的文献.

9.1 非参数密度估计

例 9.1 老忠实温泉数据. (faithful.txt, faithful.csv) 这是一个很著名的例子. 在美国黄石国家公园有一个间歇式温泉, 它的喷发间隔很有规律, 大约 66 分钟喷发一次, 但实际上从 33 分钟到 148 分钟之间变化. 水柱高度可达 150 英尺. 由于其喷发保持较明显的规律性, 人们称之为老忠实 (Old Faithful). 图 9.1.1 是其喷发持续时间 (eruptions) 和间隔时间 (waiting) 的散点图 (单位为分钟, 共 272 个点). 人们想知道间隔时间的密度函数.

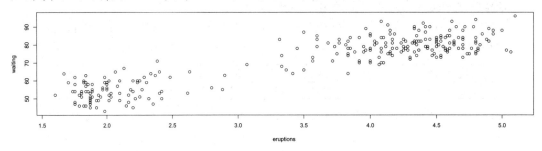

图 9.1.1 ''老忠实'' 温泉的喷发持续时间和间隔时间的散点图

从图 9.1.1 看起来该密度应该有两个峰. 最简单的显示是直方图 (图 9.1.2).

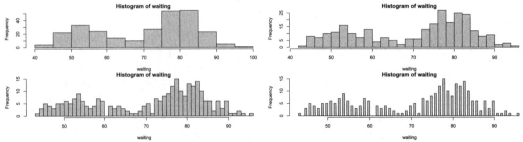

图 9.1.2 ''老忠实'' 温泉的喷发间隔时间的不同分割数目的直方图

图 9.1.2 是用不同数目的分割区间所画的老忠实间歇温泉的间隔时间的直方图. 容易看出, 当区间变细时, 这些直方图看起来的确像个密度. 然而, 如果数据不够多, 分割区间太多

会使得个别点太突出而看不出总体形状. 因此, 选择区间的数目和大小是画好直方图的关键. 一般的软件都有对此的缺省值. 当然, 计算机软件所提供的缺省值不一定就是最优的. 直方图有时仅被认为是很初等的非参数密度估计, 并且往往划归到描述性统计的范畴. 下面介绍一些非参数密度估计方法.

9.1.1 一元密度估计

直方图记录了在每个区间中点的个数或频率, 使得图中的矩形条的高度随着数值个数的多少而变化. 但是直方图很难给出较为精确的密度估计.

核密度估计

下面引进核估计 (kernel estimation). 核估计是一种加权平均, 对于近处的点考虑权重多一些, 对于远处的点考虑权重少一些 (或者甚至不考虑). 具体来说, 如果数据为 $x_1, x_2, \ldots, x_n$, 在任意点 x 处的一种核密度估计为

$$\tilde{f}(x) = \frac{1}{nh} \sum_{i=1}^{n} K\left(\frac{x - x_i}{h}\right),$$

这里 $K(\cdot)$ 称为核函数 (kernel function), 它通常满足对称性及 $\int K(x)dx = 1$. 可以看出, 核函数是一种权函数, 该估计利用数据点 x_i 到 x 的距离 $(x - x_i)$ 来决定 x_i 在估计点 x 的密度时所起的作用. 如果核函数取标准正态密度函数 $\phi(\cdot)$, 则离 x 点越近的样本点, 加的权也越大. 上面积分等于 1 的条件是使得 $\tilde{f}(\cdot)$ 是一个积分为 1 的密度. 表示式中的 h 称为带宽 (bandwidth). 一般来说, 带宽取得越大, 估计的密度函数就越平滑, 但偏差可能会较大. 如果选的 h 太小, 估计的密度曲线和样本拟合得较好, 但可能很不光滑. 一般选择的原则为使得均方误差最小为宜. 有许多方法选择 h, 比如交叉验证法 (cross-validation), 直接插入法 (direct plug-in), 在各个局部取不同的带宽, 或者估计出一个光滑的带宽函数 $\hat{h}(x)$ 等等.

图 9.1.3 为对老忠实温泉的间隔时间所作的核估计. 其中 h 取了四个不同的值: $h = 0.3, 0.5, 1, 2$. 图中清楚地显示带宽对图形的影响. 这里的核函数为标准正态密度函数.

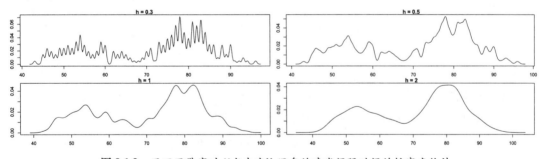

图 9.1.3 用不同带宽对 "老忠实" 温泉的喷发间隔时间的核密度估计

常用的核函数包括:

1. 均匀 (Uniform): $I(|u| \leqslant 1)/2$;
2. 三角 (Triangle): $(1 - |u|)I(|u| \leqslant 1)$;
3. Epanechikov: $3(1 - u^2)I(|u| \leqslant 1)/4$;
4. 四次 (Quartic): $15(1 - u^2)^2 I(|u| \leqslant 1)/16$;
5. 三权 (Triweight): $35(1 - u^2)^3 I(|u| \leqslant 1)/32$;

6. 高斯 (Gauss): $\exp\left(-u^2/2\right)/\sqrt{2\pi}$;

7. 余弦 (Cosinus): $\pi\cos\left(\pi u/2\right) I(|u| \leqslant 1)/4$.

局部多项式密度估计

局部多项式密度估计 (local polynomial density estimation) 是目前最流行的, 效果很好的密度估计方法. 它对每个点 x 拟合一个局部多项式来估计在该点的密度. 图 9.1.4 为对 "老忠实" 温泉的间隔时间所作的核估计 (实线) 和局部多项式估计 (虚线). 从图上可以看出核密度估计和局部多项式估计在边界上的区别, 后者在边界上的估计效果更好.

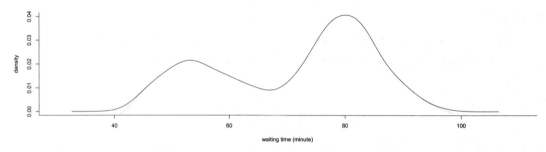

图 9.1.4　对 "老忠实" 温泉的间隔时间所作的核估计 (实线) 和局部多项式估计 (虚线)

k **近邻估计.** 上一节的密度核估计是以和 x 的欧氏距离为基准来决定加权的多少. 本节所介绍的 $k-$ 近邻估计是无论欧氏距离多少, 只要是 x 点的最近的 k 个点之一就可参与加权. 一种具体的 k 近邻密度估计 (k-nearest neighbor estimation) 为

$$\tilde{f}(x) = \frac{k-1}{2nd_k(x)},$$

令 $d_1(x) \leqslant d_2(x) \leqslant \cdots \leqslant d_n(x)$ 表示按升序排列的 x 到所有 n 个样本点的欧氏距离. 显然, k 的取值决定了估计密度曲线的光滑程度. k 越大则越光滑. 还可以与核估计结合起来定义广义 k 近邻估计

$$\tilde{f}(x) = \frac{1}{nd_k(x)} \sum_{i=1}^{n} K\left(\frac{x-x_i}{d_k(x)}\right).$$

9.1.2　多元密度估计

多元密度估计可以是一元的推广. 对于二元数据, 可以画二维直方图. 同样可以有多元的核估计. 假定 bmx 为 d 维向量, 则多元密度估计可以为

$$\tilde{f}(bmx) = \frac{1}{nh^d} \sum_{i=1}^{n} K\left(\frac{bmx - bmx_i}{h}\right).$$

当然, 这里的 h 不一定对所有的元都一样, 每一元都可以而且往往有必要选择自己的 h. 这里的核函数应满足

$$\int_{R^d} K(bmx)dbmx = 1.$$

和一元情况一样, 可以选择多元正态或其他多元分布密度函数作为核函数.

图 9.1.5 显示了 "老忠实" 间歇温泉的喷发持续时间及间隔时间的二元密度函数核估计的等高线图和三维图.

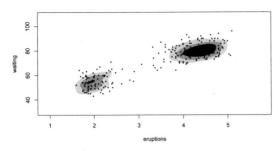 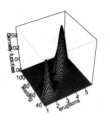

图 9.1.5　对"老忠实"的喷发持续时间及间隔时间做二元密度函数核估计的等高线和三维图

本节软件的注

有关非参数密度估计的 R 程序

我们仅介绍文中三个图的画图程序. 其中, 图 9.1.3 的四个图的程序为:

```
par(mfrow=c(2,2))
x=faithful$waiting
library(KernSmooth)
for (h in c(0.3,0.5,1,2)) {
  w=bkde(x,band=h)
  plot(w,type="l",main=paste("h =", h),xlab="",ylab="")
}
```

而图 9.1.4 的程序为:

```
x=faithful$waiting
library(KernSmooth)
plot(x=c(30,110),y=c(0,0.04),type ="n",bty="l",
     xlab="waiting time (minute)",ylab ="density")
lines(bkde(x,bandwidth=dpik(x)))
lines(locpoly(x,bandwidth=dpik(x)),lty=3)
```

图 9.1.5 的程序为:

```
library(ks)
par(mfrow=c(1,2))
fhat<- kde(faithful)
plot(fhat, display="filled.contour2")
points(faithful, cex=0.5, pch=16)
plot(fhat, display="persp")
```

9.2　非参数回归

回归是指给了一组数据 $(x_1,y_1),(x_2,y_2),\cdots,(x_n,y_n)$ 之后, 希望找到一个 X 变量和 Y 变量的一个关系

$$y_i = m(x_i) + \epsilon_i, \ i = 1,2,\ldots,n.$$

主要目的是对 $m(x)$ 进行估计. 先来看另一个著名的例子.

例 9.2 摩托车碰撞数据. (mcycle.txt, mcycle.csv) 图 9.2.1 是在研究摩托车碰撞模拟的 133 个数据的散点图. 变量 times(X) 为在模拟的和摩托车相撞之后的时间 (单位为百万分之一秒). 而变量 accel(Y) 是头部的加速度 (单位为重力加速度 g). X 和 Y 之间看来是有某种函数关系, 但是很难用参数方法进行回归.

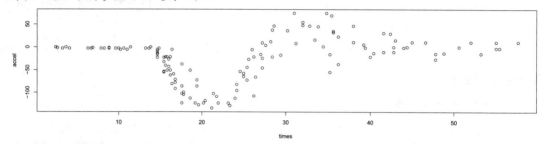

图 9.2.1 摩托车数据的散点图

k 最近邻光滑

为了说明方便, 不妨考虑平面上的 n 个点 $(x_i, y_i), i = 1, 2, \ldots, n$. 所谓 k 最近邻光滑 (k-nearest neighbor smoothing, kNN-smoothing) 是把自变量横坐标上一点 x 所对应的 y 值, 用这 n 个点中横坐标与该 x 最近的 k 个点的 y 值的平均来估计, 这里邻近程度仅用自变量度量, 而计算平均用的是 k 个因变量数值. 对于多维自变量, 可以定义高维距离, 如欧式距离等.

令 J_x^k 表示和 x 最近的 k 个点的集合, $\{x_i, i \in J_x^k\}$, 这时

$$\hat{m}_k(x) = \frac{1}{k} \sum_{i=1}^{n} W_k(x, x_i) y_i,$$

这里权 $W_k(x, x_i)$ 定义为

$$W_k(x, x_i) = \begin{cases} 1 & x_i \in J_x^k; \\ 0 & x_i \notin J_x^k. \end{cases}$$

图 9.2.2 中的四个小图分别为对摩托车碰撞模拟数据的 $3, 5, 7, 9$ 近邻光滑, 即 $3, 5, 7, 9$ 滑动平均图. 平均的点数越多, 就越光滑.

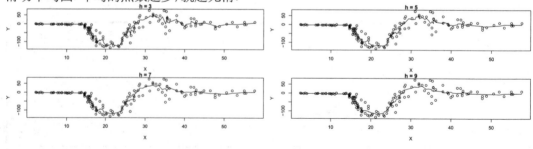

图 9.2.2 摩托车数据的滑动平均图

回归实际上就是把原始数据点光滑化, 太光滑了, 拟合就不一定好; 而过分拟合, 有可能不光滑, 以至于无法有效地做进一步的推断. 在非参数回归中, 主要考虑的是局部加权回归方法, 与核密度估计类似, 也有核光滑, 局部多项式回归, k 近邻光滑, 样条光滑等方法, 也有选择带宽或 k 个邻近点 (或者其他参数) 以调节光滑度的问题.

核回归光滑

核光滑 (kernel smoothing) 或核回归 (kernel regression) 的基本思路和 k 近邻点平均光滑类似. 只不过作平均时是按照核函数进行加权平均. 估计的公式和核密度估计有相似之处. 一种所谓的 Nadaraya-Watson 形式的核估计为

$$\hat{m}(x) = \frac{\frac{1}{nh}\sum_{i=1}^{n} K\left(\frac{x-x_i}{h}\right) y_i}{\frac{1}{nh}\sum_{i=1}^{n} K\left(\frac{x-x_i}{h}\right)},$$

这里和以前一样, 核函数 $K(\cdot)$ 是一个积分为 1 的函数. 在上式中, 可以马上看出分母就是前面的对密度函数 $f(x)$ 的一个核估计, 而分子为对 $\int yf(x)dx$ 的一个估计. 和核密度估计一样, 选择带宽 h 是很重要的. 通常也是用交叉证实法来选择. 除了 Nadaraya-Watson 核之外, 还有其他形式的核, 比如 Gausser-Müller 核估计

$$\hat{m}(x) = \sum_{i=1}^{n} \int_{s_{i-1}}^{s_i} K\left(\frac{u-x}{h}\right) du y_i,$$

这里 $s_i = (x_i + x_{i+1})/2, x_0 = -\infty, x_{n+1} = +\infty$. Nadaraya-Watson 估计和 Gausser-Müller 估计各有各的优点.

图 9.2.3 为对前面摩托车模拟碰撞一例的 Nadaraya-Watson 核回归光滑. 为了说明 h 的作用, 这里的 h 分别取 1, 2, 3 和 5.

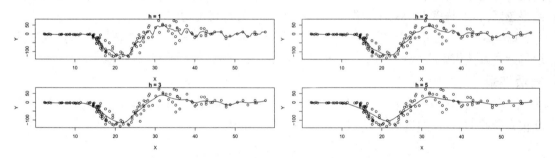

图 9.2.3 　*摩托车数据的 Nadaraya-Watson 核回归估计*

局部多项式回归

前面介绍的核光滑和 k 近邻光滑是在局部用常数加权. 这里首先要介绍的是局部多项式回归 (local polynomial regression). 假定在局部上, 回归函数 $m(\cdot)$ 在 x 的邻域点 z 可以由 Taylor 展开来近似

$$m(z) \approx \sum_{j=0}^{p} \frac{m^{(j)}(x)}{j!}(z-x)^j \equiv \sum_{j=0}^{p} \beta_j(z-x)^j.$$

因此, 需要估计出 $m^{(j)}, j = 0, 1, \ldots, p$. 再加权, 这归结到所谓的局部的加权多项式回归, 它要选择 $\beta_j, j = 0, 1, \ldots, p$, 使得下式最小

$$\sum_{i=1}^{n}\{y_i - \sum_{j=0}^{p}\beta_j(x_i-x)^j\}^2 K\left(\frac{x-x_i}{h}\right).$$

记这样的对 β_j 的估计为 $\hat{\beta}_j$. 由此得到 $m^{(\nu)}$ 的估计

$$\hat{m}_\nu(x) = \nu!\hat{\beta}_\nu.$$

也就是说在每一点 x 的附近运用估计

$$\hat{m}(z) = \sum_{j=0}^{p} \frac{\hat{m}_j(x)}{j!}(z-x)^j.$$

当 $p=1$ 时称为局部线性估计. 局部多项式估计有很多优点, 比如它兼备有 Nadaraya-Watson 估计和 Gausser-Müller 估计二者的优点, 而且在边沿附近的性质又优于这二者. 当然, 局部多项式回归的方法有很多不同的形式和改进. 在带宽的选择上也有很多选择, 其中包括使用局部带宽以及使用光滑的带宽函数.

Loess 局部加权多项式回归

它最初由 Cleveland (1979) 提出, 后又被 Cleveland and Devlin(1988) 及其他许多人发展. Loess (locally weighted polynomial regression), 可以理解为"LOcal regrESSion" 的缩写, 它是 Lowess(locally weighted scatter plot smoothing) 的推广. 其主要思想为: 在数据集合的每一点用低维多项式拟合数据点的一个子集, 并估计该点附近自变量数据点所对应的因变量值. 该多项式是用加权最小二乘法来拟合, 离该点越远, 权重越小. 该点的回归函数值就用这个局部多项式来得到. 而用于加权最小二乘回归的数据子集是由最近邻方法确定. 它的最大优点是不需要事先设定一个函数来对所有数据拟合一个模型. 此外, Loess 很灵活, 适用于很复杂的没有理论模型存在的情况. 再加上其简单的思想使得它很有吸引力. 数据越密集, Loess 的结果越好. 也有许多 Loess 的改进方法, 使得结果更好或者更稳健.

Lowess 方法也可以看作是 Loess 方法在局部多项式取做常数时的特殊情况. 与等权的 k 近邻光滑方法相比, Lowess 方法考虑的是 k 近邻加权平均, 越近的点, 权重越大.

光滑样条

一种稍微不同一点的常用拟合称为光滑样条 (smoothing spline). 它的原理是调和拟合度和光滑程度. 选择的近似函数 $f(\cdot)$ 要使下式尽可能地小

$$\sum_{i=1}^{n}[y_i - f(x_i)]^2 + \lambda \int (f''(x))^2 dx.$$

显然, 当 $\lambda(>0)$ 大时, 二阶导数要很小才行, 这样就使得拟合很光滑, 但是第一项代表的偏差就可能很大. 如果 λ 很小, 效果正相反, 即拟合很好, 光滑度则不好. 这也要用交叉证实法来确定到底 λ 取什么值合适.

Friedman 超光滑法

Friedman 超光滑法 (supersmoothing) 会使得带宽随着 x 变化. 对每个点有三个带宽来自动选取, 这依该点每边的邻域中的点数而定 (由交叉验证来确定), 它不用迭代. 该方法是源于斯坦福大学的 Friedman (1984) 用 FORTRAN 程序来实现的. 这是一个非常自动的方法.

R 软件有许多现成的光滑程序. 图 9.2.4 为对摩托车模拟碰撞一例的 Lowess, Loess, Friedman 超光滑, 以及光滑样条等方法所做的回归.

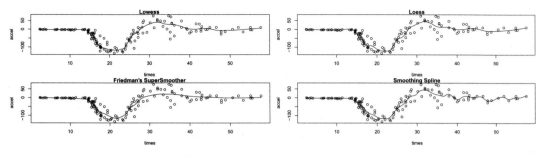

图 9.2.4 摩托车数据的四种回归估计

对于本章内容感兴趣的读者可看 Härdle (1980, 1990), Silverman (1986), Müller (1980), Fan (1992), Fan and Gijbels (1996), Simonoff(1996), Wand and Jones (1995) 等文献.

本节软件的注

有关非参数回归的 R 程序

我们仅介绍文中三个图的画图程序. 其中, 图 9.2.2 的程序为:

```
library(spatstat);library(MASS)
X=mcycle[,1];Y=mcycle[,2];m=nnwhich(X,k=1:8)
z3=z5=z7=z9=Y
for (j in 1:2) z3=cbind(z3,Y[m[,j]])
for (j in 1:4) z5=cbind(z5,Y[m[,j]])
for (j in 1:6) z7=cbind(z7,Y[m[,j]])
for (j in 1:8) z9=cbind(z9,Y[m[,j]])
Z=list(z3,z5,z7,z9)
par(mfrow=c(2,2))
K=c(3,5,7,9)
for (k in 1:4) {
  plot(X,Y,main=paste('h =',K[k]))
  points(X,apply(Z[[k]],1,mean),type="l")
}
```

图 9.2.3 的四个图的程序为:

```
library(MASS)
par(mfrow=c(2,2))
X=mcycle[,1];Y=mcycle[,2]
K=c(1,2,3,5)
for (k in 1:4) {
  plot(X,Y,main=paste('h =',K[k]))
  lines(ksmooth(X,Y,"normal",bandwidth=K[k]))
}
```

而图 9.2.4 的程序为:

```
library(MASS)
attach(mcycle)
par(mfrow=c(2,2))
plot(accel~times,mcycle,main="Lowess")
lines(lowess(mcycle,f=.1))
fit1=loess(accel~times,mcycle,span=.15)
pred1=predict(fit1,data.frame(times=seq(0,60,length=160)),se=TRUE)
plot(accel~times,mcycle,main="Loess")
lines(seq(0,60,length=160),pred1$fit)
plot(accel~times,mcycle,main="Friedman's SuperSmoother")
lines(supsmu(times,accel))
plot(accel~times,mcycle,main="Smoothing Spline")
lines(ksmooth(times,accel,"normal",bandwidth=2))
```

参考文献

[1] Agresti, A. (2002). *Categorical data analysis*, 2rd edition, Wiley.

[2] Box, G. (1990). Comment on "Applications in Business and Economic Statistics: Some Personal Views." *Statistical Science,* **5**, 390-391.

[3] Birnbaum, Z. W. and Tingey, F. H. (1951), One-sided confidence contours for probability distribution functions. *The Annals of Mathematical Statistics,* **22/4**, 592–596.

[4] Bishop, Y.M.M., Fienberg, S.E. and Holland, P.W. (1975). *Discrete Multivariate Analysis Theory and Practice.* MIT Press, Cambridge, MA.

[5] Breslow, N. E. and Day, N. E. (1980). *Statistical Methods in Cancer Research, Volume I: The Analysis of Case-Control Studies.* Lyon: IARC.

[6] Brown, M.B. and Benedetti, J.K. (1977). Sampling behaviour of tests for correlation in two-way contingency tables. *Journal of the American Statistical Association,* **72**, 309-315.

[7] Brown, B.M. and Maritz, J.S. (1982). Distribution-free methods in regression. *Austral. J. Statist.,* **24,** 318-31.

[8] Brown, G.W. and Mood, A.M. (1948). *Amer. Statist.,* **2**(3), 22.

[9] Cleveland, W.S. (1979) Robust Locally Weighted Regression and Smoothing Scatterplots, *Journal of the American Statistical Association,* **74**, pp. 829-836.

[10] Cleveland, W.S. and Devlin, S.J. (1988) Locally Weighted Regression: An Approach to Regression Analysis by Local Fitting, *Journal of the American Statistical Association,* **83,** 596-610.

[11] Cochran, W.G. (1950). The comparison of percentages in matched samples. *Biometrika,* **37,** 256-66.

[12] Cochran, W. G. (1954). Some methods for strengthening the common tests. *Biometrics,* **10,** 417-451.

[13] Cox, D.R. and Stuart, A. (1955). Some quick tests for trend in location and dispersion. *Biometrika,* **42,** 80-95.

[14] Cramér, H. (1928). On the composition of elementary errors. *Skand. Aktuarietids* **11,** 13-74, 141-80.

[15] Daniel, W.W. (1978). *Applied Nonparametric Statistics,* Houghton Mifflin Company, Boston.

[16] David Donoho (2017) 50 Years of Data Science, *Journal of Computational and Graphical Statistics*, 26:4, 745-766, DOI: 10.1080/10618600.2017.1384734

[17] Durbin, J. (1951). Incomplete blocks in ranking experiments. *Brit. J. Psychol.* (Statistical Section), **4,** 85-90.

[18] Efron, B. (1979). Bootstrap methods: another look at the jackknife. *Annals of Statistics* 7, 1-26.

[19] Efron, B. (1987). Better bootstrap confi dence intervals (with discussion). *J. Am. Stat. Assoc.* 82, 171-200.

[20] Efron, B. (1990). Comment on "The Unity and Diversity of Probability.' *Statistical Science,* Vol.5 No.4, 450.

[21] Efron B, Tibshirani RJ. (1993) *An Introduction to the Bootstrap.* Chapman and Hall: London.

[22] Encyclopædia Britannica (2008). "Statistics." Encyclopædia Britannica 2007 Ultimate Reference Suite . Chicago: Encyclopædia Britannica.

[23] Fan, J. (1992). Design-adaptive nonparametric regression. *J. Amer. Statist. Assoc.* **87,** 998-1004.

[24] Fan, J. and Gijbels (1996). *Local Polynomial Modelling and Its Applications,* Chapman & Hall, London.

[25] Fienberg, S.E. (1980). *The Analysis of Cross Classified categorical Data* (Second edn). MIT Press, Cambridge, MA.

[26] Fisher, R.A. (1922). On the interpretation of chi-square from contingency tables, and the calculation of. *P.J. Roy. Statist. Soc., ***85,** 87-94.

[27] Fisher, R.A. (1935a). *The Design of Experiments.* Oliver & Boyd, Edinburgh.

[28] Fisher, R.A. (1935b). The logic of inductive inference (with discussion). *J. R. Statist. Soc. A,* **98,** 39-54.

[29] Fisher, R.A. and Yates, F. (1957). *Statistical Tables for Biological, Agricultural and Medical Research* (5th edn), Oliver & Boyd, Edinburgh.

[30] Fleiss, J.L. Cohen, J. (1973). The equivalence of weighted kappa and the intraclass correlation coefficient as measures of reliability. *Educational and Psychological Measurement,* **33,** 613-619.

[31] Fleiss, J. L., Cohen, J., and Everitt, B. S. (1969). Large-sample standard errors of kappa and weighted kappa, *Psychological Bulletin*, **72,** 323-327.
tests for scale. *J. Amer. Statist. Assoc.,* **71,** 210-3.

[32] Friedman, M.A. (1937). The use of ranks to avoid the assumptions of normality implicit in the analysis of variance. *J. Amer.Statist. Assoc.* **32,** 675-701.

[33] Friedman, J. (1984) A Variable Span Smoother, *Technical Report* No. 5, Stanford Uni, CA.

[34] Good P. I. (1994) *Permutation Tests.* Springer, New York.

[35] Goodman, Leo A. and Kruskal, William H. (1954). Measures of association for cross classi-fications.*J. Amer.Statist. Assoc.,* **49** (268): 732-764.

[36] Goodman, Leo A. and Kruskal, William H. (1959). Measures of association for cross classi-fications. II: further discussion and references. *J. Amer.Statist. Assoc.* **54** (285): 123–163.

[37] Goodman, Leo A. and Kruskal, William H. (1963). Measures of association for cross classi-fications III: approximate sampling theory. *J. Amer.Statist. Assoc.* **58** (302): 310–364.

[38] Goodman, Leo A. and Kruskal, William H. (1972). Measures of association for cross classi-fications, IV: simplification of asymptotic variances". *J. Amer.Statist. Assoc.* **67** (338): 415–421.

[39] Goodman, L.A. (1978). *Analyzing Qualitative/Categorical Data: Log-Linear Models and Latent-Structure Analysis.* Abt Books,Cambridge, MA.

[40] Greenland, S. and Robins, J. M. (1985). Estimators of the Mantel-Haenszel variance consis-tent in both sparse data and large-strata limiting models. *Biometrics*, **42,** 311-323.

[41] Hájek, J. and Zbyněk, Š. (1967). *Theory of Rank Tests.* Academic Press, New York.

[42] Härdle, W. (1980). *Smoothing Techniques with Implementation in S.* Springer-Verlag, New York.

[43] Härdle, W. (1990). *Applied Nonparametric Regression.* Cambridge University Press, Cam-bridge.

[44] Hodges, J.L., Jr. and Lehmann, E.L. (1963). Estimates of location based on rank tests. *Ann. Math. Statist.* **34,** 598-611.

[45] Jonckheere, A.R. (1954). A distribution free k-sample test against ordered alternatives. *Biometrika, .* **41,** 133-45.

[46] Kendall, M.G. (1938). A new measure of rank correlation. *Biometrika,* **30,** 81-93.

[47] Kendall, M.G. (1945). The Treatment of Ties in Ranking Problems. *Biometrika,* **33,** 239-251.

[48] Kendall, M.G. (1962). *Rank Correlation Methods* (3rd edn), Griffin, London.

[49] Kendall, M.G. and Smith, B.B. (1939). The problem of m rankings. *Ann. Math. Statist.* **23,** 525-40.

[50] Kolmogorov, A.N. (1933). Sulla determinazione empirica di una legge di distribuzione. *Giorn. Inst. Ital. Att.* **4,** 83-91.

[51] Konijn, H.S. (1956). On the power of certain tests for independence in bivariate populations. *Ann. Math. Statist.* **27,** 300-323. Correction: *Ann. Math. Statist.* **29,** (1958), 935.

[52] Kruskal, W.H. and Wallis, W.A. (1952). Use of ranks in one-criterion variance analysis. *J. Amer. Statist. Assoc.,* **47,** 583-621.

[53] Leach, C. (1979). *Introduction to Statistics. A Nonparametric Approach for the Social Sciences,* John Wiley & Sons, Chichester.

[54] Lehmann, E.L. (1975). *Nonparametrics: Statistical Methods Based on Ranks.* Holden-Day, San Francisco.

[55] Lehmann, E. L. (1986). *Testing Stochastical Hypotheses.* Second Edition, Wiley, New York.

[56] Lilliefors, H.W. (1967). On the Kolmogorov-Smirnov test for normality with mean and variance unknown. *J. Amer. Statist. Assoc.* **62,** 399-402.

[57] McCullagh, P. and Nelder, J.A. (1989). *Generalized Linear Models,* (2nd edn,) Chapman and Hall, London.

[58] Mann, H.B. and Whitney, D.R. (1947). On a test of whether one of two random variables is stochastically larger than the other. *Ann. Math. Statist.,* **18,** 50-60.

[59] Mantel, N. and Haenszel, W. (1959), Statistical aspects of the analysis of data from retrospective studies of disease. *Journal of the National Cancer Institute,* **22,** 719-748.

[60] Marsaglia, G, Tsang, W.W and Wang J. (2003). Evaluating Kolmogorov's distribution. *Journal of Statistical Software,* **18,** 8.

[61] McNemar, Q. (1947). Note on the Sampling Error of the Difference Between Correlated Proportions or Percentages. *Psychometrika,* **12,** 153-157.

[62] Mood, A.M. (1940). The distribution theory of runs. *Ann. Math. Statist.,* **11,** 367-92.

[63] Mood, A.M. (1954). On the asymptotic efficiency of certain nonparametric two-sample tests. *Ann. Math. Statist.,* **25,** 514-22.

[64] Müller, H. (1980). *Nonparametric Regression Analysis of Longitudinal Data.* Springer-Verlag, Berlin.

[65] Page, E.B. (1963). Ordered hypotheses for multiple treatments: a significant test for linear ranks. *J. Amer. Statist. Assoc.,* **58,** 216-30.

[66] Patil K. D. (1975) Cochran's Q Test: Exact Distribution. *J. Amer. Statist. Assoc.,* **70,** 186-9.

[67] Pitman, E.J.G. (1948). *Mimeographed lecture notes on nonparametric statistics.* Columbia University.

[68] Rao, C.R. and Toutenburg, H. (1995). *Linear Models.* Springer-Verlag, New York.

[69] Romano J. P. (1990) On the behavior of randomization tests without a group invariance assumption. *JASA.* 85: 686-692.

[70] Silverman, B.W. (1986). *Density Estimation for Statistics and Data Analysis.* Chapman and Hall, London.

[71] Simonoff, J. S. (1996) *Smothing Methods in Statistics,* Springer-Verlag, New York.

[72] Smirnov, N.V. (1939). On the estimation of discrepancy between empirical curves of distribution for two independent samples (in Russian). *Bulletin Moscow University,* **2,** 3-16.

[73] Spearman, C. (1904). The proof of and measurement of association between two things. *Amer. J. Psychol.,* **15,** 72-101.

[74] Terpstra, T.J. (1952). The asymptotic normality and consistency of Kendall's test against trend, when ties are present in one ranking. *Indag. Math.* **14,** 327-33.

[75] Van der Waerden, B.L. (1957). *Mathematische Statistik.* Springer-Verlag, Berlin.

[76] Wand, M.P. and Jones, M.C. (1995). Kernel Smoothing. Chapman & Hall.

[77] Wasserman, L (2006) *All of Nonparametric Statistics* Springer. 中译本译者吴喜之 (2008)《现代非参数统计》(2008) 科学出版社 2008 年 5 月.

[78] Wilcoxon, F. (1945). Individual comparisons by ranking methods. *Biometrics,* **1,** 80-3.

[79] Yates, F. (1934). Contingency tables involving small numbers and the χ^2 test. *J. R. Statist. Soc. Suppl.,* **1,** 217-35.

[80] Yates, F. (1984). Tests of significance for 2×2 contingency tables. *J. Roy. Statist. Soc.,* **A, 147,** 426-63.

[81] 张尧庭 (1991). 定性资料的统计分析. 广西师范大学出版社. 桂林.